普通高等职业教育计算机系列教材

云架构操作系统基础
（Red Hat Enterprise Linux 7）

李贺华　李　腾　主　编
鲁先志　龚玉霞　王全喜　副主编

电子工业出版社
Publishing House of Electronics Industry
北京·BEIJING

内 容 简 介

为更好地适应职业教育的发展要求，本书以目前新的 Red Hat Enterprise Linux 7 发行版为操作系统平台，采用"任务驱动"的模式组织教材内容，对 Linux 系统的文件管理、用户管理、磁盘管理、逻辑卷管理、磁盘阵列、软件包管理、任务与管理、Shell 编程、C 程序开发、MariaDB/MySQL 数据库管理、防火墙管理、Apache 服务器管理等进行了详细的介绍。

本书融入了作者丰富的教学和实践经验，面向零基础读者，依照 Linux 初学者的学习规律，兼顾中高级 Linux 用户的需求，合理安排内容，每一个章节力求语言精练、知识点介绍准确，并配备了详细的操作过程及结果验证，便于使用者上机实践和检查学习效果。

本书不仅可以作为高职高专计算机类学生的教材，也可以作为 Linux 系统管理员及相关应用开发人员的技术参考手册，还可供各类 Linux 培训班使用，尤其适合 Linux 初、中级用户使用。

未经许可，不得以任何方式复制或抄袭本书之部分或全部内容。
版权所有，侵权必究。

图书在版编目（CIP）数据

云架构操作系统基础：Red Hat Enterprise Linux7 / 李贺华，李腾主编. —北京：电子工业出版社，2018.2
高等职业教育云计算系列规划教材
ISBN 978-7-121-33387-3

Ⅰ. ①云… Ⅱ. ①李… ②李… Ⅲ. ①Linux 操作系统－高等职业教育－教材 Ⅳ. ①TP316.89

中国版本图书馆 CIP 数据核字(2017)第 325741 号

策划编辑：徐建军（xujj@phei.com.cn）
责任编辑：靳　平
印　　刷：北京虎彩文化传播有限公司
装　　订：北京虎彩文化传播有限公司
出版发行：电子工业出版社
　　　　　北京市海淀区万寿路 173 信箱　邮编　100036
开　　本：787×1 092　1/16　印张：22　字数：563.2 千字
版　　次：2018 年 2 月第 1 版
印　　次：2022 年 2 月第 7 次印刷
定　　价：49.00 元

凡所购买电子工业出版社图书有缺损问题，请向购买书店调换。若书店售缺，请与本社发行部联系，联系及邮购电话：(010) 88254888，88258888。

质量投诉请发邮件至 zlts@phei.com.cn，盗版侵权举报请发邮件至 dbqq@phei.com.cn。
本书咨询联系方式：(010) 88254570。

前　　言

　　计算和存储通过 Internet 将物理资源转换成可伸缩的共享资源。尽管虚拟化不是一个新概念，但是通过服务器虚拟化共享物理系统使得云计算和存储更加高效、伸缩性更强。通过云计算，用户可以访问大量的计算和存储资源，并且不必关心它们的位置和它们是如何配置的。Linux 系统在这个过程中扮演了重要的角色。业界一致的观点就是云计算将架构在开源软件之上，并且大部分基础应用都将基于开源软件。因为大家都知道，作为集中式的服务平台，开放性永远是其关键要素之一，同时开源软件的灵活性和可扩展性也完全吻合云计算的发展趋势，有了 Linux 系统才能有云计算。

　　Linux 系统继承了 UNIX 系统卓越的性能，不仅功能强大而且可以免费和自由使用。每个用户都有权限修改它的源代码，易于为自己的环境定制、向操作系统添加新部件、发现缺陷和提供补丁，以及检查源代码中的安全漏洞。又由于它具有内核小、稳定性高、可扩展性好、对硬件要求低、网络功能强大等特点，成为全球使用数量增长最快的操作系统，在全世界得到了广泛应用，特别是在大型数据库、消息管理、Web 应用、嵌入式开发和云计算等方面。许多大公司，如百度、腾讯、阿里巴巴、京东、新浪等，对 Linux 系统专业人才的渴求与日剧增，经常招聘懂 Linux 系统的 IT 工程师。从 Linux 系统的发展现状及发展趋势来看，用户是使用 Linux 系统还是 Windows 系统，主要取决于使用习惯。

　　重庆电子工程职业学院作为国家级示范性高等职业院校，早在 2001 年就根据市场需要开设了"Linux 系统"课程。为更好地适应高职"工学结合"的教学理念，本书采用"任务驱动"的模式组织教材内容，全书共分 14 章。本书融入了作者丰富的教学和实践经验，讲解通俗，案例丰富，并配备了详细的操作过程及结果验证，力争让读者能够在最短的时间内掌握 Linux 系统的基本操作与应用技巧，快速入门与提高。

　　第 1 章，引导读者了解 Linux 系统的起源、特点、构成和发行版本，以及红帽 Linux 系统认证等相关知识，掌握 Linux 系统安装与初始化，登录、退出等操作技能。

　　第 2 章，引导读者掌握 Linux 字符界面使用技巧，包括获取帮助、查看系统信息、使用 VIM 文本编辑器，以及远程连接等知识和技能。

　　第 3 章，引导读者理解 Linux 系统文件和目录的相关概念，掌握文件与目录的基本操作。

　　第 4 章，引导读者掌握 Linux 系统用户与组的创建、管理、安全控制，以及用户间通信的方法。

　　第 5 章，引导读者掌握文件的归档、压缩、解压缩，以及文件特殊权限和 ACL 控制等相关知识和技能。

　　第 6 章，引导读者掌握磁盘和文件系统的管理，包括光盘、U 盘和硬盘的使用和格式化，以及磁盘配额的配置和管理。

　　第 7 章，引导读者理解逻辑卷管理和磁盘阵列的相关概念，掌握使用逻辑卷管理实现动态磁盘，以及使用磁盘阵列实现容错和性能提升的方法。

　　第 8 章，引导读者掌握 Linux 系统中三种软件包管理的方式：源码包管理、RPM 软件包管理，以及 YUM 软件仓库的配置和使用。

第 9 章，引导读者了解 Linux 系统任务计划的实现原理，掌握计划任务的三种实现方法及安全控制。

第 10 章，引导读者了解 Linux 系统的启动过程，掌握 Linux 系统内核模块和引导程序 GRUB2 的使用与管理，以及 Linux 系统内核升级的方法。

第 11 章，引导读者理解 Linux 系统环境下 Shell 变量的类型、定义和功能，掌握 Shell 编程的基本方法。

第 12 章，引导读者掌握 Linux 系统环境下 C 程序的开发方法，以及数据库 MariaDB/MySQL 的安装与使用。

第 13 章，引导读者理解 iptables 和 firewalld 两种防火墙的实现原理，掌握它们的配置、使用和管理方法。

第 14 章，引导读者了解 Web 服务器常用软/硬件平台和虚拟主机实现原理，掌握 Apache 服务器的常用配置与管理。

本书由重庆电子工程职业学院李贺华和李腾担任主编，负责统稿并共同完成第 1～10 章和第 14 章的编写，第 11 章、12 章和 13 章由鲁先志、龚玉霞（重庆商务职业学院）、王全喜（蓝盾信息安全有限公司）共同编写。在本书编写过程中，得到了蓝盾信息安全有限公司的大力支持和帮助，并参考了书后列出的专著、教材和网站内容，在此对其作者一并致以衷心感谢；如有引用内容没能标出的，也在此对相关作者表示诚挚的歉意。

为了方便教师教学，本书配有电子教学课件，请有此需要的教师登录华信教育资源网（www.hxedu.com.cn）注册后免费下载，如有问题可在网站留言板留言或与电子工业出版社联系（E-mail：hxedu@phei.com.cn）。

虽然我们精心组织，认真编写，但错误之处在所难免；同时，由于编者水平有限，书中也存在诸多不足之处，恳请广大读者给予批评和指正，以便在今后的修订中不断改进。

编　者

目 录

第 1 章 Linux 系统的安装与初始化 ·· 1
1.1 任务 1 认识 Linux 系统 ·· 1
- 1.1.1 子任务 1 了解 Linux 系统的起源与发展 ·· 1
- 1.1.2 子任务 2 理解 Linux 系统的体系结构 ·· 2
- 1.1.3 子任务 3 了解红帽 Linux 系统与认证 ·· 4

1.2 任务 2 部署虚拟环境安装 Linux 系统 ·· 6
- 1.2.1 子任务 1 在 VMware 里安装 Linux 系统 ·· 6
- 1.2.2 子任务 2 初始化新安装的 Linux 系统 ·· 10

1.3 任务 3 登录、注销与关机 ·· 13
- 1.3.1 子任务 1 图形界面下登录、注销与关机 ·· 13
- 1.3.2 子任务 2 在图形界面使用终端 ·· 14
- 1.3.3 子任务 3 认识 X Window 系统 ·· 14

1.4 思考与练习 ·· 17

第 2 章 Linux 系统字符界面与帮助系统的使用 ·· 19
2.1 任务 1 学习使用 Linux 系统字符界面 ·· 19
- 2.1.1 子任务 1 使用命令注销、登录与关机 ·· 19
- 2.1.2 子任务 2 使用虚拟终端实现多用户同时登录 ·· 21
- 2.1.3 子任务 3 自动进入字符登录界面 ·· 22

2.2 任务 2 获取 Linux 系统命令帮助 ·· 23
- 2.2.1 子任务 1 使用 help 命令获取内部命令帮助 ·· 23
- 2.2.2 子任务 2 使用--help 选项获取外部命令帮助 ·· 24
- 2.2.3 子任务 3 使用 man 命令查看 man 手册 ·· 24
- 2.2.4 子任务 4 掌握 Shell 的使用技巧 ·· 25

2.3 任务 3 系统信息查看与远程连接 ·· 30
- 2.3.1 子任务 1 查看 Linux 系统信息 ·· 30
- 2.3.2 子任务 2 远程连接 Linux 系统 ·· 36

2.4 任务 4 学习使用 VIM 编辑器 ·· 39
- 2.4.1 子任务 1 切换 VIM 工作模式 ·· 39
- 2.4.2 子任务 2 使用 VIM 编辑文件 ·· 40

2.5 思考与练习 ·· 42

第3章 Linux 系统文件和目录的创建与管理 ··············· 45

3.1 任务1 理解 Linux 系统文件 ··············· 45
3.1.1 子任务1 了解文件的类型与目录结构 ··············· 45
3.1.2 子任务2 掌握引用文件的方法 ··············· 48
3.1.3 子任务3 了解重要系统的目录功能 ··············· 48

3.2 任务2 掌握文件与目录的操作 ··············· 51
3.2.1 子任务1 文件和目录的基本操作 ··············· 51
3.2.2 子任务2 显示文本文件的内容 ··············· 59
3.2.3 子任务3 创建和使用链接文件 ··············· 63
3.2.4 子任务4 文本内容排序、比较与处理 ··············· 65
3.2.5 子任务5 查找文件或字符串 ··············· 71

3.3 任务3 了解和使用 Linux 系统日志文件 ··············· 75
3.3.1 子任务1 了解重要的日志文件 ··············· 75
3.3.2 子任务2 使用 Linux 系统日志文件的注意事项 ··············· 83

3.4 思考与练习 ··············· 83

第4章 Linux 系统用户和用户组的创建与管理 ··············· 86

4.1 任务1 理解 Linux 系统用户和用户组 ··············· 86
4.1.1 子任务1 了解 Linux 系统用户 ··············· 86
4.1.2 子任务2 了解 Linux 系统用户组 ··············· 87

4.2 任务2 理解用户和组配置文件 ··············· 88
4.2.1 子任务1 了解用户账号文件 ··············· 88
4.2.2 子任务2 了解用户组文件 ··············· 91

4.3 任务3 管理用户账号 ··············· 92
4.3.1 子任务1 用户账号 ··············· 92
4.3.2 子任务2 用户组账号 ··············· 97
4.3.3 子任务3 用户账号安全管理 ··············· 101

4.4 任务4 用户间的通信 ··············· 102
4.4.1 子任务1 发送给某个登录用户 ··············· 103
4.4.2 子任务2 发送给所有登录用户 ··············· 104

4.5 思考与练习 ··············· 104

第5章 Linux 系统文件归档/备份与权限控制 ··············· **106**

5.1 任务1 归档、压缩与备份 ··············· 106
5.1.1 子任务1 管理 tar 包 ··············· 106
5.1.2 子任务2 使用 gzip 和 gunzip ··············· 109
5.1.3 子任务2 使用 bzip2 和 bunzip2 ··············· 111
5.1.4 子任务3 使用 zip 和 unzip ··············· 112
5.1.5 子任务4 文件备份与格式转换 ··············· 114

5.2 任务2 管理文件的权限和所有者 ··············· 118

	5.2.1	子任务1 查看文件和目录的权限	118
	5.2.2	子任务2 设置文件和目录的基本权限	118
	5.2.3	子任务3 理解权限与指令之间的关系	121
	5.2.4	子任务4 设置文件和目录的隐藏属性	122
	5.2.5	子任务5 设置文件和目录的特殊权限	124
	5.2.6	子任务6 更改文件所有者和所属组	126
5.3	任务3 实现 ACL 控制		127
	5.3.1	子任务1 了解 ACL 控制	127
	5.3.2	子任务2 使用 ACL 控制	128
5.4	思考与练习		133

第6章 Linux 系统存储设备与文件系统的管理 · 135

6.1	任务1 理解 Linux 系统存储设备与文件系统	135
	6.1.1 子任务1 了解存储设备的命名	135
	6.1.2 子任务2 了解文件系统类型	137
6.2	任务2 掌握存储设备的基本操作	138
	6.2.1 子任务1 查询磁盘及分区信息	138
	6.2.2 子任务2 在 Linux 系统中使用光盘	139
	6.2.3 子任务3 在 Linux 系统中使用 U 盘	141
	6.2.4 子任务4 磁盘的分区及维护	143
6.3	任务3 配置与管理磁盘配额	150
	6.3.1 子任务1 设置磁盘配额	150
	6.3.2 子任务2 磁盘配额的其他操作	155
6.4	思考与练习	158

第7章 Linux 系统逻辑卷管理与磁盘容错 · 160

7.1	任务1 使用逻辑卷管理器 LVM	160
	7.1.1 子任务1 理解逻辑卷的基本概念	160
	7.1.2 子任务2 建立物理卷、卷组和逻辑卷	163
	7.1.3 子任务3 查看物理卷、卷组和逻辑卷	166
	7.1.4 子任务4 动态调整卷组、逻辑卷的容量	171
	7.1.5 子任务5 删除逻辑卷、卷组和物理卷	175
7.2	任务2 使用 RAID 实现磁盘容错	177
	7.2.1 子任务1 理解 RAID 的基本原理	177
	7.2.2 子任务2 创建与挂载 RAID 设备	185
	7.2.3 子任务3 损坏磁盘阵列和修复	188
7.3	思考与练习	191

第8章 Linux 系统软件包的安装与管理 · 193

8.1	任务1 了解 Linux 系统软件管理的基本知识	193

8.1.1　子任务1　了解软件包传统管理方法·································193
8.1.2　子任务2　了解软件包高级管理方法·································195
8.2　任务2　使用 RPM 命令管理软件包··196
8.2.1　子任务1　查询 RPM 软件包···196
8.2.2　子任务2　安装/删除 RPM 软件包······································198
8.2.3　子任务3　校验 RPM 软件包···199
8.3　任务3　使用 yum 命令管理软件包··200
8.3.1　子任务1　理解 yum 的配置文件·······································200
8.3.2　子任务2　以光驱为源创建 yum 仓库·································201
8.3.3　子任务3　使用 yum 命令··203
8.3.4　子任务4　解决 yum 报错···209
8.4　任务4　使用源代码方式安装软件包··211
8.4.1　子任务1　安装源码包 httpd··211
8.4.2　子任务2　优化和启/停 httpd··214
8.5　思考与练习··215

第 9 章　Linux 系统的任务计划与管理···217

9.1　任务1　使用 at 实现任务计划···217
9.1.1　子任务1　安装与管理 at 服务···217
9.1.2　子任务2　配置与管理 at 作业···218
9.2　任务2　使用 cron 实现任务计划···220
9.2.1　子任务1　利用/etc/crontab 文件实现任务计划······················220
9.2.2　子任务2　使用 crontab 命令实现任务计划···························222
9.3　任务3　使用 anacron 实现任务计划···224
9.3.1　子任务1　了解 anacron 与 cron 的区别与联系······················224
9.3.2　子任务2　详解配置文件/etc/anacrontab·······························224
9.3.3　子任务3　使用 anacron 命令执行计划·································226
9.4　思考与练习··227

第 10 章　Linux 系统的引导与内核管理··229

10.1　任务1　认识 GRUB 及其配置文件···229
10.1.1　子任务1　了解 Linux 系统的启动过程·······························229
10.1.2　子任务2　了解 GRUB2 的配置文件··································232
10.2　任务2　管理与使用 Linux 系统内核模块······································234
10.2.1　子任务1　了解 Linux 系统内核与内核组成·························234
10.2.2　子任务2　查看已经加载的内核模块··································235
10.2.3　子任务3　查看内核模块的信息··236
10.2.4　子任务4　自动加载/卸载内核模块····································237
10.2.5　子任务5　升级 Linux 系统内核··238
10.3　任务3　使用与管理 GRUB 2··239

10.3.1 子任务 1 破解 root 用户的密码 239
10.3.2 子任务 2 设置 GRUB 2 加密口令 241
10.4 思考与练习 242

第 11 章 Linux 系统的 Shell 与 Shell 编程 244

11.1 任务 1 创建 Shell 程序并执行 244
11.1.1 子任务 1 了解 Shell 程序的基本结构 245
11.1.2 子任务 2 简单 Shell 程序的创建与执行 245
11.2 任务 2 管理和使用 Shell 变量 246
11.2.1 子任务 1 使用 Shell 的环境变量 247
11.2.2 子任务 2 创建与修改环境变量 250
11.2.3 子任务 3 用位置变量接收命令的参数 252
11.3 任务 3 使用条件表达式判断用户的参数 253
11.3.1 子任务 1 文件测试 253
11.3.2 子任务 2 逻辑测试 254
11.3.3 子任务 3 数字比较 254
11.3.4 子任务 4 字符串比较 255
11.4 任务 4 控制 Shell 脚本的执行流程 255
11.4.1 子任务 1 使用 if 条件语句 255
11.4.2 子任务 2 使用 for 条件语句 258
11.4.3 子任务 3 使用 while 条件语句 261
11.4.4 子任务 4 使用 case 条件语句 262
11.5 思考与练习 264

第 12 章 Linux 系统下的软件开发 266

12.1 任务 1 编写 Linux 系统下的 C 程序 266
12.1.1 子任务 1 Linux 系统环境下编写 C 程序 266
12.1.2 子任务 2 Linux 系统环境下使用 GCC 267
12.1.3 子任务 3 Linux 系统环境下使用 GDB 272
12.1.4 子任务 4 使用 Make 与 Makefile 276
12.2 任务 2 Linux 系统下使用 MariaDB 279
12.2.1 子任务 1 了解 MariaDB 与 MySQL 279
12.2.2 子任务 2 安装与测试 MariaDB 279
12.2.3 子任务 3 MariaDB 的基本操作 281
12.2.4 子任务 4 MariaDB 的用户管理 287
12.3 思考与练习 290

第 13 章 iptables 与 firewalld 防火墙 292

13.1 任务 1 使用 iptables 命令管理防火墙 292
13.1.1 子任务 1 切换至 iptables 292

13.1.2 子任务 2 了解规则、链与策略 ……………………………………………… 293
13.1.3 子任务 3 理解 iptables 命令的基本参数 …………………………………… 295
13.1.4 子任务 4 区别 SNAT 与 DNAT …………………………………………… 296
13.1.5 子任务 5 iptables 配置综合实例 …………………………………………… 299
13.2 任务 2 使用 Firewalld 工具管理防火墙 ……………………………………………… 301
13.2.1 子任务 1 了解区域的概念与作用 …………………………………………… 301
13.2.2 子任务 2 了解字符管理工具 ………………………………………………… 301
13.2.3 子任务 3 使用图形管理工具 ………………………………………………… 304
13.3 任务 3 使用 tcp_wrappers 防火墙 …………………………………………………… 307
13.3.1 子任务 1 tcp_wrappers 概述 ………………………………………………… 307
13.3.2 子任务 2 安装与配置 tcp_wrappers ………………………………………… 307
13.4 思考与练习 …………………………………………………………………………… 308

第 14 章 Apache 服务器配置与管理 ………………………………………………………… 310

14.1 任务 1 选择 Web 服务软/硬件平台 …………………………………………………… 310
  14.1.1 子任务 1 选择网站服务程序 ………………………………………………… 310
  14.1.2 子任务 2 选购服务器主机 …………………………………………………… 311
14.2 任务 2 安装与配置 Apache 服务 ……………………………………………………… 312
  14.2.1 子任务 1 安装和启停 Apache 服务器 ……………………………………… 312
  14.2.2 子任务 2 详解 Apache 的配置文件 ………………………………………… 314
  14.2.3 子任务 3 设置服务器日志控制指令 ………………………………………… 319
  14.2.4 子任务 4 设置服务器性能控制指令 ………………………………………… 321
  14.2.5 子任务 5 设置服务器标识控制指令 ………………………………………… 323
14.3 任务 3 Apache 访问控制和用户授权 ………………………………………………… 324
  14.3.1 子任务 1 设置容器与访问控制指令 ………………………………………… 324
  14.3.2 子任务 2 用户认证和授权 …………………………………………………… 325
14.4 任务 4 使用强制访问控制安全子系统 ……………………………………………… 327
  14.4.1 子任务 1 设置新的网站发布目录 …………………………………………… 327
  14.4.2 子任务 2 开启 SELinux 并设置策略 ………………………………………… 328
  14.4.3 子任务 3 开启个人用户主页功能 …………………………………………… 331
14.5 任务 5 配置 Apache 的虚拟主机 ……………………………………………………… 332
  14.5.1 子任务 1 基于 IP 的虚拟主机 ……………………………………………… 332
  14.5.2 子任务 2 配置基于域名的虚拟主机 ………………………………………… 334
14.6 思考与练习 …………………………………………………………………………… 336

参考文献 ………………………………………………………………………………………… **338**

第 1 章

Linux 系统的安装与初始化

学习目标

- ◆ 了解 Linux 系统的起源与发展概况
- ◆ 理解 Linux 系统的体系结构和各部分功能
- ◆ 了解红帽 Linux 系统的特点与红帽认证
- ◆ 掌握 Linux 系统的安装与初始化
- ◆ 掌握 Linux 系统的登录、关机与注销

任务引导

在计算机系统的应用中，Windows 绝对不是唯一被使用的操作系统平台，尤其是在服务器和开发环境等领域，Linux 系统正得到越来越广泛的应用。在企业级应用中，Linux 系统在稳定性、高效性和安全性等方面都具有相当优秀的表现。在生产环境中，Window 服务器主要被应用在局域网内部，众多面向互联网的服务器则更多地采用了 Linux/Unix 操作系统。本章采用由红帽公司推出的最新企业版本 Red Hat Enterprise Linux 7（以下简称 RHEL 7）为蓝本，介绍 Linux 操作系统的安装、登录、退出，以及 Red Hat 认证等相关知识和技能。

任务实施

1.1 任务 1 认识 Linux 系统

1.1.1 子任务 1 了解 Linux 系统的起源与发展

1. Linux 的发音

对 Linux 的发音并不统一，大致有这么几种："里那克斯"、"里你克斯"与"里扭克斯"等。其官方标准音标为['li:nəks]，源于创始人 Linus Torvalds 的发音。笔者习惯将其发音成"里那克斯"。

2. Linux 系统的起源

Linux 系统最初是在 1991 年 10 月由芬兰赫尔辛基大学的在校生托瓦兹（Linus Torvalds）发布，迅速引起了一大批黑客的加入。很快，在很多热心支持者的帮助下开发和推出了第一个稳定的 Linux 系统工作版本。1991 年 11 月，Linux 0.10 版本推出；0.11 版本随后在 1991 年 12

月推出，当时是发布在 Internet 上免费供人们使用的。

当 Linux 系统非常接近于一种稳定可靠的系统时，托瓦兹决定将 0.13 版本改称为 0.95 版本。1994 年 3 月，终于出现了带有独立宣言意味的 Linux 1.0 版本。在 Linux 系统的设计过程中，借鉴了很多 UNIX 系统的思想，但其源代码是全部重写的。Linux 系统具有类似于 UNIX 系统的程序界面与操作方法且继承了其稳定性，通常运行几年都不会宕机。因此，Linux 系统和 UNIX 系统非常像。

3．Linux 系统的发行版本

Linux 系统的发行版说简单点就是将 Linux 系统内核与应用软件做一个打包。而今，虽然有数百计的 Linux 发布版，但都依然统一使用 Linus Torvalds 开发/维护的系统内核。在 Linux 内核的基础上产生了众多 Linux 系统的版本。我们平时所说的 Linux 免费，其实只是说 Linux 的内核是免费的。

较知名的发行版有：Ubuntu、RedHat、CentOS、Debain、Fedora、SuSE、OpenSUSE、TurboLinux、BluePoint、RedFlag、Xterm、SlackWare 等。笔者常用的是 Redhat 和 CentOS。

这里有必要说一下，其实 CentOS 是基于 Redhat 的，网上甚至有人说 Centos 是 Redhat 企业版的克隆。目前，有很多公司的服务器全部都安装了 CentOS 系统，也是相当稳定的。与 Redhat 相比，CentOS 可以免费使用 yum 下载安装所需要的软件包，这是相当方便的。而 Redhat 要想使用 yum 必须要购买服务。

1.1.2　子任务 2　理解 Linux 系统的体系结构

操作系统是一台计算机必不可少的系统软件，是整个计算机系统的灵魂。一个操作系统是一个复杂的计算机程序集，它提供操作过程的协议或行为准则。没有操作系统，计算机就无法工作，就不能解释和执行用户输入的命令或运行简单的程序。

Linux 系统由内核（Kernel）、外壳（Shell）和应用程序 3 大部分构成，如图 1-1 所示。硬件平台是 Linux 系统运行的基础，目前它可以在几乎所有类型的计算机硬件平台上运行。

图 1-1　Linux 系统的组成

1．Linux 系统的内核

内核是 Linux 系统的心脏，是运行程序和管理硬件设备的核心程序，负责控制硬件设备、管理文件系统、程序流程及其他工作。Linux 系统的内核开发和规范一直由 Linux 系统社区控制和管理着，内核版本号的格式通常为 r.x.y。r：目前发布的内核主版本。x：偶数表示稳定版本；奇数表示开发中版本。y：错误修补的次数。

内核版本号的每位都代表什么？以版本号为例：2.6.9-5.ELsmp，r：2，主版本号；x：6，次版本号，表示稳定版本；y：9，修订版本号，表示修改的次数；5：表示这个当前版本的第 5 次微调 patch，而 ELsmp 指出了当前内核是为 ELsmp 特别调校的（EL：Enterprise Linux）；smp：表示该内核版本支持多处理器；头两个数字合在一齐可以描述内核系列，如稳定版的 2.6.0，它是 2.6 版内核系列。

主版本号随内核的重大改动递增；次版本号表示稳定性，其中偶数编号用于稳定的版次，奇数编号用于新开发的版本，包含新的特性，可能是不稳定的；修订版本号表示校正过的版本，一个新开发的内核可能有许多修订版。

Linux 系统的开发方法不同于其他商业化软件，许多公司把 Linux 系统内核、实用工具软件及许多应用程序组织起来，然后编写图形界面的安装程序，形成一个大的软件包，以光盘的形式发布，即形成了 Linux 的各个发行版本。因此，确切地说，把 Linux 系统的发行版本称为 Linux 是不准确的，应该叫作"以 Linux 为核心的操作系统软件包"。

根据 GPL 准则，各个 Linux 系统的发行版本虽然都源自一个内核，并且都有自己各自的贡献，但都没有自己的版权。它们都是使用托瓦兹主导开发并发布的同一个 Linux 内核，因此在内核层不存在兼容性的问题。至于每个发行版本都不一样的感觉只在发行版本的最外层才有所体现，而绝不是内核不统一或不兼容。

Linux 系统开发商一般也会根据自己的需要对基本内核进行某些定制，在其中加入一些基本内核中没有的特性和支持。例如，Red Hat 将部分 2.6 内核的特性向前移植到它的 2.4.x 内核中，如对 ext3 文件系统的支持、对 USB 的支持等。

2. Linux 系统的外壳

外壳（Shell）是系统的用户界面，提供用户与内核进行交互操作的一种接口。它接收用户输入的命令，把它转换成内核能够理解的格式送入内核去执行，并把执行的结果转换为用户容易理解的格式送到输出设备显示。因此，Shell 实际上是一个命令解释程序，在用户和内核之间充当类似于"翻译"的角色，为用户提供人性化的操作环境。

Shell，类似于 DOS 环境，可以输入命令、启动程序和对文件进行操作，但它的功能比 DOS 命令要强大得多。DOS 是一种固定的环境（COMMAND.COM 文件），灵活性有限，Linux 系统的 Shell 则不同，在 Linux 系统中有许多可选的 Shell，每种 Shell 提供不同的特性和功能。它是在登录时作为进程运行的小型应用程序，可提供各种命令行接口特性和功能，适合不同的用户和应用程序。

不仅如此，大多数 Shell 有自己的脚本语言，用于对命令进行编辑，它允许用户编写由 Shell 命令组成的程序，这些程序类似于 DOS 的批处理文件。Shell 编程语言具有普通编程语言的很多特点，如它也有循环结构和分支控制结构等，用这种编程语言编写的 Shell 程序与其他应用程序具有同样的效果。

Linux 系统除了提供 Shell 接口外，还提供了如同 Microsoft Windows 那样的可视化图形用户界面（GUI）。它通过 X-Window 的底层支持提供了很多窗口管理器，其操作就像 Windows 一样，有窗口、图标和菜单，所有的管理都通过鼠标和键盘控制。

现在比较流行的窗口管理器（实际是桌面环境，其中包含窗口管理器）是 KDE 和 GNOME。每个 Linux 系统的用户可以拥有他自己个性化的用户界面或 Shell，用以满足自己特定的需求。与 Linux 系统的有很多不同的发行版本一样，Shell 也有多种不同的版本，如 CSH、BASH 等。

3. Linux 系统的应用程序

就 Linux 系统的本质来说，它只是操作系统的核心，完成最基本的低级控制与管理，并不给用户提供各种工具和应用软件。但一套优秀的操作系统只有核心是远远不够的，在 Linux 系统平台下往往还集成了很多的应用程序和软件开发工具，主要可以分为如下几类：

1）文本处理工具

Linux 系统中有许多文本处理工具，如 OpenOffice、Abiword、Gnumeric、Gedit、Kivio、Kword、Scribus、Ed、Ex、Vi 和 Emacs 等。其中，Ed 和 Ex 是行编辑器，Vi 和 Emacs 是全屏幕编辑器，OpenOffice 是类似于 Microsoft Office 的办公套件。

2）X Window 系统

X Window 系统是一种图形用户界面。它是非常灵活的、可以配置的 GUI 环境。目前非常流行的 GNOME、KDE 图形用户界面都是基于 X Window 系统的。

3）编程语言和开发工具

在 Linux 操作系统上中可以使用多种编程语言、脚本语言和开发工具，如 C、C++、Fortran、ADA、Perl、PASCAL、Java、gcc 等。

4）Internet 工具软件

在 Linux 系统中能够使用的 Internet 工具软件比较多，如浏览器软件 Netscape 和 Mozilla；邮件阅读软件 Evolution；Internet 服务器软件 Apache 和 WU-FTP 等。

5）数据库

在 Linux 系统中能够使用的数据库较多，如 Informix、Oracle、DB2、Sybase、MySQL、PostgreSQL、MySQL 等。

1.1.3 子任务 3 了解红帽 Linux 系统与认证

1．为什么要学 Linux 系统

大多数读者开始了解计算机和网络都是从"Windows™"开始的，肯定已经习惯了该系统而且觉得足以应付日常工作了。虽然 Windows 系统确实很优秀，但同时也是用户对安全性、高可用与高性能的大大牺牲，因为你一定见过如图 1-2 所示的图片。你是否考虑过为何需要长期稳定运行的网站服务器、处理大数据的集群系统或需要协同工作的环境大多采用 Linux 系统呢？

图 1-2　选 Windows 系统还是 Linux 系统

2．开源共享精神

开源软件简单来说就是可以不受限制地使用某个软件并且随意修改，甚至将其修改成自己的产品再发布出去。开源软件的特性：使用自由、修改自由、重新发布自由、创建衍生品自

由。开源软件一般会将软件程序与源代码一起提供给用户，最热门的六种开源许可证如图 1-3 所示。

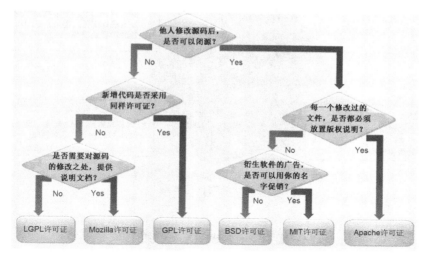

图 1-3　开源许可证

坦白来讲，每个从事 Linux 系统行业的技术人从骨子里有一种独特的情怀，即听到开源产品的兴起就会由衷地自豪。开源企业不应该单纯追逐利益，而应互相扶持，让开源软件越来越完善，根基越来越强大，开源社区越来越有人气。

3．热门的开源系统

红帽企业 Linux（Red Hat Enterprise Linux，RHEL）系统：全球最大的开源技术厂商，全世界内使用最广泛的 Linux 系统发布套件，提供性能与稳定性极强的 Linux 系统套件系统并拥有完善的全球技术支持。

社区企业操作系统（Centos）：最初是因将红帽企业系统"重新编译/发布"给用户免费使用而广泛使用的，当前已正式加入红帽公司并继续保持免费，随 RHEL 更新而更新。

红帽用户桌面版（Fedora）：最初由红帽公司发起的桌面版系统套件，目前已经不限于桌面版。用户可免费体验到最新的技术或工具，功能成熟后加入 RHEL 中。

国际化组织的开源操作系统（Debian）：提供超过 37 500 种不同的自由软件且拥有很高的认可度，对于各类内核架构支持性良好，稳定性、安全性强，更有免费的技术支持。

基于 Debian 的桌面版（Ubuntu）：Ubuntu 是一款基于 Debian 派生的产品，对新款硬件具有极强的兼容能力。普遍认为 Ubuntu 与 Fedora 都是极其出色的 Linux 桌面系统。

4．认识红帽认证

Linux 系统由上百个不同的组织、公司、机构研发并发布出不同的版本，其中红帽公司作为一家成熟的操作系统厂商提供可靠的 Linux 系统和完善的售后服务。红帽企业 Linux 系统 RHEL 的市场占有量极大，认可度也非常高。红帽公司推出的阶梯式的认证体系也确实能够帮助读者检查自己的能力，如图 1-4 所示。

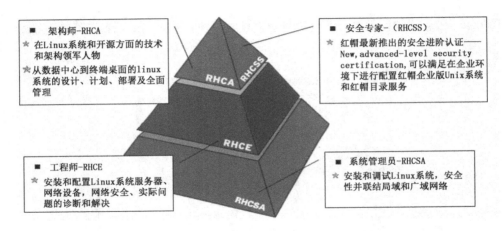

图 1-4　红帽认证体系

1.2　任务 2　部署虚拟环境安装 Linux 系统

1.2.1　子任务 1　在 VMware 里安装 Linux 系统

1. 开启安装进程

首先运行"VMware WorkStation",按照提示模拟出用于安装 RHEL7 红帽操作系统的硬件配置。然后启动电源开始安装 Linux 系统。如图 1-5 所示,可以使用【↑】键和【↓】键选择【Test RedHat Enterprise Linux 7.0】选项,再按回车键以字符界面的方式安装系统。本次直接按回车键,开始以图形界面方式安装系统的过程。

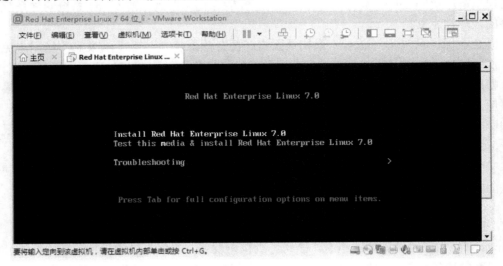

图 1-5　选择安装方式

2. 选择安装过程语言

在图 1-6 所示的语言选择界面中,可以选择"简体中文(中国)"。

图 1-6 安装界面语言选择

3. 确认各项安装信息

单击【继续】按钮，出现"安装信息摘要"界面，如图 1-7 所示。分别设置和确认"日期和时间"、"键盘"、"安装源"、"软件选择"、"安装位置"、"网络和主机名"等相关信息。

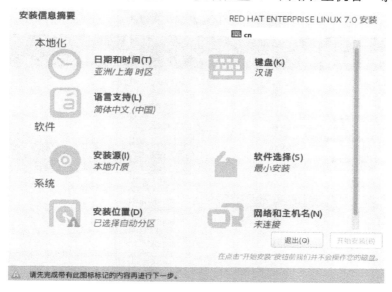

图 1-7 安装信息摘要

4. 查看修改磁盘分区

在图 1-7 中单击【安装位置】按钮，出现图 1-8 所示的界面。在 Linux 系统安装过程中有自动分区和手动分区两种方式。

自动分区时，默认创建/分区、/boot 分区、/home 分区和 swap 分区。手动分区时，允许用户按照预先的规划定制分区个数和大小。本次选择自动分区。

5. 选择查看要安装的软件

在图 1-7 中单击【软件选择】按钮，出现"软件选择"对话框，选择需要安装的软件构建不同的工作环境。本次选择"带 GUI 的服务器",如图 1-9 所示。

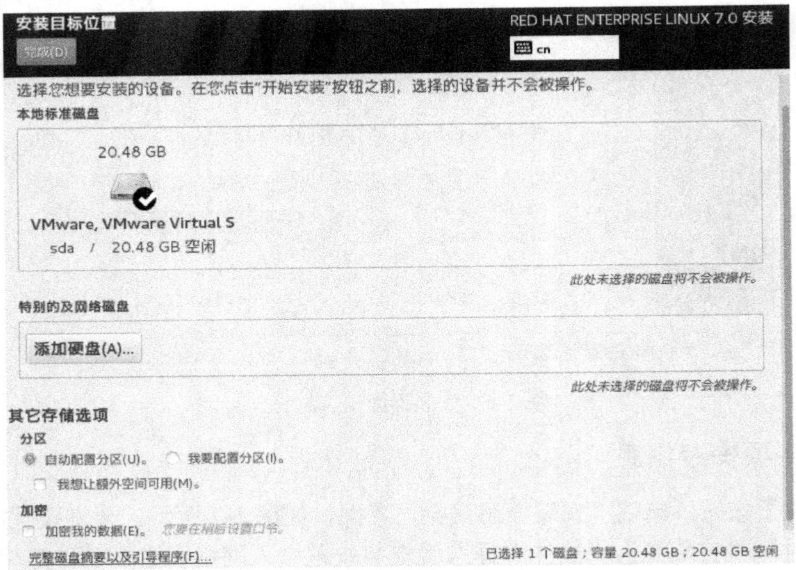

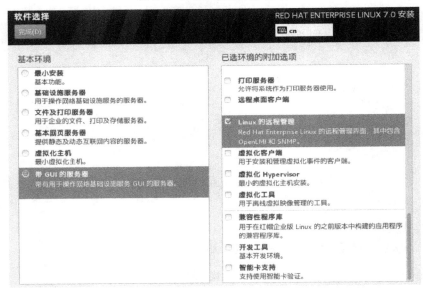

图 1-8　分区信息确认和修改

图 1-9　选择软件

6. 开始安装系统软件

在图 1-7 中单击 开始安装(B) 按钮,进入图 1-10 所示界面,该界面会显示每一个正在安装的软件包的名字,直至最后系统安装完毕。系统安装完毕如图 1-11 所示。

在系统软件的安装过程中,可以在安装界面提示下设置 root 用户的密码并创建一个用户。例如,本次安装给 root 用户设置密码为 654321,新创建密码为 123456 的普通用户 lihua,如图 1-12 和图 1-13 所示。

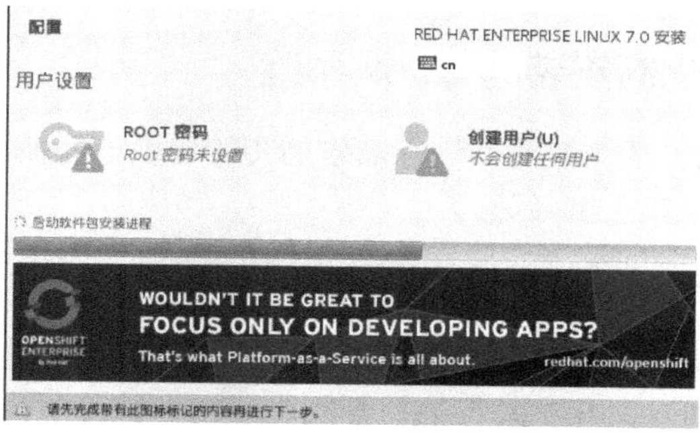

图 1-10 开始软件的安装过程

图 1-11 系统安装完毕

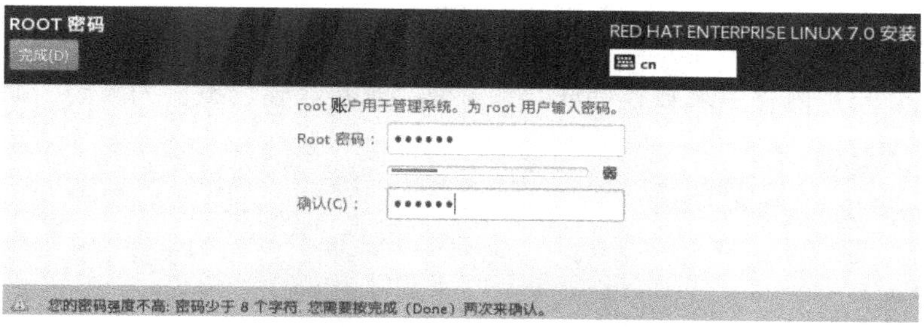

图 1-12 给 root 设密码

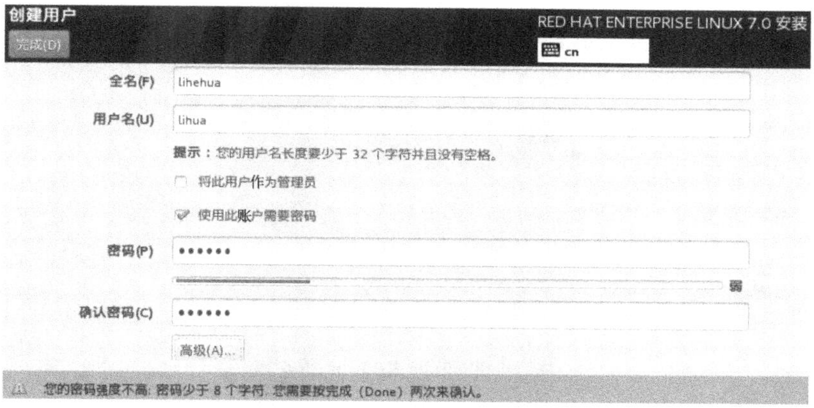

图 1-13 创建普通用户

第 1 章 Linux 系统的安装与初始化

1.2.2 子任务 2 初始化新安装的 Linux 系统

Linux 系统安装完毕后，还需要对其进行基本的初始化以方便使用，主要内容为同意许可协议、注册系统、配置网络和主机名等。

1．查看设置许可信息

重新引导系统启动后，出现初始化设置界面，如图 1-14 所示，选择同意许可协议。Linux 系统集成的软件包都有许可证，用户可以随意使用、复制和修改源代码。

图 1-14　设置许可信息

2．设置 Kdump

Kdump 是在系统崩溃、死锁或死机时用来转储内存运行参数的一个工具和服务。如果系统崩溃，正常的内存就没法工作了，这时将由 Kdump 产生一个用于捕获当前运行信息的内核，该内核会将此时内存中的所有运行状态和数据信息收集到一个 dump core 文件中，以便管理员分析崩溃的原因。一旦内存信息收集完成，系统将会重启。建议设置为启动，如图 1-15 所示。

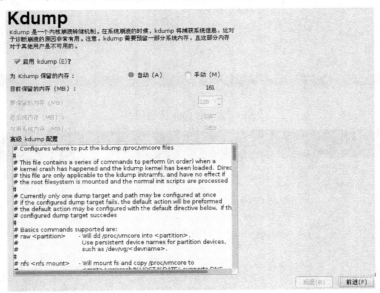

图 1-15　设置 Kdump 服务

3．GNOME 初始化

首次从图形界面登录 Linux 系统后，会出现 GNOME 初始化界面。语言和键盘布局都已经默认选择"汉语"，分别如图 1-16 和图 1-17 所示。

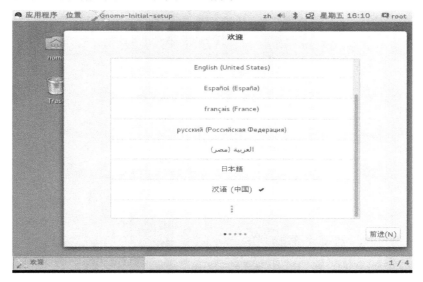

图 1-16　选择语言

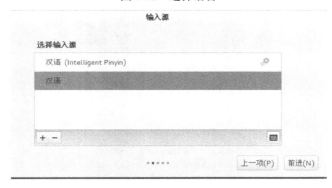

图 1-17　选择键盘布局

4．设置互联网连接

在 VMware 里设置"网络连接"为桥接模式，将虚拟 Linux 系统直接桥接到物理网络。这样 Windows 系统中的物理网卡和 Linux 系统中的网卡 IP 地址配置在同一网段。图 1-18 显示的是笔记本 Windows 系统物理网卡的 TCP/IP 设置。

用 root 用户从图形界面登录 Linux 系统，依次选择【应用程序】→【系统工具】→【设置】→【网络】，打开网络设置对话框，开启网络连接并设置网卡的 IPv4 信息，如图 1-19 所示。

设置完成后，在 Linux 系统图形界面下打开 Mozilla Firefox 网页浏览器，访问 www.sohu.com，如图 1-20 所示，证明网络设置无误。

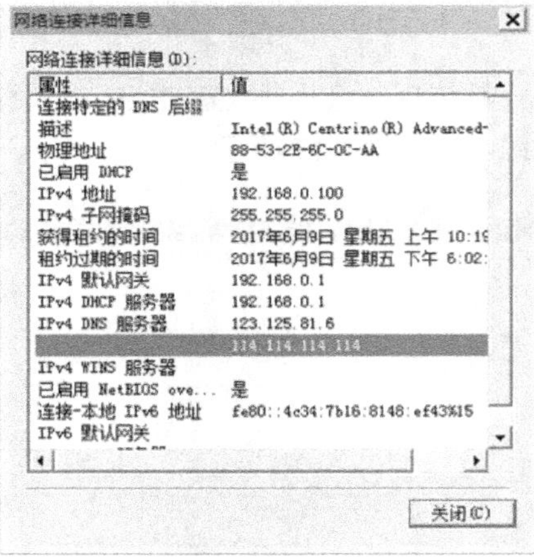

图 1-18 Windows 系统物理网卡的配置

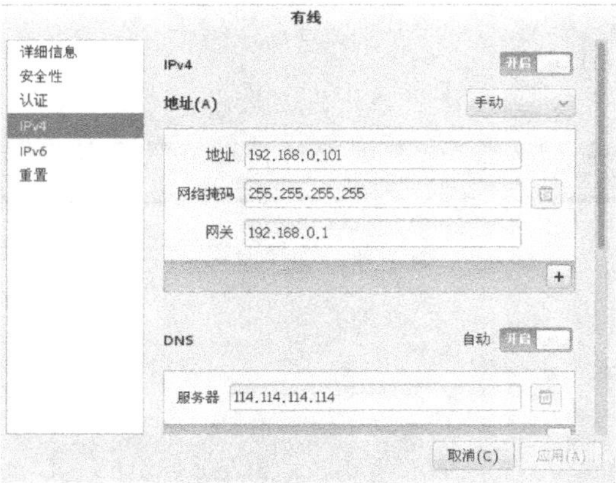

图 1-19 Linux 系统的网卡设置

图 1-20 使用 Linux 系统上网

5．设置软件更新

注册成为 Red Hat 用户，才能享受它的软件自动更新服务，不过遗憾的是，目前 Red Hat 公司并不接受免费的注册用户，你首先必须成为 Red Hat 的付费订阅用户才行，如图 1-21 所示。这是一项收费的服务，如果暂时不需要，可以选择以后注册。

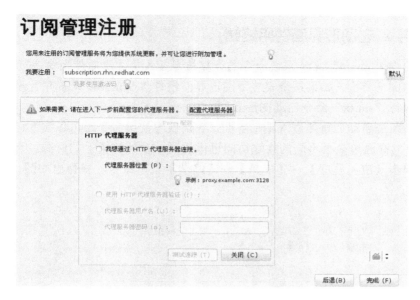

图 1-21　系统注册

1.3　任务 3　登录、注销与关机

Linux 系统启动过程中，屏幕上会出现许多提示信息，如系统检测硬件、加载文件系统、启动服务等，在提示信息中：OK 表示成功；FAILED 表示失败。

1.3.1　子任务 1　图形界面下登录、注销与关机

当系统启动成功后，将出现登录界面。在登录界面输入用户名和口令，如果输入的用户名和口令通过了系统验证，就可以进入 Linux 系统。图 1-22 显示的是图形化登录界面。

GNOME 界面下注销的方法是：在图形化界面通知区域的右边，用鼠标单击【root】→【注销】按钮，这时出现如图 1-23 所示的注销对话框，提示 60 秒后自动注销。单击【注销】按钮可以立即注销。

　　图 1-22　图形化登录界面

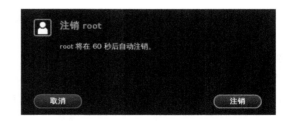
　　图 1-23　注销对话框

在图形界面 GNOME 下的关机或重启操作类似于注销的操作，只要在注销对话框中选择相应的动作即可。

1.3.2 子任务 2 在图形界面使用终端

只有某些习惯 Linux 或 DOS 系统命令的计算机专业人员才喜欢使用命令行界面，其他人员都更喜欢使用图形界面。如果系统安装了图形界面组件 X Window 系统并且没有启动，可以在字符界面下执行"startx"命令启动图形界面。

如果 Linux 系统启动后直接进入图形界面，登录后想使用命令时可以在"终端"环境下执行。早期的用户大都通过多个不同的终端访问远程的同一台计算机上的资源。启动终端窗口的方法是：依次单击【应用程序】→【工具】→【终端】菜单命令，将弹出如图 1-24 所示的终端窗口。

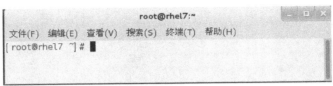

图 1-24 图形界面下的终端

在终端环境下，也可以完成注销用户的登录，可用的方法主要有 3 种：在命令提示符（"#"或"$"）下，执行"logout"命令；执行"exit"命令；使用"Ctrl+D"组合键。成功注销后将会重新看到之前的登录提示符（"login:"）。

与 Windows 系统相比，关闭 Linux 系统要复杂一些，决不能简单地直接关闭电源。Linux 往往作为网络服务器来使用，内存中缓存了许多数据。关闭系统时，需要进行内存数据与硬盘数据的同步校验，保证硬盘数据在关闭系统时是最新的，只有这样才能确保数据不会丢失。一般正常关闭系统的过程将自动执行这步操作。

关机和重启只有超级用户才有权利执行。不管是重启系统还是关闭系统，保险起见首先要运行 sync 命令，把内存中的数据写到磁盘中。关机的命令有"shutdown -h now"、"halt"、"poweroff"和"init 0"，重启系统的命令有"shutdown -r now"、"reboot"和"init 6"。

1.3.3 子任务 3 认识 X Window 系统

1. 了解什么是 X Window 系统

Linux 系统的图形界面称为 X Window 系统，简称 X 或 X11。为何称之为系统呢？这是因为 X Windows 系统又分为 X Server 与 X Client。既然是 Server/Client（主从架构），这就表示 X Windows 系统是可以跨网络且跨平台的。

Unix 系统不只是架设服务器，在美编、排版、制图、多媒体等方面也应用广泛。这些需求都需要用到图形界面，所以后来才有了所谓的 X Window 系统。图形窗口界面为什么要称为 X 呢？因为在英文字母中 X 在 W (indow) 后面，因此人们称这一版的窗口界面为 X，有下一版的新窗口之意！

X Window 系统对于 Linux 系统来说仅仅是一个软件，只是这个软件日趋重要。因为 Linux 系统是否能够在台式计算机上面流行，与这个 X Window 系统有关。好在目前的 X Window 系统整合到 Linux 系统已经非常优秀了，而且也能够具有 3D 加速功能。

X Window 系统最早是 1984 年由 MIT（Massachusetts Institute of Technology，麻省理工学院）在 UNIX 的 System V 这个操作系统版本上开发出来的。一直到 1987 年更改 X 到 X11 版本，X 版本取得了明显的进步，后来的窗口界面改良都是架构在该版本上，因此后来的 X 也被称为 X11。这个版本持续在进步中，到了 1994 年发布了新的版本 X11R6，后来的版本定义就变成了类似于 1995 年的 X11R6.3 样式。

1992 年，XFree86（http://www.xfree86.org/）计划顺利展开，该计划持续维护 X11R6 的功能性，包括对新硬件的支持及更多新增的功能等。XFree86 其实是根据"X + Free software + x86 硬件"而得名。早期 Linux 所使用的 X 的主要核心都是由 XFree86 这个计划所提供的，因此，我们常常将 X 与 XFree86 画上等号。

现在大部分发行版本使用的 X 都是由 Xorg 基金会所提供的 X11 软件；X11 使用的是 MIT 授权，为类似于 GPL 的自由软件授权方式。

2．X Window System 的基本结构

X Window 系统本身是一个非常复杂的图形化作业环境，可以分成 3 部分，分别是 X Server、X Client 和 X Protocol。

1）X Server

X Server 主要负责处理输入/输出的信息，并且维护字体、颜色等相关资源。它接收输入设备（如键盘、鼠标）的信息，将这些信息交给 X Client 处理，而 X Client 所传来的信息就由 X Server 负责输出到输出设备（如显示卡、荧幕）上。X Server 传给 X Client 的信息称作 Events（事件）。X Client 传给 X Server 的信息称为 Request（要求）。Events 主要包括键盘的输入和鼠标的移动、按下等动作，而 Request 主要是 X Client 要求对显示卡及屏幕的输出做调整。

2）X Client

X Client 主要负责应用程序的运算处理部分，它将 X Server 所传来的 Events 进行运算处理，再将结果以 Request 的方式去要求 X Server 显示在屏幕上的图形视窗中。在 X Window System 的结构中，X Server 和 X Client 所负责的部分是分开的，因此 X Client 和硬件无关，只和程序运算有关。这样有一个好处，如更换显示卡时，X Client 部分不需要重新编写；因为 X Server 和 X Client 是分开的，所以可以将两者分别安装在不同的计算机上，这样就可以利用本地端的屏幕、键盘和鼠标来操作远端的 X Client 程序。常见的 X Client 有大家熟悉的 gdm, xterm, xeyes 等。

3）X Protocol

X Protocol 就是 X Server 与 X Client 之间通信的协议。X Protocol 支持现在常用的网络通信协议。例如，通过测试 TCP/IP，可以看到 X Server 侦听在 TCP 6000 端口上，则 X Protocol 就位于传输层以上，属于应用层。通常，X Server 和 X Client 在两台机器上时，一般使用 TCP/IP 协议通信，若在同一台机器上，则使用更高效的操作系统内部通信协议。

4）X Library、X Toolkit 和 Widget

X Client 主要就是应用程序，大多数应用程序会提供函数库，以方便开发人员开发利用，则提供有 X Library（X Lib），X Library 主要提供 X Protocol 的存取能力。由于 X Server 只是根据 X Client 所给的 Request（要求）去显示画面，因此所有的图形界面都交由 X Client 负责。开发者没有必要每写一个应用程序都从头再开发一个界面，所以有了图形界面库 X Toolkit 和

Widget 的产生，开发者可以使用它们来创建按钮、对话框、轴、窗口等视窗结构，从而可以很容易地开发出各种程序。

图形界面的运行过程可以分为以下 5 步：
（1）用户通过鼠标键盘对 X Server 下达操作命令。
（2）X Server 利用 Event 传递用户操作信息给 X Client。
（3）X Client 进行程序运算。
（4）X Client 利用 Request 传回所要显示的结果。
（5）X Server 将结果显示在屏幕上。

可以看出，X 的工作方式与 Microsoft Windows 系统有着本质的不同。Microsoft Windows 系统的图形用户界面是跟操作系统紧密相联的。X 则不是，它实际上是在系统核心（kernel）上运行的一个应用程序。

3．是否需要激活 X Window 系统

Linux 系统主机是否需要默认就启动 X Window 系统呢？一般来说，如果你的 Linux 系统主机定位为网络服务器，由于 Linux 服务器配置的文档都是纯文字的格式文件，因此根本不需要 X 的存在，X 仅仅是 Linux 系统内的一个软件而已。

但是如果你的 Linux 主机用来作为台式计算机，那么 X 对你而言就是相当重要的！因为我们日常使用的办公室软件，都需要使用到 X 图形的功能。此外，之前接触到的数值分析模式，需要利用图形处理软件将数据读取出来，因此在这部分 Linux 主机上也一定需要 X 的。

除了主机的用途决定你是否需要激活 X 之外，主机的"配置"也是必须要考虑的一项决定性因素。X 如果要美观，可能需要功能较为强大的 KDE 或 GNOME 等窗口管理器协助，但是它们对系统的要求很高，除了 CPU 等级要够、RAM 存储容量要足之外，显卡的等级也不能太差。因此，早期的主机对于 X 没办法实现很高的运行效率。

也就是说，你如果想要激活 X，特别需要考虑以下两点。

1）稳定性

X 仅仅是 Linux 系统上面的一个软件，虽然目前的 X 已经整合得相当好了，但任何程序的设计都或多或少会有些 bug，X 当然也不例外。此外，在 Linux 系统服务器上激活 X，X 会启动多个程序来运行各项任务，系统的不确定性也可能会增加。因此，不建议在对 Internet 开放的服务器上启动 X。

2）效能

激活 X 会造成一些系统资源的损耗。另外，某些 X 的软件也是相当耗费系统资源的。因此，启动 X 可能会让你的可用系统资源尤其是内存，降低很多，还可能会造成系统效率较低的问题。

从使用经验来看，GNOME 的速度稍微快一点，KDE 的界面感觉具有亲和力。总体而言，X 的速度其实并不是那么棒！如果确实有其他图形界面的需求时，可以使用 yum 去安装 XFCE，XFCE 是比较轻量级的窗口管理器，其使用速度比 GNOME 还快一些。最近很火的 Ubuntu 的分支之一 Xubuntu 就是使用这套窗口的。

1.4 思考与练习

一、填空题

1. Linux 系统是一种类似于_____风格的_____操作系统。
2. Linux 系统是由_____、_____和_____等软件构成的。
3. 目前比较流行的 Linux 系统发行版本有_____、_____和_____。
4. Linux 系统为用户提供的操作界面有两大类，即_____和_____。
5. Linux 系统下的图形界面叫_____。
6. X-Window 图形界面系统，简称_____，它是基于_____模式实现的，它由 3 部分组成：_____、_____和_____。
7. 硬盘上的分区可以分为 3 种类型：_____、_____和_____。其中，最多只能有一个的是_____，必须至少有一个的是_____。
8. 在安装 Linux 系统时，至少需要划分的 2 个基本的分区是：_____和_____。其中有一个分区用于实现虚拟内存，该分区的大小通常设置为物理内存的_____倍。
9. 将/dev/hda 分成 4 个分区，其中只有 1 个是主分区，另外 3 个都是逻辑分区，则这 4 个分区对应的设备文件分别是_____、_____、_____和_____。
10. 安装 RHEL 7 时，如果选择自动分区，则安装程序会自动将 Linux 使用的空间分成 个分区。

二、判断题

1. 由于 Linux 系统内核体积小，并且没有知识产权，所以在嵌入式开发中被广泛使用。（ ）
2. Linux 系统的某一版本的内核只有一个，基于该内核的发行版本会根据开发公司的不同有很多。（ ）
3. 所谓自由软件是指用户不必支付任何费用就可以免费使用的软件。（ ）
4. 目前，只有极少数的厂商宣布支持 Linux 系统。（ ）
5. Windows 系统版本的应用程序也可以在 Linux 系统中使用。（ ）
6. Fedora 系统版本的生存周期很短，新旧版本之间交替会带有重大的变动，这些变动可能会导致原来的服务无法正常运行。（ ）
7. Linux 系统比 Windows 系统具有更高的安全性。（ ）
8. Linux 系统具有良好的可移植性，这意味着 Linux 系统中的很多软件也可以在 Windows 系统中使用。（ ）
9. 目前，还没有国产的 Linux 系统供选用。（ ）
10. Linux 系统的图形界面和 Windows 系统一样好用。（ ）
11. 扩展分区上面不能直接存放数据，它的存在是为了在上面创建逻辑分区，逻辑分区的个数不受限制，所有的逻辑分区加在一起相当于扩展分区。（ ）
12. 在一块硬盘上扩展分区最多只能有一个。（ ）
13. 可以将 Linux 系统和 Windows 系统安装到同一块硬盘的同一个分区上，让两个操作

系统同时存在。（   ）

三、选择题

1. 以下中的（   ）不是 Linux 系统的特点。
   A．开放源代码   B．使用 GNU 版权
   C．支持 IDE 设备   D．只能在 Intel 平台的 PC 上运行
2. 3.10.0-123.el7.x86_64 的 Linux 系统核心是（   ）。
   A．测试版   B．稳定版
   C．Windows 版   D．PC 版
3. 以下公司中的（   ）是 Linux 系统的发布商。
   A．RedHat   B．Slackware
   C．Turbo Linux   D．以上全是

四、简答题

1. 什么是 Linux 系统，它和 UNIX 系统有什么区别与联系？
2. 什么是 Linux 系统的发行版本？什么是 Linux 的内核版本？
3. 什么是自由软件？
4. Linux 系统与 Windows 系统有哪些主要的区别？
5. 简述 Linux 系统内核版本号的构成及具体含义。
6. 简述 Linux 系统有哪些主要的特点。
7. 在安装 Linux 系统时一般如何进行分区？swap 分区起什么作用，该分区的大小一般如何设定？
8. 在安装 Linux 系统的过程中使用自动分区，安装程序会自动将 Linux 系统占用的磁盘空间分成几个分区？

第 2 章▶▶

Linux 系统字符界面与帮助系统的使用

学习目标

- 了解 Linux 系统命令行的特点
- 掌握使用虚拟终端实现多用户同时登录
- 掌握字符界面下获得命令帮助的方法
- 掌握 Linux 系统信息查看的基本命令
- 掌握从 Windows 系统远程连接 Linux 系统的方法
- 掌握 VIM 编辑器的使用方法

任务引导

Linux 系统的图形界面就像一个软件,和内核并不是一体的,因此可以选择不安装图形界面,这样不仅不影响服务器的正常使用,还可以节省系统资源的开销。日常应用中,绝大多数公司会选择将服务器托管,这样公司的 Linux 系统管理员很多时候不得不选择通过远程登录的方式管理服务器。另外,如果不写命令只使用鼠标点击,Linux 系统的很多功能也将无法使用。因此,如果你想成为一个专业的 Linux 系统工程师,完全可以从命令窗口开始学习。本章主要介绍 Linux 字符界面的文本编辑器、获取命令帮助的方法,系统远程访问及不同系统之间的文件传输等基本知识和技能。

任务实施

2.1 任务 1 学习使用 Linux 系统字符界面

2.1.1 子任务 1 使用命令注销、登录与关机

1. 登录 Linux 系统

字符登录界面下的登录过程是:在登录提示符 "login:" 后输入用户名(如 root),并且按回车键;然后在 "password:" 后输入用户口令,并按回车键。

Linux 系统不会在屏幕上显示出口令。在输入口令的过程中,用户必须注意大小写的区别。如果系统显示信息 login incorrect,有两种原因,即用户名或口令输入不正确。在这两种情况下,登录提示符会重新显示在屏幕上。图 2-1 显示的是 root 成功登录的过程。

```
Red Hat Enterprise Linux Server 7.0 (Maipo)
Kernel 3.10.0-123.el7.x86_64 on an x86_64

rhel7 login: root
Password:
Last login: Sat Jun 10 18:15:09 on tty1
[root@rhel7 ~]#
```

图 2-1　以 root 用户登录

登录后系统会显示当前登录用户上次登录的时间、登录位置及现在是否有新的邮件。系统通过 Shell 提示符来显示系统已经准备好和用户进行交互。root 用户的提示符是"#"，普通用户的提示符是"$"。前面的 root 表示当前控制台上登录的用户是 root，@后的 rhel7 是当前主机的名字，~表示当前工作目录是当前用户的主目录。

默认情况下，在一个用户登录后，当前的工作目录就是该用户的主目录。如果想知道当前工作目录的详细路径，可以执行命令"pwd"，如图 2-2 所示。

```
[root@rhel7 ~]# pwd
/root
```

图 2-2　当前工作目录的绝对路径

在命令行界面下要执行某种操作，就要输入相应的命令。每条命令输入完毕，必须按 Enter 键才会执行。如果输入的命令中有某个字符需要删除或修改，可以用左右方向键将光标移到要修改字符的后面或前面，再按 Backspace 或 Del 键删除，最后输入正确的字符。

2．Linux 系统命令行的特点

Linux 系统的主要特色之一就是它的命令，系统中所有的命令都由 Shell 先解释然后提交给内核执行。在 Shell 提示符后输入命令时，所输入的整行称为命令行。

Linux 系统命令行界面下的操作与 DOS 系统下的操作有很多类似的地方，但也有很多不同。它们之间的差异如下：

（1）在 DOS 系统中，命令、文件名和目录名中的字母不区分大小写，而在 Linux 系统中区分大小写。

（2）在 DOS 系统中用"\"表示根目录，在 Linux 系统中则用"/"来表示；在 DOS 系统用"\"来分隔每一层次目录，如 C:\windows，而在 Linux 系统中则用"/"来表示，如/home/student。

（3）在 Linux 系统中要执行一个程序，输入它的名字即可。不同的是，在 DOS 系统中可以直接执行放在当前工作目录下的程序，在 Linux 系统中，若要执行当前工作目录下的程序，则要在文件名前加上"./"。

3．关机与重启

命令行界面下的关机一般使用 shutdown 命令。shutdown 的命令格式：shutdown　[选项] [时间]　[警告信息]。该命令中的常用选项及其含义如表 2-1 所示，命令中的[时间]可以有多种形式的表示，如下面的程序所示。警告信息将发送给正在当前登录 Linux 系统的所有用户，通常用来提示所有用户在系统关闭之前完成正在进行的工作。

表 2-1 常用选项及其含义

选项	描述
-r	重新启动系统
-h	关闭系统
-c	取消一个已经运行的 shutdown

```
[root@rhel7 ~]# shutdown    -h    +45                               //45 分钟之后关机
Shutdown scheduled for 五 2017-06-09 19:05:28 CST, use 'shutdown -c' to cancel.
[root@rhel7 ~]# shutdown    -c
Broadcast message from root@rhel7 (Fri 2017-06-09 18:21:24 CST):

The system shutdown has been cancelled at Fri 2017-06-09 18:22:24 CST!
[root@rhel7 ~]# shutdown    -r    20:30                             //定时在 20:30 重新启动系统
Shutdown scheduled for 五 2017-06-09 20:30:00 CST, use 'shutdown -c' to cancel.
```

关闭系统之前，系统会产生一个/etc/nologin 文件，用于说明系统即将关闭，用户不能登录。在这段时间内，只有管理员可以进入系统。

在重启系统的操作到来之前，可以在执行该命令的终端上随时使用"Ctrl+C"组合键取消该操作。另外，也可以使用"halt"命令来关机，"halt"命令等同于"shutdown －h now"。重启系统可以使用"reboot"命令，"reboot"命令相当于"shutdown －r now"。

计算机一般会在关闭 Linux 系统后自动切断电源，如果不能正常切断，用户可以在看到"Power down"或"System halted"消息后，手动关闭计算机电源。

2.1.2 子任务 2 使用虚拟终端实现多用户同时登录

终端是指用户的输入和输出设备，主要包括键盘和显示器。RHEL 7 中实现了 6 个虚拟终端（tty1~tty6），也称虚拟控制台。每一个虚拟终端都可以看作一个完全独立的工作站，在切换到另一个虚拟终端之后，Linux 系统会首先显示登录提示符，并像第一次登录一样询问用户名和密码。

切换虚拟终端之后，原来终端上的开启程序将继续运行。因此，使用多个不同的虚拟终端完全可以实现多用户的同时登录。用户可以使用"Ctrl+Alt+F1"、"Ctrl+Alt+F2"组合键等从一个虚拟终端切换到另一个。图形界面如果启动，默认将位于 F1 上面，通过"Ctrl+Alt+F1"可以到达。在图形界面下，还可以开启若干个仿真终端（pts/0、pts/1 等）的窗口。

用不同账号从多个不同控制台登录，登录后执行"tty"命令可以看到当前所在的虚拟终端的名字，执行"w"命令可以看到当前登录系统的所有用户及其登录终端。

```
[lihua@rhel7 ~]$ w
 18:47:45 up 3 min,  4 users,  load average: 1.97, 1.15, 0.47
USER       TTY         LOGIN@   IDLE   JCPU    PCPU WHAT
lihua      :0          18:46    ?xdm?  25.82s  0.14s gdm-session-worker [pam/gdm-pas
lihua      tty5        18:47    41.00s 0.08s   0.08s -bash
```

```
root      tty6           18:47    25.00s   0.03s   0.03s -bash
lihua     pts/0          18:47     1.00s   0.07s   0.04s w
[lihua@rhel7 ~]$ tty
/dev/pts/0                                          //图形界面中开启的第一个"终端"
```

2.1.3 子任务 3 自动进入字符登录界面

RHEL 7 之前的版本使用运行级别代表特定的运行环境。运行级别被定义为 7 个，用 0~6 表示，每个运行级别可以启动特定的一些服务。RHEL 7 使用了目标（target）替换运行级别。目标使用目标单元文件来描述，其扩展名是.target。

Systemd（系统管理守护进程）是由 Linux 内核引导运行的，是系统中的第一个进程，其进程号（PID）永远为 1。Systemd 进程运行后，将按照其配置文件引导运行系统所需的其他进程。target 单元文件的唯一目标是将其他 systemd 单元文件通过一连串的依赖关系组织在一起。举个例子，graphical.target 单元，用于启动一个图形会话，systemd 会启动像 GNOME 显示管理（gdm.service）、账号服务（axxounts-daemon）这样的服务，并且会激活 multi-user.target 单元。相似的 multi-user.target 单元，会启动必不可少的 NetworkManager.service、dbus.service 服务，并激活 basic.target 单元。

RHEL 7 预定义了一些 target，和之前的运行级别或多或少有些不同。为了兼容，systemd 也提供一些 target 映射为早期版本中 init 的运行级别，具体的对应信息如表 2-2 所示。

表 2-2 目标和运行级别的对应关系

运行级别	目标	目标的链接文件	功能描述
0	runlevel0.target	poweroff.target	关闭系统
1	runlevel1.target	rescue.target	进入救援模式
2	runlevel2.target	multi-user.target	进入非图形界面的多用户方式
3	runlevel3.target	multi-user.target	进入非图形界面的多用户方式
4	runlevel4.target	multi-user.target	进入非图形界面的多用户方式
5	runlevel5.target	graphical.target	进入图形界面的多用户方式
6	runlevel6.target	reboot.target	重启系统

每一个目标都有名字和独特的功能，并且能够同时启动多个目标。一些目标继承了其他目标的服务，并启动新的服务。Systemd 提供了一些模仿 System V init 启动级别的目标，仍可以使用旧的 telinit 启动级别命令切换。

```
[root@rhel7 ~]# runlevel
N 3                                                 //当前运行级别是 3
[root@rhel7 ~]# telinit --help
telinit [OPTIONS...] {COMMAND}

Send control commands to the init daemon.

     --help       Show this help
     --no-wall    Don't send wall message before halt/power-off/reboot
```

```
Commands:
  0                 Power-off the machine
  6                 Reboot the machine
  2, 3, 4, 5        Start runlevelX.target unit
  1, s, S           Enter rescue mode
  q, Q              Reload init daemon configuration
  u, U              Reexecute init daemon
```

当安装 Red Hat Linux 系统时，如果安装有图形界面系统，系统启动时会默认进入图形化登录界面。可以通过修改系统的默认运行级别，让系统在重新启动之后自动进入字符登录界面。

```
[root@rhel7 ~]# systemctl    get-default
graphical.target
[root@rhel7 ~]# systemctl    set-default    multi-user.target
rm '/etc/systemd/system/default.target'
ln -s '/usr/lib/systemd/system/multi-user.target' '/etc/systemd/system/default.target'
[root@rhel7 ~]# telinit    6                               //级别 6 表示重启系统
```

由上述程序可知，级别 0 代表关机、级别 6 代表重新启动。因此，Linux 系统的关机和重启也可以分别通过命令"init 0"和"init 6"来实现。

2.2 任务 2 获取 Linux 系统命令帮助

由于 Linux 系统中的命令非常多，且每个命令都有不同的选项和参数，所以不要尝试记住所有命令，也没有必要。我们可以通过以下几种方法获取命令的帮助。

2.2.1 子任务 1 使用 help 命令获取内部命令帮助

一些命令位于 Shell 的内部，称为内部命令。当输入内部命令时，Shell 将在自己的进程内运行该命令。其他的命令都是外部命令，当输入外部命令时，Shell 将搜索合适的程序，然后以一个单独的进程运行该命令。

简单来说，在 Linux 系统中有存储位置的命令为外部命令；没有存储位置的命令为内部命令，可以理解为内部命令嵌在 Linux 系统的 Shell 中，看不到。命令 type 可以用来判断到底为内部命令还是外部命令。

```
[root@rhel7 ~]# type    pwd                    //查看 pwd 命令的内外类型
pwd 是 shell 内嵌
[root@rhel7 ~]# type    shutdown
shutdown 是 /usr/sbin/shutdown            //可以看到 passwd 的存储位置，因此存在，为外部
[root@rhel7 ~]# type    init
init 已被哈希 (/usr/sbin/init)
```

对于内置命令来说，所有的帮助都位于 Shell 的说明书页中，可以使用内置命令 help 来获取帮助，help 命令的使用语法如下："help [-s] [command...]"，选项-s 用来显示命令的简短使用语法。

```
[root@rhel7 ~]# help   shutdown         // shutdown 不是内部命令，不能用 help 命令获得帮助
bash: help: 没有与 `shutdown' 匹配的帮助主题。尝试`man -k shutdown' 或者 `info shutdown'
[root@rhel7 ~]# help   pwd
pwd: pwd [-LP]
    打印当前工作目录的名字。
    选项：
      -L   打印 $PWD 变量的值，如果它命名了当前的工作目录
      -P   打印当前的物理路径，不带有任何的符号链接

    默认情况下，`pwd' 的行为和带 `-L' 选项一致

    退出状态：
    除非使用了无效选项或者当前目录不可读，否则返回状态为 0
```

2.2.2 子任务 2 使用--help 选项获取外部命令帮助

使用命令选项--help 可以显示出命令的使用摘要和参数列表，绝大多数的外部命令都有--help 选项。其使用语法如下："command   --help"。

```
[root@rhel7 ~]# runlevel   --help
runlevel [OPTIONS...]

Prints the previous and current runlevel of the init system.

     --help      Show this help
```

2.2.3 子任务 3 使用 man 命令查看 man 手册

可以全屏显示系统提供的在线帮助，按 q 键退出，按上、下键移动。格式："man [-w] 命令"。选项-w 用来显示手册的存放位置。另一种在线帮助 info，和 man 的功能类似，用得很少。一般使用 help、--help 就足够了，man 功能用于补充。

使用 man 命令时：输入 "?" 键，向前查找，如 "? -h"，将会搜索含有 "-h" 的行；输入 "/" 键，向后查找，如 "/ -k"，将会向后搜索 "-k" 的行；按 N 或 n 将进行上一个、下一个相关匹配项的查看。

```
[root@rhel7 ~]# man   cd
[root@rhel7 ~]# man   -w   cd
/usr/share/man/man1/builtins.1.gz
```

2.2.4 子任务 4 掌握 Shell 的使用技巧

简单点理解，Shell 就是系统与计算机硬件交互时使用的中间介质，它只是系统的一个工具。实际上，在 Shell 和计算机硬件之间还有一层东西，那就是系统内核。打个比方，如果把计算机硬件比作一个人的躯体，系统内核便是人的大脑，至于 Shell，把它比作人的五官更贴切一些。回到计算机上来，用户直接面对的不是计算机硬件而是 Shell，用户把指令告诉 Shell，Shell 再将其传输给系统内核，接着内核支配计算机硬件去执行各种操作。

Bourn Shell 是最早流行起来的一个 Shell，其创始人叫作 Steven Bourne，为了纪念他所以称为 Bourn Shell，简称 sh。RHEL 7 默认使用的 Shell 称为 Bash，即 Bourne Again Shell，它是 sh（Bourne Shell）的增强版本。Bash 的特点如下。

1．记录命令历史

用户执行过的命令，Linux 系统中是会有记录的，预设可以记录 1000 条历史命令。这些命令保存在用户的家目录下的.bash_history 文件中。只有当用户正常退出当前 Shell 时，在当前 Shell 中运行的命令才会保存至.bash_history 文件中。用户可以使用方向键【↑】和【↓】查阅以前执行过的命令。

与命令历史有关的一个有意思的字符是"!"。常用的有以下几个应用：

（1）!!（连续两个"!"），表示执行上一条指令；

（2）!n（这里的 n 是数字），表示执行命令历史中第 n 条指令，如"!100"表示执行命令历史中的第 100 个命令；

（3）!字符串，如!ta，表示执行命令历史中最近一次以 ta 为开头的指令。

```
[root@rhel7 ~]# ls
anaconda-ks.cfg         公共    视频    文档    音乐
initial-setup-ks.cfg    模板    图片    下载    桌面
[root@rhel7 ~]# !!
ls
anaconda-ks.cfg         公共    视频    文档    音乐
initial-setup-ks.cfg    模板    图片    下载    桌面
[root@rhel7 ~]# history
    1  ping  192.168.0.100
    2  ifconfig
   ……      ……
  101  runlevel
  102  history
[root@rhel7 ~]# !101
runlevel
3 5
[root@rhel7 ~]# !run
runlevel
3 5
```

2．指令和文件名补全

当用户忘了命令或程序名时，可以请求 Shell 通过命令行补充进行帮助。输入命令或程序名的一部分，如果剩余的部分在系统中唯一，则只需要再按一次 Tab 键即可自动补齐。

例如，输入 r，因为以 r 开头的命令或程序名有两种以上的可能，所以需要连续按两下 Tab 键，这时系统将给出提示，询问是否列出所有的 131 种可能？如果想列出就输入"y"，不想列出就输入"n"。用户输入"y"，回车之后，可以看到列出了所有已知的以 r 开头的命令作为响应。

```
[root@rhel7 ~]# r          [Tab]   [Tab]
Display all 131 possibilities? (y or n)
[root@rhel7 ~]# run         [Tab]   [Tab]
runcon      runlevel    run-parts   runuser
```

3．命令别名

可以使用 alias 命令给其他命令或可执行程序起别名，这样就可以用自己习惯的方式执行命令。命令 unalias 用于删除使用 alias 创建的别名。

```
[root@rhel7 ~]# alias
alias cp='cp -i'
alias egrep='egrep --color=auto'
alias fgrep='fgrep --color=auto'
alias grep='grep --color=auto'
alias l.='ls -d .* --color=auto'
alias ll='ls -l --color=auto'
alias ls='ls --color=auto'
alias mv='mv -i'
alias rm='rm -i'
alias which='alias | /usr/bin/which --tty-only --read-alias --show-dot --show-tilde'
[root@rhel7 ~]# unalias cp
```

4．通配符

在 bash 下，可以使用*来匹配零个或多个字符，使用?匹配一个字符。可以用[a-z]表示所有小写字符都符合，用[! 0-9]表示所有非数字都符合。中括号[ ]，中间为字符组合，代表中间字符中的任意一个。

```
[root@rhel7 ~]# ls    /var/
account   crash    ftp      gopher    local    mail    preserve   tmp
adm       db       games    kerberos  lock     nis     run        var
cache     empty    gdm      lib       log      opt     spool      yp
[root@rhel7 ~]# ls    /var/[a-c]*   -d
/var/account   /var/adm   /var/cache   /var/crash
```

5．输入/输出重定向

输入重定向用于改变命令的输入，输出重定向用于改变命令的输出。输出重定向更为常用，它经常用于将命令的结果输入文件中，而不是屏幕上。输入重定向的命令是<，输出重定向的命令是>，输出追加重定向的命令是>>。

```
[root@rhel7 ~]# uptime
 11:55:14 up   2:52,   3 users,   load average: 0.31, 0.14, 0.09
[root@rhel7 ~]# uptime    >/root/pp
[root@rhel7 ~]# more    /root/pp
 11:55:31 up   2:52,   3 users,   load average: 0.22, 0.13, 0.09
[root@rhel7 ~]# date
2017 年  06 月  12 日  星期一   11:55:58 CST
[root@rhel7 ~]# date >>/root/pp
[root@rhel7 ~]# more    /root/pp
 11:55:31 up   2:52,   3 users,   load average: 0.22, 0.13, 0.09
2017 年  06 月  12 日  星期一   11:56:10 CST
```

另外，还有错误重定向 2>，以及追加错误重定向>>。当我们运行一个命令报错时，报错信息会输出到当前的屏幕，如果想重定向到一个文本里，则要使用 2>或 2>>。

6．管道

管道用于将一系列命令连接起来，把前面的命令运行的结果传给后面的命令继续处理。管道符为"|"。这里提到的后面的命令，并不是指所有的命令，一般针对文档操作的命令比较常用，如 cat、less、head、tail、grep、cut、sort、wc、uniq、tee、tr、split、sed、awk 等，其中 grep、sed、awk 为正则表达式必须掌握的工具，将在后续内容中详细介绍。

```
[root@rhel7 ~]# ls   /boot/
config-3.10.0-123.el7.x86_64
……         ……
System.map-3.10.0-123.el7.x86_64
vmlinuz-0-rescue-6e9c21ee168a4a07af869f84e54fa4a5
vmlinuz-3.10.0-123.el7.x86_64
[root@rhel7 ~]# ls   /boot/   |grep   lin
vmlinuz-0-rescue-6e9c21ee168a4a07af869f84e54fa4a5
vmlinuz-3.10.0-123.el7.x86_64
```

7．清除和重设 Shell 窗口

在命令提示符下即使只执行了一个"ls"命令，所在的终端窗口也可能会因为显示的内容过多而显得拥挤。这时，可以执行命令"clear"，清除终端窗口中显示的内容。也可以使用"Ctrl＋L"组合键。

在另一种比较少见的情况下，可能会需要使用命令"reset"重设窗口。例如，有时可能会无意地在一个终端中打开一个程序文件或其他非文本文件，而它们可能会改变终端的某些设置。因此，当用户关闭了那个文件后，再输入的文本与显示器上的输出就不相符合了。在这种情况下，执行"reset"命令可以把终端窗口还原到它的默认值。

8．作业控制

如果想把一条命令放到后台执行，则需要加上"&"这个符号，通常用于命令运行时间非常长的情况。使用 jobs 可以查看当前 Shell 中后台执行的任务。

用 fg 可以调到前台执行。如果是多任务情况，想要把任务调到前台执行，fg 后面跟任务号，任务号可以通过使用 jobs 命令得到。

当运行一个进程时，可以使它暂停（按"Ctrl+Z"组合键），也可以利用 bg 命令使它到后台运行，还可以使它终止（按"Ctrl+C"组合键）。

```
[root@rhel7 ~]# sleep  500  &           //sleep 命令就是休眠的意思，后面跟数字，单位为秒
[1] 6728
[root@rhel7 ~]# sleep  800  &
[2] 6732
[root@rhel7 ~]# jobs
[1]-  运行中                sleep 500 &
[2]+  运行中                sleep 800 &
[root@rhel7 ~]# fg   2
sleep 800
^C                                      //按"Ctrl+C"组合键
[root@rhel7 ~]# jobs
[1]+  运行中                sleep 500 &
[root@rhel7 ~]# fg   1
sleep 500
^Z                                      //按"Ctrl+Z"组合键
[1]+  已停止                sleep 500
[root@rhel7 ~]# bg   1
[1]+ sleep 500 &
[root@rhel7 ~]# jobs
[1]+  运行中                sleep 500 &
```

9．其他控制和特殊控制字符

Shell 提供了许多控制字符及特殊字符，用来简化命令行的输入。

（1）"Ctrl+Z"组合键：功能与 BackSpace 键的功能相同。

（2）"Ctrl+U"组合键：删除光标所在的命令行。

（3）"Ctrl+J"组合键：相当于 Enter 键。

（4）如果在命令行中使用了一对单引号（''），Shell 将不解释被单引号括起来的内容。

（5）使用两个倒引号（``）引用命令，替换命令执行的结果。

```
[root@rhel7 ~]# a=date
[root@rhel7 ~]# echo $a
date
[root@rhel7 ~]# b=`date`
[root@rhel7 ~]# echo  $b
2017 年 06 月 12 日 星期一 12:03:16 CST
```

（6）分号（;）可以将两个命令隔开，实现在一行中输入多个命令。与管道不同，多重命令是顺序执行的，第一个命令执行结束后，才执行第 2 个命令，以此类推。

```
[root@rhel7 ~]# cal;uptime
     六月  2017
 日 一 二 三 四 五 六
             1  2  3
  4  5  6  7  8  9 10
 11 12 13 14 15 16 17
 18 19 20 21 22 23 24
 25 26 27 28 29 30

 12:21:05 up   3:18,   3 users,    load average: 0.46, 0.34, 0.22
```

（7）上面刚提到的分号用于多条命令间的分隔符。另外还有两个可以用于多条命令中间的特殊符号，就是"&&"和"||"。有以下几种情况：command1; command2、command1 && command2 和 command1 || command2。

使用";"时，不管 command1 是否执行成功都会执行 command2；使用"&&"时，只有 command1 执行成功后，command2 才会执行，否则 command2 不执行；使用"||"时，command1 执行成功后 command2 不执行，否则去执行 command2，总之 command1 和 command2 总有一条命令会执行。

```
[root@rhel7 ~]# ls   /mnt
[root@rhel7 ~]# ls    /mnt/test1 && touch /mnt/test1
ls: 无法访问/mnt/test1: 没有那个文件或目录
[root@rhel7 ~]# ls   /mnt
[root@rhel7 ~]# ls    /mnt/test1 || touch /mnt/test1
ls: 无法访问/mnt/test1: 没有那个文件或目录
[root@rhel7 ~]# ls   /mnt
test1
```

2.3 任务 3 系统信息查看与远程连接

2.3.1 子任务 1 查看 Linux 系统信息

1. 使用 dmesg

dmesg 用来显示内核环缓冲区（kernel-ring buffer）的内容，内核将各种消息存放在这里。在系统引导时，内核将与硬件和模块初始化相关的信息填到这个缓冲区中。开机信息也保存在 /var/log 目录中名称为 dmesg 的文件里。

内核环缓冲区中的消息对于诊断系统问题通常非常有用。运行 dmesg 时，它显示大量信息。通常使用 less 分屏或 grep 查看 dmesg 的输出，这样可以更容易地找到待查信息。例如，如果发现硬盘性能低下，可以使用 dmesg 来检查它们是否运行在 DMA 模式；如果以太网连接出现问题，则可以在 dmesg 日志中搜索 eth。

dmesg 语法：dmesg [-cn][-s <缓冲区大小>]。该命令中的常用选项及其含义如表 2-3 所示。

表 2-3 dmesg 常用选项及其含义

选项	描述
-c	显示信息后，清除 ring buffer 中的内容
-s <缓冲区大小>	预设置为 8196，刚好等于 ring buffer 的大小
-n	设置记录信息的层级

```
[root@rhel7 ~]# dmesg  |grep   eth
[    1.753202] e1000 0000:02:01.0 eth0: (PCI:66MHz:32-bit) 00:0c:29:d6:13:0b
[    1.753209] e1000 0000:02:01.0 eth0: Intel(R) PRO/1000 Network Connection
[    1.767214] systemd-udevd[498]: renamed network interface eth0 to eno16777736
[root@rhel7 ~]# dmesg  |grep   DMA
[    0.000000] DMA      [mem 0x00001000-0x00ffffff]
[    0.000000] DMA32    [mem 0x01000000-0xffffffff]
[    0.000000] DMA zone: 64 pages used for memmap
[    0.000000] DMA zone: 21 pages reserved
[    0.000000] DMA zone: 3997 pages, LIFO batch:0
[    0.000000] DMA32 zone: 8128 pages used for memmap
[    0.000000] DMA32 zone: 520160 pages, LIFO batch:31
[    0.000000] Policy zone: DMA32
[    1.694978] ata1: PATA max UDMA/33 cmd 0x1f0 ctl 0x3f6 bmdma 0x1060 irq 14
[    1.694980] ata2: PATA max UDMA/33 cmd 0x170 ctl 0x376 bmdma 0x1068 irq 15
[    1.805426] [TTM] Initializing DMA pool allocator
[    2.057532] ata3: SATA max UDMA/133 abar m4096@0xfd5ee000 port 0xfd5ee100 irq 72
……
[    2.057563] ata31: SATA max UDMA/133 abar m4096@0xfd5ee000 port 0xfd5eef00 irq 72
```

```
[    2.057564] ata32: SATA max UDMA/133 abar m4096@0xfd5ee000 port 0xfd5eef80 irq 72
[    2.362831] ata4.00: ATAPI: VMware Virtual SATA CDRW Drive, 00000001, max UDMA/33
[    2.363178] ata4.00: configured for UDMA/33
```

2. 使用 free

free 命令用于显示系统使用和空闲的内存情况，包括物理内存、交互区内存（Swap）和内核缓冲区内存。共享内存将被忽略。在 Linux 系统监控的工具中 free 是最经常使用的命令之一。命令格式：free [选项] [-s <间隔秒数>]。该命令中的常用选项及其含义如表 2-4 所示。

表 2-4 free 常用选项及其含义

选项	描述
-b|k|m|g	以 B 或 KB 或 MB 或 GB 为单位显示内存使用情况
-s <间隔秒数>	间隔多少秒，持续观察内存使用状况
-o	不显示缓冲区调节列
-t	显示内存总和列

```
[root@rhel7 ~]# free   -m
                total       used       free     shared    buffers     cached
Mem:             1826       1517        309          9          9        737
-/+ buffers/cache:           769       1056
Swap:            2047          0       2047
[root@rhel7 ~]# free   -k
                total       used       free     shared    buffers     cached
Mem:          1870760    1553476     317284      10056       9604     755412    //第一行
-/+ buffers/cache:        788460    1082300                                     //第二行
Swap:         2097148          0    2097148                                     //第三行
```

1) Mem：表示物理内存统计

total：物理内存总量（total = used + free）。

used：总计分配给缓存（包含 buffers 与 cache）使用的数量，其中可能部分缓存并未实际使用。

free：未被分配的内存。

shared：多个进程共享的内存总额。一般系统不会用到共享内存，这里也不讨论。

buffers：系统分配但未被使用的 buffers 数量。

cached：系统分配但未被使用的 cache 数量。

2) -/+ buffers/cache：表示物理内存的缓存统计

used2：实际使用的内存总量，也就是第一行中的 used － buffers-cached。//used2 为第二行。

free2= buffers1 + cached1 + free1   //free2 为第二行，buffers1 等为第一行。

free2：未被使用的 buffers 与 cache 和未被分配的内存之和，这就是系统当前实际可用内存。

buffers 和 cached 都是缓存，两者有什么区别呢？为了提高磁盘存取效率，Linux 系统采取了两种主要的 Cache 方式：Buffer Cache 和 Page Cache。Page Cache 用来缓存文件数据，Buffer Cache 用来缓存磁盘数据。在有文件系统的情况下，文件操作数据会缓存到 Page Cache 中，如果直接采用 dd 等工具对磁盘进行读写，数据会缓存到 Buffer Cache 中。

3）Swap：表示硬盘上交换分区

交换分区也就是我们通常所说的虚拟内存。交换分区的使用情况在这里不介绍。当可用内存少于额定值时，就会开始进行交换，使用命令："cat   /proc/meminfo"可以查看额定值。

事实上，少量地使用 Swap 是不是影响到系统性能的。因此在 Linux 系统中，只要不使用 Swap 的交换空间，就不用担心自己的内存太少。如果 Swap 使用很多，可能就要考虑加物理内存了，这也是 Linux 系统判断内存是否够用的标准。如果是应用服务器，一般只看第二行，+buffers/cache，即对应用程序来说 free 的内存太少了，该考虑优化程序或加内存了。

系统的总物理内存为 1870760KB（1826M），但系统当前真正可用的内存并不是第一行 free 标记的 317284KB，它仅代表未被分配的内存。第二行（mem）的 used/free 与第三行（-/+buffers/cache）的 used/free 的区别在于使用的角度。

第二行是从 OS 的角度来看，对于 OS，buffers/cached 都属于被使用的，因此其可用内存是 317 284 KB，已用内存是 1 553 476 KB，其中包括内核（OS）中+Application(X, oracle, etc)使用的+buffers+cached。

第三行是从应用程序角度来看，对于应用程序，buffers/cached 可用（因为 buffer/cached 是为了提高文件读取的性能），当应用程序需要用到内存时，buffer/cached 会很快地被回收。可用内存=系统 free memory+buffers+cached。例如，上述程序中的可用内存为 317284+9604+755412=796744(KB)。

3．使用 date

date 命令用于显示或设置系统时间与日期。很多 Shell 脚本里需要打印不同格式的时间或日期，以及需要根据时间和日期执行操作。延时通常用于在脚本执行过程中提供一段等待的时间。日期可以通过多种格式打印，也可以使用命令设置固定的格式。在类 UNIX 系统中，日期被存储为一个整数，其大小为自世界标准时间（UTC）1970 年 1 月 1 日 0 时 0 分 0 秒起流逝的秒数。命令格式：date [选项] [+格式]。该命令中的常用选项及其含义如表 2-5 所示，常用的日期格式字符串如表 2-6 所示。

表 2-5   date 常用选项及其含义

选　　项	描　　述
-d <字符串>	显示字符串所指的日期与时间，字符串前后必须加上双引号
-s <字符串>	根据字符串来设置日期与时间
-u	显示 GMT
<+时间日期格式>	指定显示时使用的日期时间格式

表 2-6 日期格式字符串列表

日期格式字符串	描　　述
%H	小时，24 小时制（00~23）
%I	小时，12 小时制（01~12）
%k	小时，24 小时制（0~23）
%l	小时，12 小时制（1~12）
%M	分钟（00~59）
%p	显示出 AM 或 PM
%r	显示时间，12 小时制（hh:mm:ss %p）
%s	从 1970 年 1 月 1 日 00:00:00 到目前经历的秒数
%S	显示秒（00~59）
%T	显示时间，24 小时制（hh:mm:ss）
%X	显示时间的格式（%H:%M:%S）
%Z	显示时区，日期域（CST）
%a	星期的简称（Sun~Sat）
%A	星期的全称（Sunday~Saturday）
%h,%b	月的简称（Jan~Dec）
%B	月的全称（January~December）
%c	日期和时间（Tue Nov 20 14:12:58 2012）
%d	一个月的第几天（01~31）
%x,%D	日期（mm/dd/yy）
%j	一年的第几天（001~366）
%m	月份（01~12）
%w	一个星期的第几天（0 代表星期天）
%W	一年的第几个星期（00~53，星期一为第一天）
%y	年的最后两个数字（1999 则是 99）

```
[root@rhel7 ~]# date  -u
2017 年 06 月 25 日 星期六 08:22:54 UTC
[root@rhel7 ~]# date
2017 年 06 月 25 日 星期六 16:22:59 CST
```

```
[root@rhel7 ~]# date +"%Y-%m-%d"              //格式化输出今天日期
2017-06-25
[root@rhel7 ~]# date -d  "1 day ago"   +"%Y-%m-%d"    //输出昨天日期
2017-06-24
```

```
[root@rhel7 ~]# date -d   "+1 day"    +%Y%m%d
20170626
[root@rhel7 ~]# date -d   "+1 month"   +%Y%m%d
20170725
```

```
[root@rhel7 ~]# date   -d    "-1 year"   +%Y%m%d                          //输出一年前的昨天日期
[root@rhel7 ~]# date    -d   "+50 second"  +"%Y-%m-%d %H:%M.%S"    //输出 50 秒后的日期
2017-06-25   16:31.12
```

```
[root@rhel7 ~]# date   -s   "2017-06-24"
2017 年 06 月 24 日 星期六 00:00:00 CST
[root@rhel7 ~]# date   -s   "16:20:35"
2017 年 06 月 24 日 星期六 16:20:35 CST
[root@rhel7 ~]# date   -s   "2017-06-25 16:20:35"
2017 年 06 月 25 日 星期日 16:20:35 CST
```

4．使用 uptime

uptime 命令能够打印系统总共运行了多长时间和系统的平均负载。uptime 命令可以显示的信息依次为：现在时间、系统已经运行了多长时间、目前有多少登录用户、系统在过去的 1 min、5 min 和 15 min 内的平均负载。

系统平均负载是指在特定时间间隔内运行队列中的平均进程数。对于单核 CPU，负载不大于 3 表示当前系统性能良好；负载为 3～10 表示需要关注，系统负载可能过大需要优化；负载大于 10 表示系统性能有严重问题。如果你的 Linux 系统主机是 1 个双核 CPU，当 Load Average 为 6 时说明机器已经被充分使用了。

```
[root@rhel7 ~]# uptime
 15:42:33   up 13:06,   4 users,   load average: 0.27, 0.29, 0.46
```

5．使用 cal

cal 命令可以用来显示公历（阳历）日历。命令格式：cal [参数][月份][年份]。如果只有一个参数，则表示年份(1～9999)；如果有两个参数，则表示月份和年份。该命令中的常用选项及其含义如表 2-7 所示。

表 2-7 cal 常用选项及其含义

选 项	描 述
-1	显示一个月的月历
-3	显示系统前一个月、当前月、下一个月的月历
-j	显示在当年中的第几天（一年日期按天算，从 1 月 1 号算起，默认显示当前月在一年中的天数）
-y	显示当前年份的日历

```
[root@rhel7 ~]# cal
       六月 2017
日 一 二 三 四 五 六
             1  2  3
 4  5  6  7  8  9 10
```

```
    11  12 13  14 15   16 17
    18  19 20  21 22   23 24
    25  26 27  28 29   30

[root@rhel7 ~]# cal   4   2020
         四月  2020
日 一 二 三 四 五 六
          1  2  3  4
 5  6  7  8  9 10 11
12 13 14 15 16 17 18
19 20 21 22 23 24 25
26 27 28 29 30

[root@rhel7 ~]# cal   -y   2019
                   2019
         一月                      二月                      三月
日 一 二 三 四 五 六     日 一 二 三 四 五 六     日 一 二 三 四 五 六
       1  2  3  4  5                    1  2                    1  2
 6  7  8  9 10 11 12      3  4  5  6  7  8  9      3  4  5  6  7  8  9
13 14 15 16 17 18 19     10 11 12 13 14 15 16     10 11 12 13 14 15 16
20 21 22 23 24 25 26     17 18 19 20 21 22 23     17 18 19 20 21 22 23
27 28 29 30 31           24 25 26 27 28           24 25 26 27 28 29 30
                                                  31

……                       ……

         十月                      十一月                    十二月
日 一 二 三 四 五 六     日 一 二 三 四 五 六     日 一 二 三 四 五 六
       1  2  3  4  5                    1  2      1  2  3  4  5  6  7
 6  7  8  9 10 11 12      3  4  5  6  7  8  9      8  9 10 11 12 13 14
13 14 15 16 17 18 19     10 11 12 13 14 15 16     15 16 17 18 19 20 21
20 21 22 23 24 25 26     17 18 19 20 21 22 23     22 23 24 25 26 27 28
27 28 29 30 31           24 25 26 27 28 29 30     29 30 31
```

6．使用 uname

uname 命令用于打印当前系统相关信息（内核版本号、硬件架构、主机名称和操作系统类型等）。uname 的命令格式：uname [选项]。该命令中的常用选项及其含义如表 2-8 所示。

表 2-8 uname 常用选项及其含义

选项	描述
-a 或--all	显示全部的信息
-m 或--machine	显示计算机类型
-n 或--nodename	显示在网络上的主机名称
-r 或--release	显示操作系统的发行编号
-s 或--sysname	显示操作系统名称
-v	显示操作系统的版本
-o 或--operating-system	输出操作系统名称
-i 或--hardware-platform	输出硬件平台或"unknown"
-p 或--processor	输出处理器类型或"unknown"

```
[root@rhel7 ~]# uname  -a
Linux  rhel7  3.10.0-123.el7.x86_64  #1  SMP  Mon  May  5  11:16:57  EDT  2014  x86_64  x86_64  x86_64 GNU/Linux
[root@rhel7 ~]# uname  -v
#1 SMP Mon May 5 11:16:57 EDT 2014
[root@rhel7 ~]# uname  -n
rhel7
[root@rhel7 ~]# uname  -s
Linux
[root@rhel7 ~]# uname  -m
x86_64
[root@rhel7 ~]# uname  -r
3.10.0-123.el7.x86_64
[root@rhel7 ~]# uname  -o
GNU/Linux
```

7．使用 users

users 命令用单独的一行打印出当前登录的用户，每个显示的用户名对应一个登录会话。如果一个用户有不止一个登录会话，他的用户名将显示相同的次数。

```
[root@rhel7 ~]# users
lihh root root root
```

2.3.2 子任务 2 远程连接 Linux 系统

Xshell 是一个强大的安全终端模拟软件，它支持 SSH1、SSH2 及 Microsoft Windows 平台的 TELNET 协议。Xshell 可以在 Windows 界面下访问远端不同系统下的服务器，从而比较好地达到远程控制终端的目的。Xftp 是一个基于 MS Windows 平台的功能强大的 SFTP、FTP 文件传输软件。使用了 Xftp 以后，MS Windows 用户能安全地在 UNIX/Linux 和 Windows PC 之间传输文件。

1. 使用 Xshell

打开 Xshell 工具，单击【新建】按钮。在"新建会话属性"对话框中输入名称、协议、主机、端口号，这里的协议选择 SSH，主机为远程 Linux 主机的 IP 地址，端口号为 22，如图 2-3 所示。

单击左侧【类别】树形目录下的"用户身份验证"选项卡，选择"方法"为 Password，即通过密码验证用户身份，然后输入用户名和密码，如图 2-4 所示，最后单击【确定】按钮完成会话的创建。

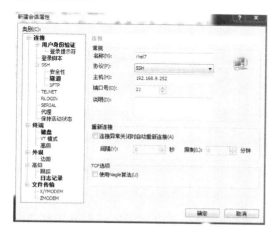

图 2-3　指定名称、协议、主机和端口号　　　　图 2-4　用户身份验证

单击 Xshell 菜单栏上的【文件】→【打开】，打开如图 2-5 所示的"会话"对话框，选择需要连接的远程 Linux 主机，然后单击【连接】按钮即可。第一次连接需要接受主机秘钥指纹。

如图 2-6 所示为已经通过 Xshell 远程登录 Linux 系统主机的界面，在此输入命令的操作和在主机终端上输入命令的操作是完全一样的。

图 2-5　"会话"对话框　　　　图 2-6　成功实现远程登录

第 2 章　Linux 系统字符界面与帮助系统的使用

2．使用 Xftp

在 Xftp 软件主界面上单击【新建】按钮，打开"新建会话属性"对话框，在【常规】选项卡中输入名称、主机、协议、端口号、方法、用户名和密码，这里的协议选择 SFTP，主机为 Linux 系统的 IP 地址，端口号为 22，选择"方法"为 Password，如图 2-7 所示。

在如图 2-8 所示的"选项"选项卡上勾选【使用 UTF-8 编码】复选框，不然连接到 Linux 系统后会出现中文乱码现象。最后单击【确定】按钮完成会话的创建。

图 2-7 "新建会话属性"对话框

图 2-8 使用 UTF-8 编码

图 2-9 "会话"对话框

单击 Xftp 菜单栏上的【文件】→【打开】，打开如图 2-9 所示的"会话"对话框，选择需要连接的远程 Linux 系统主机，然后单击【连接】按钮。

如图 2-10 所示为已经通过 Xftp 连接远程 Linux 系统主机的界面，该界面与 CuteFTP 软件界面十分类似，在此界面就可实现 Windows 系统与远程 Linux 系统之间文件的上传和下载。

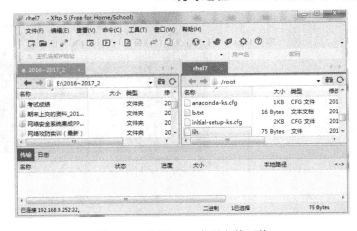

图 2-10 使用 Xftp 实现文件互传

2.4 任务 4 学习使用 VIM 编辑器

2.4.1 子任务 1 切换 VIM 工作模式

1. VIM 的 3 种工作模式

VIM 是从 VI 发展出来的一个文本编辑器。其代码补全、编译及错误跳转等方便编程的功能特别丰富，在被广泛使用，和 Emacs 并列成为类 Unix 系统用户最喜欢的文本编辑器。VI 是"Visual Interface"的简称，是 Linux 系统的全屏幕交互式编辑程序，它相当于 DOS 系统中的 Edit 程序。VI 不是像 Word 一样的排版软件，不能通过菜单进行编辑，只能通过命令来编辑。

VIM 程序有 3 种基本的工作模式：命令模式、插入模式和末行模式。默认情况下，VIM 启动时为命令模式。命令模式用来执行编排文件的操作命令，如"dd"命令用于删除一整行，"wq"用于保存文件并退出 VIM。插入模式用来输入文本；末行模式用于存档、退出及设置 VIM。

2. VIM 工作模式转换

用户可以根据需要改变 VIM 的工作模式：进入命令模式，按 Esc 键；进入插入模式，可以按"i"、"insert"、"a"或"o"中的任何一个；进入末行模式，要先进入命令模式，再输入字符":"。如果不能断定目前处于什么模式，则可以多按几次 Esc 键，这时系统会发出蜂鸣声，证明已经进入命令模式。

3. 常用 VIM 编辑命令

编辑是在命令模式下进行的，先利用光标移动命令移动光标，定位到要进行编辑的地方，然后输入指令对文本进行操作。常用的文本编辑命令如表 2-9 所示。

表 2-9 常用的文本编辑命令

命令	说明
y+y	连续输入 2 个 y，将整行复制光标所在的行
n+y+y	n 表示数字。从光标所在行起，向后复制共 n 行
n+d+d	n 表示数字。删除包括光标所在行起，向后的 n 行
d+d	连续 2 次，将删除光标所在的行。若是连续删除，可按住 d 不放
n+d+↓	n 表示数字。删除包括光标所在行起，向后的 n 行。同 n+d+d
n+d+↑	n 表示数字。删除包括光标所在行起，向前的 n 行
d+↓	删除包括光标所在行起，向后的 2 行
d+↑	删除包括光标所在行起，向前的 2 行
P	将复制或删除内容粘贴到当前光标所在的位置
U	撤销上个步骤所做的修改
.	重复执行上一命令
Ctrl+j	将下一行合并到光标所在的行
/pattern	向下查找 pattern 匹配的字符串。n: 同向继续查找，N: 反向继续查找

续表

命 令	说 明
? pattern	向上查找 pattern 匹配的字符串。n：同向继续查找，N：反向继续查找
:s/str1/str2/	用字符串 str2 替换当前行中首次出现的字符串 str1
:s/str1/str2/g	用字符串 str2 替换当前行中所有出现的字符串 str1
:n,$ s/str1/str2/g	用字符串 str2 替换第 n 行开始到最后一行，所有出现的字符串 str1

不管在什么模式下使用 VIM 编辑器，4 个方向键都是最常用的光标移动键。为了进行文本的编辑修改，还可以使用退格键及组合键等其他按键，可以从互联网上查找 VIM 手册中的说明，这里就不过多地介绍了。

2.4.2　子任务 2　使用 VIM 编辑文件

1. 新建或修改的文本文件

在命令行提示符下输入 vim 和新建文件名，便可进入 VIM 文本编辑器。例如，在目录/tmp 下新建一个名字为 aa 的文本文件。

```
[root@rhel7 ~]# vim    /tmp/aa        //如果 aa 已经存在，则会打开该文件并显示其内容
█

~
~
"/tmp/aa" [未命名]                              0,0-1              全部
```

进入 VIM 之后，首先进入命令行模式。这时 VIM 显示一个带字符"~"栏的屏幕。由于当前 VIM 是在命令模式，还不能输入文本。如果想输入文本，可以按下键盘上的"i"或"insert"键，使 VIM 编辑器进入插入模式，这时末行有提示"--插入--"，表示现在可以向 VIM 编辑器输入文本。并且在屏幕最下一行会出现"-- 插入 --"提示、光标所在位置（行数,字符数），以及打开区域占全文件的比例。

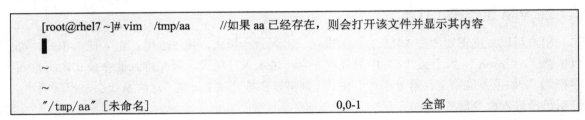

```
[root@rh9 root]# vim    /tmpt/aa
你好！
我是张三,下午 4 点钟要开班会。请通知大家做好准备工作。
谢谢。█
~
~
-- 插入 --                                      4,7                全部
```

2. 保存编辑的文件并退出

当编辑完文件后准备保存文件时，按下"Esc"键将 VIM 编辑器从插入模式转为命令模式，再输入命令":wq"。"w"表示存盘，"q"表示退出 VIM。也可以先执行"w"，再执行"q"。这时，编辑的文件被保存并退出 VIM 编辑器。

```
[root@rhel7 ~]# vim    /tmp/aa
你好！
我是张三,下午 4 点钟要开班会。
请通知大家做好准备工作。
谢谢。
~
~
: wq                        //注意："："号必须在英文状态下输入
```

在 VIM 编辑器中，要保存文件并返回到 Shell 命令提示符下，还可以使用以下几种方法：

（1）在命令模式中，连按两次大写字母 Z，若当前编辑的文件曾被修改过，则 VIM 保存该文件后退出，返回到 Shell 命令提示符下；若当前编辑的文件没有修改过，则 VIM 直接退出，返回到 Shell 命令提示符下。

（2）在末行模式下，输入命令":w"。":w"命令表示保存当前文件，但不退出。在使用":w"命令时，还可以把当前正在编辑的文件保存为另一个新的文件，而原有文件保持不变。执行命令":w 新文件名"，如果指定的是已经使用过的文件名，则在显示窗口的状态行会出现提示信息："File exists（use！to override）"。此时如果用户真的想用当前的内容替代原有内容，可以输入命令":w！新文件名"。

（3）在末行模式下，输入命令":q"，系统退出 VIM 并返回到 Shell 命令提示符下。若用":q"命令退出 VIM 时，编辑的文件没有保存，则 VIM 在显示窗口的最末行显示"No write since last change（use！to overrides）"。此信息提示用户该文件修改了但没有保存，如果想强制执行请使用"！"，提示完后并不退出 VIM，而是继续等待用户命令。若用户不想保存修改后的文件而要强行退出时，可以输入命令":q！"。

（4）在末行模式下，输入命令":x"。该命令的功能与命令模式下的 ZZ 命令功能相同。

VIM 编辑器还提供了一个文件内容部分存档的功能。例如，将 aa.txt 文件中第 2 列至第 6 列之间的内容保存成文件 bb.txt。操作方法是：首先打开 aa.txt 文件，方法是在命令提示符下输入命令"vim   aa.txt"；然后在 VIM 编辑器命令模式下输入命令"：2   6   w   bb.txt"并执行。

3．行号设置与光标位置

VIM 中的许多命令都要用到行号及行数等数字。当编辑的文件较大时，人工数行数是非常不方便的。为此 VMI 提供了给文本加行号的功能。这些行号显示在屏幕的左边，相应行的内容则显示在行号之后。

具体的使用方法是，在末行模式下输入命令"：set number"。注意这里的行号只是显示给用户看的，它并不是文件内容的一部分。如果想取消行号，可以在末行模式下输入命令"：set nonu"。

在一些较大的文件中，用户可能需要了解光标当前行是哪一行，在文件中处于什么位置，可以在命令模式下使用"Ctrl+G"组合键，此时 VIM 会在显示窗口的最后一行显示出相应信息。该命令可以在任何时候使用。另外，还可以在末行模式下输入命令"nu"（number 的缩写）

来获得光标当前的行号与该行的内容。

```
[root@rhel7 ~]# vim    /root/anaconda-ks.cfg
1 # Kickstart file automatically generated by anaconda.
2
3 install
4 lang zh_CN.GB18030
     ……                    ……
29 @ Development Libraries
30   Development Tools
31 @ Dialup Networking Support
32 @ Editors
33 @ Engineering and Scientific
:set   nu                                       30,1         30%
```

2.5 思考与练习

一、填空题

1. RHEL 7 之前的版本使用运行级别代表特定的运行环境。运行级别被定义为_____个，其中级别_____代表系统关机，级别_____代表新启动系统。

2. VIM 程序有 3 种基本的工作模式：_____模式、_____模式和_____模式。默认情况下，VIM 启动时为_____模式。

3. RHEL7 使用了目标（target）替换运行级别。目标使用_____来描述，其扩展名是.target。

4. Linux 系统中内置的超级用户名是_____，其命令提示符是_____，普通用户的命令提示符为_____。

5. 命令_____用来查看系统当前的运行级别，命令_____用来实现运行级别的转换。

6. 在 Linux 系统中输入命令时，可以使用_____键实现命令的自动补齐。

7. 在 Linux 系统中，可以使用_____命令清除终端窗口中显示的内容，如果要把终端窗口还原到它的默认值，应该使用命令_____。

二、判断题

1. 在 DOS 系统中，命令、文件名和目录名中的字母不区分大小写，而在 Linux 系统中区分大小写。（   ）

2. 如果想让 Linux 系统运行在多用户文本模式下，在 RHEL7 系统中只需要修改配置文件 /etc/inittab 将运行级别改成 5 即可。（   ）

3. 命令 free 用于显示系统使用和空闲的内存情况，包括物理内存、交互区内存（swap）和内核缓冲区内存，而共享内存将被忽略。（   ）

4. 使用 Linux 系统申请一个电子邮箱的过程比使用 Windows 系统申请要复杂很多。(   )

5. Linux 系统中的任何命令都可以使用 help 命令获得帮助。(   )

6. 虚拟终端也叫虚拟控制台，每一个虚拟终端都可以看作一个完全独立的工作站，切换虚拟终端之后，原来终端上开启的程序将被自动终止运行。(   )

7. 命令 users 用来显示 Linux 系统中存在的所有用户，包括当前已经登录系统和没有登录系统的用户。(   )

三、选择题

1. 以下不属于服务器操作系统的是（   ），其中被公认为最好的服务器操作系统是（   ）。
   A．Windows XP   B．Windows Server 2012
   C．Linux   D．UNIX

2. RHEL 7 支持多种安装方式，（   ）是其中最简单、最快捷的安装方式。
   A．从光盘安装   B．从 NFS 服务器安装
   C．从 FTP 服务器安装   D．从硬盘安装

3. 表示管道的符号是（   ）。
   A．| B．>>
   C．|| D．//

4. 在 RHEL 7 中，普通用户有权执行的命令是（   ）。
   A．reboot   B．shutdown
   C．runlevel   D．init

5. 取消别名的命令是（   ）。
   A．alias   B．rm
   C．unalias   D．cp

6. 以下命令中使用（   ）可以将普通用户的身份临时转换为超级用户。
   A．su   B．w
   C．login   D．exit

7. 如果要让 Linux 系统在 5 分钟后自动关机，以下命令可以实现的是（   ）。
   A．shutdown －s 5   B．shutdown －r －t secs 300
   C．hutdown －h +5   D．reboot －5

8. 在 RHEL 7 中，要想切换到 2 号虚拟控制台，应使用组合键"（   ）"。
   A．Alt+Ctrl+F2   B．Shift+Alt+Ctr+F2
   C．Shift+Alt+F2   D．Shift+Ctrl+F2

9. RHEL 7 中不能够实现用户注销的是（   ）。
   A．logout   B．login
   C．Ctrl+D   D．exit

10. RHEL 7 中"Shift+Alt+Backspace"组合键的作用是（   ）。
    A．重启 X 界面   B．关闭 X 界面
    C．关闭主机   D．重启主机

四、简单题

1. 什么是 Shell？Shell 主要起什么作用？
2. Linux 系统有几个运行级别？
3. 如何让 RHEL 7 主机开机后默认进入字符登录界面？
4. 用户登录后有如下信息：[lihh@localhost　lihh] $，请解释@前的 lihh 和@后的 lihh 分别表示什么含义？localhost 表示什么含义？$表示什么含义？执行什么命令后可以使$变为#？
5. 简述 Bash 的重要特点。

第 3 章

Linux 系统文件和目录的创建与管理

📖 学习目标

- ◆ 了解 Linux 系统常见的文件类型和命名规则
- ◆ 了解 Linux 系统重要的系统目录和用途
- ◆ 理解相对路径与绝对路径的区别与联系
- ◆ 掌握 Linux 系统文件和目录管理的基本命令
- ◆ 了解 Linux 系统日志文件的用途和查看方式

📖 任务引导

在 UNIX 和它衍生的 Linux 系统中，一切都可以看成文件。所有硬件组件对应的设备文件都存放在/dev 目录下，系统使用它们来与硬件通信。因此，像文档、目录（Mac OS 和 Windows 系统下称之为文件夹）、键盘、监视器、硬盘、可移动媒体设备、打印机、调制解调器、虚拟终端，还有进程间通信（IPC）和网络通信等输入/输出资源都是定义在文件系统空间下的字节流。对 Linux 操作系统来说，文件与目录的管理是一项最基本的系统管理工作，是使用操作系统的基础。本章主要介绍 Linux 系统中文件、目录管理的基本概念和基本操作技能。

📖 任务实施

3.1 任务 1 理解 Linux 系统文件

3.1.1 子任务 1 了解文件的类型与目录结构

1. 文件和文件名

文件是用来存储信息的基本单位，它是被命名的存储在某种介质（如磁盘、光盘和磁带等）上的一组信息的集合。用户的数据和程序都是以文件的形式保存在磁盘上的。文件名是文件的标记，它是由字母、数字、下画线和圆点组成的字符串。Linux 系统要求文件名的长度在 256 个字符以内。

在 Linux 系统中，文件的扩展名并没有具体意义，加或不加都行。但是为了容易区分，习惯给文件加一个扩展名，这样当用户看到这个文件名时就会很快想到它到底是一个什么文件。例如，C 语言编写的源代码文件总是具有.C 的扩展名。表 3-1 列举出了 Linux 系统中部分常见的文件扩展名及其说明。

表 3-1 常见的文件扩展名及其说明

扩 展 名	说 明
gz	使用 gzip 压缩的压缩文件
tar	使用 tar 打包的包文件
tbz	使用 tar 打包并用 gzip 压缩的压缩包文件
zip	使用 zip 压缩的压缩文件，这在 MS-dos 应用程序中很常见
conf	配置文件。有时也用.cfg
lock	锁文件，用于判断程序或设备是否正在被使用
rpm	可以用 rpm 命令安装的安装程序
c	程序的源文件
cpp	C++程序的源文件
h	C 或 C++程序的头文件
o	程序对象文件
so	库文件
sh	Shell 文件
au	音频文件
gif	JPEG 图像文件
html	静态网页文件
txt	文本文件
png	PNG 图像文件
log	日志文件

2．目录

每一种存储设备都可存储许多文件，为了便于对文件进行管理，可以把文件分组存储在不同的目录中。目录中还可以包含子目录，这些子目录中还可以包含文件和其他子目录。也可以把目录看成特殊的文件，即目录文件。

3．文件的类型

Linux 系统中有 7 种基本的文件类型：普通文件、目录文件、设备文件、链接文件、管道文件和套接字文件，下面分别对它们进行简单的介绍。

1）普通文件

普通文件是用户最常接触的文件，它又分为文本文件和二进制文件。

文本文件：这类文件以文本的 ASCII 码形式存储在计算机中，它是以"行"为基本结构的一种信息组织和存储方式，使用 cat、more、less 等命令可以查看该类文件的内容，Linux 系统的配置文件多属于这一类。

二进制文件：这类文件以文本的二进制形式存储在计算机中，用户一般不能直接读懂它们，只有通过相应的软件才能将其显示出来，该类文件一般是可执行程序、图形、图像、声音等。其类型表示符号为"-"。

2）目录文件

目录文件简称目录。设置目录的主要目的是管理和组织系统中的大量文件，它存储一组相关文件的位置、大小等信息。其类型表示符号为"d"。

3）设备文件

Linux 系统把每一个 I/O 设备都看成一个文件，这样可以使对文件与设备的操作尽可能统一。从用户的角度来看，对 I/O 设备的使用与一般文件的使用相同，不必了解 I/O 设备的细节。设备文件可分为块设备文件和字符设备文件。前者类型表示符号为"b"，存取以字符块为单位，如硬盘；后者类型表示符号为"c"，存取以字符为单位，如打印机。

4）链接文件

链接文件分为硬链接和软链接（符号连接）文件。硬链接文件保留文件的 VFS（虚拟文件系统）节点信息，即使被链接文件改名或移动，硬链接文件仍然有效。但要求硬链接文件和被链接文件必须属于同一个分区并采用相同的文件系统。

软链接文件类似于 Windows 系统中的快捷方式，其本身并不保存文件内容，只是记录被链接文件的路径，其类型表示符号为"l"。如果链接文件改名或移动，软链接文件就无效了。符号链接的好处是不占用过多的磁盘空间。

5）管道文件

管道文件用于进程间的通信。其类型表示符号为"p"。

6）套接字文件

套接字是方便进程之间通信的特殊文件。与管道文件不同的是，套接字能通过网络连接使不同计算机的进程之间进行通信。其类型表示符号为"s"。

4．Linux 系统的树形目录

在计算机系统中存在大量的文件，如何有效地组织与管理它们，并为用户提供一个方便的接口，是操作系统的一大任务。

Linux 系统不像 Windows 一样使用"C:"或"D:"等磁盘分区标示符，而是将所有文件放在唯一一个根目录（/）下，形成树形结构。所有其他的目录都由根目录派生而来，以根目录为起点，分级、分层地组织在一起。

一个典型的 Linux 系统的树形目录结构如图 3-1 所示。整个文件系统有一个"根"（root），然后在根上分"枝"（directory），任何一个分枝上都可以再分枝，枝上可以长出"叶子"。"根"和"枝"在 Linux 系统中称为"目录"或"文件夹"。而"叶子"则是文件夹里的文件。

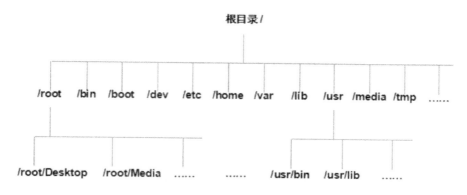

图 3-1　Linux 系统的树形目录结构

系统在建立每一个目录时，都会自动为它创建两个文件：一个是"."，代表该目录自己；另一个是".."，代表该目录的父目录。对于根目录而言，"."和".."都代表它自己。用户可以进入任何一个已授权进入的目录，访问那里的文件。

3.1.2 子任务 2 掌握引用文件的方法

任意一个文件在文件系统中的位置都是由相应的路径（path）决定的。当对文件进行访问时，要给出文件所在的路径。

路径是指从树形目录中的某个位置开始到某个文件的一条道路。此路径的主要构成是中间用"/"分开的若干个目录名称。

1. 工作目录与用户主目录

从逻辑上讲，用户在登录到 Linux 系统中之后，某一时刻都处在某一个目录之中，这个目录被称作工作目录（Working Directory）或当前目录。工作目录是可以随时改变的。用户初始登录到系统中时，其主目录（Home Directory）就成为其工作目录。工作目录用"."表示，主目录用"~"表示。

用户主目录是系统管理员增加用户时建立起来的（以后也可以改变），每个用户都有自己的主目录，不同用户的主目录一般不相同。

用户刚登录到系统中时，其工作目录便是用户主目录，通常与用户的登录名相同。用户可以通过一个"~"字符来引用自己的主目录。

2. 相对路径与绝对路径

路径分为相对路径和绝对路径。绝对路径是指从"根（/）"开始的路径，也称完全路径或绝对路径；相对路径是从用户工作目录开始的路径。

应该注意到，在树形目录结构中到某一确定文件的绝对路径和相对路径均只有一条。绝对路径是确定不变的，相对路径则随着用户工作目录的变化而不断变化。用户要访问一个文件时，可以通过路径名来引用。可以根据要访问的文件与用户工作目录的相对位置来引用它，而不需要列出这个文件的完整路径名。

例如，/home/lhh/mydir 目录中有两个文本文件：file1 和 file2。当用户 lhh 当前的工作目录为 /home/lhh 时，要想查看 mydir 目录下名为 file1 的文件内容，可以使用命令"cat /home/lhh/mydir/file1"，也可以使用命令"cat mydir/file1"。前者在命令中使用的是绝对路径，后者使用的是相对路径。

3.1.3 子任务 3 了解重要系统的目录功能

Linux 系统是一个多用户系统，操作系统本身的驻留程序存放在以根目录开始的专用目录中，有时被称为 Linux 的系统目录。其中比较重要的有 /、/usr、/var、/etc 和 /proc 等。

1. /（根）

根（/）目录是 Linux 系统文件的入口，是最高一级的目录，Linux 系统中的所有文件都被组织到该目录下面。表 3-2 中列出了根目录中的部分子目录及它们的用途。

根目录所在的分区受损将使操作系统无法启动。因此，可以在安装操作系统时，将根目录下的部分子目录设置到单独的分区，以减小根目录所在分区的大小。

表 3-2　根目录下的主要目录及用途

目录名称	目录用途
/bin	bin 是 Binary 的缩写。这个目录存放着最经常使用的命令。这个目录中的命令普通用户都可以使用
/sbin	s 就是 Super User 的意思，这里存放的是系统管理员使用的系统管理程序
/etc	这个目录用来存放所有的系统管理所需要的配置文件，一些服务器的配置文件也在这里
/root	超级用户 root 的主目录
/lib	这个目录里存放着系统最基本的动态连接共享库，其作用类似于 Windows 系统里的 DLL 文件。几乎所有的应用程序都需要用到这些共享库
/dev	dev 是 Device（设备）的缩写。该目录下存放的是 Linux 系统的外部设备，在 Linux 系统中访问设备的方式和访问文件的方式是相同的
/tmp	临时文件目录。用户运行程序时，会产生临时文件，该目录用来存放临时文件
/boot	这里存放的是启动 Linux 系统时使用的一些核心文件，包括一些连接文件及镜像文件
/mnt	系统提供该目录是为了让用户临时挂载别的文件系统，可以将光驱挂载在/mnt/上，然后进入该目录查看光驱里的内容
/proc	这是一个虚拟的文件系统，它不存在硬盘上，而是由内核在内存中产生，用于提供系统的相关信息
/lost+found	这个目录一般情况下是空的，当系统非法关机后，这里就存放了一些文件。在该目录中可找到一些误删除或丢失的文件并恢复它们
/media	Linux 系统会自动识别一些设备，如 U 盘、光驱等，当识别后，Linux 系统会把识别的设备挂载到这个目录下
/selinux	这个目录是 Redhat/CentOS 所特有的目录，selinux 是一个安全机制，类似于 Windows 系统的防火墙，但是这套机制比较复杂，这个目录就是存放与 selinux 相关的文件的
/srv	该目录存放一些服务启动之后需要提取的资料目录
/sys	这是 Linux 系统 2.6 内核的一个很大的变化。该目录下安装了 2.6 内核中新出现的一个文件系统 sysfs，sysfs 文件系统集成了下面 3 种文件系统的信息：针对进程信息的 proc 文件系统、针对设备的 devfs 文件系统及针对伪终端的 devpts 文件系统。该文件系统是内核设备树的一个直观反映。当一个内核对象被创建时，对应的文件和目录也在内核对象子系统中被创建
/tmp	这个目录用来存放一些临时文件

2. /usr

/usr 通常存放用户的文件和程序，因此将占用较大的磁盘空间。系统安装软件后一般会在 /usr 目录下建立一个独立子目录；用户安装的软件一般放在/usr/local 下。/usr 目录下的一些子目录如表 3-3 所示。

表 3-3　/usr 下的主要目录及用途

目录名称	目录用途
/usr/share/fonts	字体目录
/usr/bin	普通用户可以使用的应用程序
/usr/sbin	超级用户使用的比较高级的管理程序和系统守护程序
/usr/include	程序的头文件存放目录
/usr/lib	程序用到的库文件
/usr/local	用户安装软件和文件的目录
/usr/src	存放内核源代码的默认目录

3. /var

/var 存放着一些经常变动的文件,如数据库文件或日志文件。/var 目录下的子目录如表 3-4 所示。

表 3-4 /var 下的主要目录及用途

目录名称	目录用途
/var/lib	系统正常运行时要改变的文件
/var/local	/usr/local 中安装的程序的可变数据
/var/lock	许多程序遵循在/var/lock 中产生的一个锁定文件的约定,以实现它们对某个特定的设备或文件的互斥共享
/var/log	各种程序的 log 文件,特别是所有记录到系统登录和注销的 login 日志及所有存储核心和系统程序信息的 syslog 日志。/var/log 里的文件经常不确定地增长,应该定期清除
/var/run	保存到下次引导前有效的关于系统的信息文件。例如,/var/run/utmp 包含当前登录的用户信息
/var/spool	mail、news、打印队列和其他队列工作的目录。每个不同的假脱机在/var/spool 下都有自己的子目录,如用户的邮箱在/var/spool/mail 中
/var/tmp	临时文件,通常是比/tmp 允许的大或需要存在较长时间的临时文件

4. /etc

/etc 目录用于存放操作系统的配置文件,一些应用程序的配置文件也放在这里。/etc 目录下的部分子目录如表 3-5 所示。

表 3-5 /etc 下的主要目录及用途

目录名称	目录用途
/etc/rc、/etc/rc.d、/etc/rc*.d	启动或改变运行级别 scripts 或 scripts 的目录
/etc/passwd	用户数据库,其中的域给出了用户名、真实姓名、主目录、加密的口令及其他信息
/etc/fstab	启动时自动挂载的文件系统列表
/etc/group	类似于/etc/passwd,但说明的不是用户而是组
/etc/inittab	init 的配置文件
/etc/issue	getty 在登录提示符前的输出信息,通常是由系统管理员设定的一段说明或欢迎信息
/etc/magic	文件的配置文件,包含不同文件格式的说明
/etc/motd	日期消息,成功登录后自动输出的内容
/etc/mtab	当前安装的文件系统列表
/etc/shadow	影子口令文件,将/etc/passwd 中的加密口令移动到/etc/shadow 中
/etc/login.defs	login 命令的配置文件
/etc/profile、/etc/csh.login、/etc/csh.cshrc	登录或启动时 Bourne 或 C shells 执行的文件,允许系统管理员为所有用户建立全局默认环境
/etc/shells	可以使用的 Shell

5. /proc

操作系统运行时,进程和内核的相关信息存放在/proc 目录中,这些信息并不保存在磁盘上,而是系统运行时在内存中创建。/proc 目录部分内容如表 3-6 所示。

表 3-6 /proc 下的主要目录及用途

目 录 名 称	目 录 用 途
/proc/1	关于进程 1 的信息目录，每个进程在/proc 下有一个名为其进程号的目录
/proc/cpuinfo	处理器信息，如类型、制造商、型号和性能
/proc/devices	当前运行的核心配置的设备驱动的列表
/proc/dma	显示当前使用的 DMA 通道
/proc/filesystems	核心配置的文件系统
/proc/interrupts	显示使用的中断，以及各中断号使用了多少次
/proc/ioports	当前使用的 I/O 端口
/proc/kcore	系统物理内存映像，与物理内存大小完全一样，实际不占用这么多内存
/proc/kmsg	核心输出的消息
/proc/ksyms	核心符号表
/proc/loadavg	系统"平均负载"，3 个字段指出系统当前的工作量
/proc/meminfo	存储器使用信息，包括物理内存和交换区
/proc/modules	表明当前加载了哪些核心模块
/proc/net	网络协议状态信息
/proc/stat	系统的不同状态
/proc/uptime	系统启动的时间长度
/proc/sys	包括所有的内核参数信息。与 sysctl -a 相似。也可以直接修改里面的某些文件，如可以通过下面的命令来屏蔽主机的 ping 命令，使别人无法 ping 你的机器：echo 1 > /proc/sys/net/ipv4/icmp_echo_ignore_all
/proc/version	核心版本号

3.2 任务 2 掌握文件与目录的操作

3.2.1 子任务 1 文件和目录的基本操作

1. 切换当前工作目录

命令 pwd 用于显示当前工作目录的绝对路径，该命令在使用时，不需要带任何选项或参数。

使用 cd 命令可以改变当前工作目录。该命令的格式为："cd 路径名"。如果"路径名"省略，则切换至当前用户的主目录。如果"路径名"指定的是一个当前用户无权使用的目录，则系统将显示一个出错信息予以提示。

```
[root@rhel7 ~]# pwd
/root                      //当前用户 root 的当前工作目录是/root
[root@rhel7 ~]# cd   /var/www
[root@rhel7 www]# pwd
/var/www                   //当前用户 root 的当前工作目录变更为/var/www
```

另外，在"路径名"中可以使用英文状态下的"."、".."和"~"符号。"."代表当前工作目录,".."代表当前工作目录的父目录,"~"代表的则是当前用户的主目录。

```
[root@rhel7 www]# cd    ../..         //将当前目录切换到上一级目录的上一级目录
[root@rhel7 /]# cd    ~              //将当前目录切换到当前用户的主目录
[root@rhel7 ~]# pwd
/root                                 //用户 root 的主目录没有在/home 的下面
```

2. 列出目录下的文件

知道当前工作目录所在的位置后,通常需要了解里面包含的内容,命令 ls 用于显示目录里面的内容,相当于 DOS 系统下的 dir 命令。该命令的格式是:"ls [选项] [目录列表]"。目录列表可以使用通配符,目录列表中的多个目录名中间用空格隔开。如果没有给出,将默认是当前工作目录。该命令常用的选项及作用如表 3-7 所示。

表 3-7 ls 的主要选项及作用

选项	作用
--help	显示该命令的帮助信息
-a	显示指定目录下的所有文件和子目录,包括隐藏的文件("."开头)
-l	给出长表,详细显示每个文件的信息。包括类型与权限、链接数、所有者、所属组、文件大小(字节)、建立或最近修改的时间等
-t	按照文件的修改时间排序。若时间相同则按字母顺序。默认的时间标记是最后一次修改时间
-c	按照文件的修改时间排序
-u	按照文件最后一次访问的时间排序
-X	按照文件的扩展名排序
-s	以块大小为单位列出所有文件的大小
–S	根据文件大小排序
–R	递归显示下层子目录
-p	在文件名后面加上文件类型的指示符号(/、=、@、| 中的一个)
-i	查看文件名对应的 inode 号码

```
[root@rhel7 ~]# ls    -l   /
总用量 104
lrwxrwxrwx.   1 root root       7 3 月   1 22:51 bin -> usr/bin
dr-xr-xr-x.   4 root root    4096 3 月   1 15:40 boot
……            ……
-rw-r--r--.   1 root root   57189 3 月   1 23:08 parser.out
-rw-r--r--.   1 root root  106617 3 月   1 23:08 parsetab.py
……            ……
drwxr-x--x.  25 root root    4096 3 月   1 15:44 var
```

"ls -l"输出的信息分成多列,依次是文件类型与权限、连接数、所有者、所属组、文件大小(字节)、创建或最近修改日期及时间、文件名。每个文件都会将其权限与属性记录到文件系统的 i-node 中。因此,每个文件名都会链接到一个 i-node。属性记录的就是有多少个不同名的文件链接到一个相同的 i-node 上。

```
[root@rhel7 ~]# ls    -p
1777/   anaconda-ks.cfg         公共/  视频/  文档/  音乐/
aa/     initial-setup-ks.cfg    模板/  图片/  下载/  桌面/
//文件名后的"/"表示目录,"@"表示符号链接,"*"表示可执行文件,"|"表示管道(或 FIFO),
// "="表示 socket 文件
[root@rhel7 ~]# ls    -i  /root/anaconda-ks.cfg
68120280 /root/anaconda-ks.cfg
```

3. 建立和删除目录

mkdir 命令的格式是:"mkdir [选项] 目录名"。如果在目录名的前面没有加任何路径名,则在当前目录下创建由"目录名"指定的目录;如果给出了一个已经存在的路径,则会在该目录下创建一个指定的目录。创建目录时,应保证新建的目录与它所在目录下的文件没有重名。目录名的路径既可以是绝对路径,也可以是相对路径。mkdir 常用的选项及作用如表 3-8 所示。

表 3-8 mkdir 的主要选项及作用

选项	作用
-v	输出命令执行的过程
-p	如果目录名路径中的上一级目录不存在就先自动创建上级目录
--help	显示该命令的帮助信息

```
[root@rhel7 ~]# mkdir    aa       //在当前工作目录下创建名为 aa 的目录
[root@rhel7 ~]# ls   -l    | grep aa    //验证是否创建成功
drwxr-xr-x       2 root       root       4096   7月 12  16:02  aa
[root@rhel7 ~]# mkdir    - m   777   aa2
     //在当前工作目录下创建名为 aa2 的目录,并使其权限最低(所有用户都对其可读、可写、可执行)
[root@rhel7 ~]# ls   -l   |grep  aa
drwxr-xr-x.    2   root    root      6 8月   13 10:00 aa
drwxrwxrwx.   2   root    root      6 8月   13 10:01 aa2
[root@rhel7 ~]# mkdir     -pv   /root/bb/bb/bb
mkdir: 已创建目录 "/root/bb"
mkdir: 已创建目录 "/root/bb/bb"
mkdir: 已创建目录 "/root/bb/bb/bb"
```

rmdir 命令用于删除空目录,如果给出的目录不为空则报错。其命令格式为:"rmdir [选项] 目录列表"。"目录列表"中的多个目录要用空格分开。rmdir 常用的选项及作用如表 3-9 所示。

表 3-9 rmdir 的主要选项及作用

选项	作用
-v	处理每个目录时都给出信息
-p	在删除指定的目录后，如果该目录的父目录为空，则删除父目录
--help	显示该命令的帮助信息

```
[root@rhel7 ~]# rmdir    /root/bb
rmdir: 删除 "/root/bb" 失败: 目录非空
[root@rhel7 ~]# rmdir    -pv   bb/bb/bb
rmdir: 正在删除目录 "bb/bb/bb"
rmdir: 正在删除目录 "bb/bb"
rmdir: 正在删除目录 "bb"
```

如果要删除的是非空目录，可以使用 rm 命令。该命令不但可以删除目录，也可以删除文件。该命令将在后面详细介绍。

4．复制文件和目录

cp 命令相当于 DOS 系统下的 copy 命令，其格式是："cp ［选项］ 源文件 目标文件"。源文件可以使用通配符。该命令常用的选项及作用如表 3-10 所示。

表 3-10 cp 的主要选项及作用

选项	作用
-p	连同文件的属性一起复制，而非使用默认属性
-r	如果源文件中含有目录，将目录中的文件递归复制到目的地
-d	若目标文件为链接文件，则复制链接文件，而不是复制目标文件
-a	相当于-pdr
-f	如果目的地已经有同名文件存在，不提示确认直接予以覆盖
-v	输出复制操作的执行过程
--help	显示该命令的帮助信息

如果源文件是普通文件，则该命令把它复制到指定的目标文件；如果源文件是目录，就需要使用 "-r" 选项将整个目录下的所有文件和子目录都复制到目标位置。

```
[root@rhel7 ~]# ls   /root
1777    aa2               initial-setup-ks.cfg 模板 图片 下载 桌面
aa      anaconda-ks.cfg  公共              视频 文档 音乐
[root@rhel7 ~]# cp    -v   /root/anaconda-ks.cfg  /mnt/ana   //复制普通文件，并改名
"/root/anaconda-ks.cfg" -> "/mnt/ana"
[root@rhel7 ~]# cp    -v   /root/anaconda-ks.cfg  /mnt/ana
    cp: 是否覆盖"/mnt/ana"？ y
"/root/anaconda-ks.cfg" -> "/mnt/ana"
//文件 ins 已经存在，输入 "y" 表示覆盖，输入 "n" 表示跳过。或者使用 "Ctrl+C" 组合键终止该
```

```
//命令继续执行
[root@rhel7 ~]# alias    |grep   cp
alias cp='cp -i'
[root@rhel7 ~]# unalias   cp
[root@rhel7 ~]# cp      -vf    /root/anaconda-ks.cfg  /mnt/ana   //强制覆盖，不提示确认
"/root/anaconda-ks.cfg" -> "/mnt/ana"
```

```
[root@rhel7 ~]# cp    /root/aa*    /tmp     //通配符"*"表示任意字符串
cp: 略过目录"/root/aa"              //复制目录，未使用-r选项，复制不成功
cp: 略过目录"/root/aa2"
[root@rhel7 ~]# cp    /root/aa*    /tmp   -rv
"/root/aa" -> "/tmp/aa"
"/root/aa2" -> "/tmp/aa2"
```

5．删除文件和目录

文件和目录的删除都可以使用 rm 命令，相当于 DOS 系统下的 del。该命令的格式是："rm [选项]　文件名或目录名列表"。文件和目录名可以使用通配符。如果要一次性删除多个对象，则在删除列表中用空格将它们分隔开。该命令常用的选项及作用如表 3-11 所示。

表 3-11　rm 的主要选项及作用

选　项	作　用
-r	递归删除目录，即包括目录下的所有文件和各级子目录
-f	强制删除，不提示确认。很危险，请慎用
-v	输出操作的执行过程
--help	显示该命令的帮助信息

```
[root@rhel7 ~]# rm     /root/aa
rm: 无法删除"/root/aa": 是一个目录 。
[root@rhel7 ~]# rm      /root/aa   -r
rm: 是否删除目录 "/root/aa"? y
[root@rhel7 ~]# rm     /root/aa2    -rf
```

6．文件与目录的移动及改名

移动文件和目录及重命名可以使用 mv 命令。其格式为："mv　[选项]　源文件　目标文件"。该命令常用的选项及作用如表 3-12 所示。

如果源文件和目标文件在同一个目录下，则目标文件应该重新命名，即执行的是改名操作。如果目标文件和源文件不在同一个目录下，则执行移动的操作相当于 DOS 系统下的剪切与粘贴。当然，也可以在执行移动操作的同时改名。

表 3-12　mv 的主要选项及作用

选　项	作　用
-f	如果目标位置有同名文件，直接覆盖，不提示确认。危险，请慎用
-v	输出操作的执行过程
--help	显示该命令的帮助信息

```
[root@rhel7 ~]# ls
1777   ana              initial-setup-ks.cfg    公共  视频  文档  音乐
aa     anaconda-ks.cfg  lihua                   模板  图片  下载  桌面
[root@rhel7 ~]# mv   /root/initial-setup-ks.cfg  /tmp  -v    //移动文件，但不改名
"/root/initial-setup-ks.cfg" -> "/tmp/initial-setup-ks.cfg"
[root@rhel7 ~]# mv   aa         /tmp/bb   -v               //移动目录，同时改名
"aa" -> "/tmp/bb"
```

7．判断文件的类型

Linux 系统用颜色来区分不同类型的文件，默认情况下蓝色表示目录，浅蓝色表示链接文件，绿色代表可执行文件，红色表示压缩文件，粉红色表示图像文件，白色表示普通文件，黄色表示设备文件等。

另外，也可以用 file 命令显示文件的类型。该命令的常用格式是："file　[选项]　文件或目录"。常用选项-z 来深入观察一个压缩文件，并试图查出其类型。

```
[root@rhel7 ~]# file     /root/ana                          //符号链接文件
/root/ana: symbolic link to `anaconda-ks.cfg'
[root@rhel7 ~]# file     /root/anaconda-ks.cfg              //文本文件
/root/anaconda-ks.cfg: ASCII text
[root@rhel7 ~]# file     /root/aa/                          //目录文件
/root/aa/: directory
[root@rhel7 ~]# file     /usr/share/icons/kcm_gtk.png       //png 类型的图像文件
/usr/share/icons/kcm_gtk.png: PNG image data, 48 x 48, 8-bit/color RGBA, non-interlaced
[root@rhel7 ~]# file     /boot/symvers-3.10.0-123.el7.x86_64.gz  //用 gzip 生成的压缩文件
/boot/symvers-3.10.0-123.el7.x86_64.gz: gzip compressed data, from Unix, last modified: Mon May  5 23:20:42 2014, max compression
```

8．显示文件或目录的属性

stat 命令用于显示文件或目录的各种信息，包括被访问时间、修改时间、变更时间、文件大小、文件所有者、所属组、文件权限等。该命令的常用格式为："stat　[选项] 文件名"。

```
[root@rhel7 ~]# stat   --help
用法：stat [选项]... 文件...
```

Display file or file system status.

Mandatory arguments to long options are mandatory for short options too.

```
-L, --dereference      follow links
-f, --file-system      display file system status instead of file status
-c  --format=FORMAT    use the specified FORMAT instead of the default;
                       output a newline after each use of FORMAT
    --printf=FORMAT    like --format, but interpret backslash escapes,
                       and do not output a mandatory trailing newline;
                       if you want a newline, include \n in FORMAT
-t, --terse            print the information in terse form
    --help             显示此帮助信息并退出
    --version          显示版本信息并退出
```

The valid format sequences for files (without --file-system):

```
%a     access rights in octal
%A     access rights in human readable form
%b     number of blocks allocated (see %B)
%B     the size in bytes of each block reported by %b
%C     SELinux security context string
%d     device number in decimal
%D     device number in hex
%f     raw mode in hex
%F     file type
…      …
```

```
[root@rhel7 ~]# stat    /root/anaconda-ks.cfg
   文件："/root/anaconda-ks.cfg"
   大小：1516         块：8          IO 块：4096    普通文件
设备：fd00h/64768d   Inode：68120280    硬链接：1
权限：(0600/-rw-------)  Uid：(    0/    root)  Gid：(    0/    root)
环境：system_u:object_r:admin_home_t:s0
最近访问：2017-08-13 10:07:29.086202209 +0800
最近更改：2017-03-01 23:14:19.809943450 +0800
最近改动：2017-06-20 17:37:20.648668016 +0800
创建时间：-
[root@rhel7 ~]# stat    /root
   文件："/root"
   大小：4096         块：8          IO 块：4096    目录
设备：fd00h/64768d   Inode：67149953    硬链接：20
```

第 3 章　Linux 系统文件和目录的创建与管理

```
权限：(0550/dr-xr-x---) Uid:(    0/   root)  Gid:(    0/   root)
环境：system_u:object_r:admin_home_t:s0
最近访问：2017-08-13 12:00:25.875820857 +0800
最近更改：2017-08-13 12:00:24.845778386 +0800
最近改动：2017-08-13 12:00:24.845778386 +0800
创建时间：-
[root@rhel7 ~]# stat    /root/anaconda-ks.cfg    -f
  文件："/root/anaconda-ks.cfg"
    ID: fd0000000000 文件名长度：255     类型：xfs
  块大小：4096       基本块大小：4096
    块：总计：4587008    空闲：3373784    可用：3373784
Inodes: 总计：18358272    空闲：18175751
[root@rhel7 ~]# stat    /root    -f
  文件："/root"
    ID: fd0000000000 文件名长度：255     类型：xfs
  块大小：4096       基本块大小：4096
    块：总计：4587008    空闲：3373778    可用：3373778
Inodes: 总计：18358272    空闲：18175751
```

9．创建空文件与修改时间

touch 命令可以用来修改文件的时间属性，包括最后访问时间、最后修改时间等。该命令的使用格式是："touch [选项] 文件或目录名"，常用的选项及作用如表 3-13 所示。该命令也可以用来创建空文件，即 0 字节文件。

表 3-13 touch 的主要选项及作用

选　　项	作　　用
-d	把文件的存取/修改时间修改为当前时间。时间格式采用 yyyymmdd
-a	只把文件的存取时间修改为当前时间
-m	只把文件的修改时间修改为当前时间

```
[root@rhel7 ~]# touch    /root/lihua
[root@rhel7 ~]# ll    /root/lihua
-rw-r--r--. 1 root root 0 8 月  13 11:57 /root/lihua
[root@rhel7 ~]# du -h    /root/lihua
0    /root/lihua
//不带选项的 touch 在指定的文件不存在时创建空文件
[root@rhel7 ~]# touch  -d   20091220   /root/lihua
[root@rhel7 ~]# ll   /root/lihua
-rw-r--r--. 1  root  root  0  12 月  20 2009  /root/lihua
//把/root/lihua 文件的建立/修改时间改为 2009 年 12 月 20 日
```

10. 查看文件或目录的大小

du 命令常用的格式是："du [选项] 文件或目录"，常用的选项及作用如表 3-14 所示。该命令可以用来获得文件或目录的磁盘用量。

表 3-14 du 的主要选项及作用

选项	作用
-h	将文件或目录的大小以容易理解的格式显示出来
-s	只显示指定目录的总大小，不显示目录下每一项的大小
-S	显示出来的大小不包括子目录及子目录下文件的大小
--help	显示帮助信息

```
[root@rhel7 ~]# du  -sh  /boot
96M  /boot
[root@rhel7 ~]# du  -h  /boot
1.4M  /boot/extlinux
0     /boot/grub2/themes/system
0     /boot/grub2/themes
2.4M  /boot/grub2/i386-pc
3.3M  /boot/grub2/locale
2.5M  /boot/grub2/fonts
8.1M  /boot/grub2
96M   /boot
[root@rhel7 ~]# mkdir  /boot/xin
[root@rhel7 ~]# du  -h  /boot/xin
0     /boot/xin           //空目录本身占用的磁盘空间是 0 字节
```

3.2.2 子任务 2 显示文本文件的内容

1. 使用 cat 命令

cat 命令用于将文件的内容在标准输出设备（如显示器）上显示出来，类似于 DOS 系统下的 tpye 命令。该命令的使用格式是："cat [选项] 文件"。常用的选项及作用如表 3-15 所示。如果文件的内容超过一屏，文本在屏幕上将迅速闪过，用户将无法看清前面的内容。此时，可以使用 more 或 less 命令进行分屏。

表 3-15 cat 的主要选项及作用

选项	作用
-n	由 1 开始对所有输出的行进行编号
-b	和 -n 命令相似，只不过对空白行不编号
-s	将相邻的多个空白行用一个空白行取代
-e	在每行的末尾显示 $ 符号

```
[root@rhel7 ~]# cat    -n    /etc/passwd    |more
     1    root:x:0:0:root:/root:/bin/bash
     2    bin:x:1:1:bin:/bin:/sbin/nologin
     3    daemon:x:2:2:daemon:/sbin:/sbin/nologin
     4    adm:x:3:4:adm:/var/adm:/sbin/nologin
     5    lp:x:4:7:lp:/var/spool/lpd:/sbin/nologin
     6    sync:x:5:0:sync:/sbin:/bin/sync
     7    shutdown:x:6:0:shutdown:/sbin:/sbin/shutdown
--More--
```

cat 除了具有显示文件内容的功能外，还可以用来合并两个或多个文件，然后通过重定向（>）用两个文件合并后的内容生成一个新的文件保存起来。实现该功能的命令格式是："cat 文件1 文件2 … 文件N ＞ 新文件名"。若想查看合并后生成的新文件,可以使用命令"cat 新文件名"。

```
[root@rhel7 ~]# cat    > a1
aa
bb
cc
[Ctrl+D]
[root@rhel7 ~]# cat    > a2
dd
ee
ff
[Ctrl+D]
[root@rhel7 ~]# cat    > a3
gg
hh
ii
[Ctrl+D]
[root@rhel7 ~]# cat    a1    a2    a3    > a
[root@rhel7 ~]# cat    a
aa
bb
cc
dd
ee
ff
gg
hh
ii
```

2. 显示文件的前/后几行

head 命令可以在屏幕上显示指定文本文件的前几行，其格式是："head [选项] 文件名"。常用的选项及作用如表 3-16 所示，在没有使用选项的情况下，默认显示文件的前 10 行。

表 3-16 head 的主要选项及作用

选项	作用
-n num	显示文件的前 num 行
-c num	显示文件的前 num 个字符

```
[root@rhel7 ~]# head   /etc/passwd
root:x:0:0:root:/root:/bin/bash
bin:x:1:1:bin:/bin:/sbin/nologin
daemon:x:2:2:daemon:/sbin:/sbin/nologin
adm:x:3:4:adm:/var/adm:/sbin/nologin
lp:x:4:7:lp:/var/spool/lpd:/sbin/nologin
sync:x:5:0:sync:/sbin:/bin/sync
shutdown:x:6:0:shutdown:/sbin:/sbin/shutdown
halt:x:7:0:halt:/sbin:/sbin/halt
mail:x:8:12:mail:/var/spool/mail:/sbin/nologin
operator:x:11:0:operator:/root:/sbin/nologin
[root@rhel7 ~]# head  -3   /etc/passwd
root:x:0:0:root:/root:/bin/bash
bin:x:1:1:bin:/bin:/sbin/nologin
daemon:x:2:2:daemon:/sbin:/sbin/nologin
[root@rhel7 ~]# head  -c  5  /etc/passwd
root:
```

tail 命令和 head 命令相反，它显示文件的末尾几行，其格式为："tail [选项] 文件名"。默认时，tail 命令显示文件的末尾 10 行。该命令常用的选项及作用如表 3-17 所示。

表 3-17 tail 的主要选项及作用

选项	作用
-n num	显示文件的末尾 num 行
-c num	显示文件的末尾 num 个字符

```
[root@rh9 root]# tail   /etc/passwd
apache:x:48:48:Apache:/var/www:/sbin/nologin
squid:x:23:23::/var/spool/squid:/sbin/nologin
webalizer:x:67:67:Webalizer:/var/www/html/usage:/sbin/nologin
xfs:x:43:43:X Font Server:/etc/X11/fs:/sbin/nologin
```

```
named:x:25:25:Named:/var/named:/sbin/nologin
ntp:x:38:38::/etc/ntp/sbin/nologin
gdm:x:42:42::/var/gdm:/sbin/nologin
postgres:x:26:26:PostgreSQL Server:/var/lib/pgsql:/bin/bash
desktop:x:80:80:desktop:/var/lib/menu/kde:/sbin/nologin
redhat:x:500:500::/home/redhat:/bin/bash
[root@rh9 root]# tail   -3   /etc/passwd
postgres:x:26:26:PostgreSQL Server:/var/lib/pgsql:/bin/bash
desktop:x:80:80:desktop:/var/lib/menu/kde:/sbin/nologin
redhat:x:500:500::/home/redhat:/bin/bash
[root@rh9 root]# tail   -c   20   /etc/passwd
me/redhat:/bin/bash
```

3. 使用 more 命令

more 命令可以让用户在浏览文件时一次阅读一屏或一行，其格式为："more [选项] 文件"。该命令的常用选项及作用如表 3-18 所示。

表 3-18 more 的主要选项及作用

选项	作用
-s	多个连续的空白行处理为一个
+num	从第 num 行开始显示
-c 或 -p	显示下一屏之前先清屏
-d	在每屏的底部显示友好信息：[Press space to continue,q to quit.]，如果用户按错键，则显示[Press h for instructions.]

该命令一次显示一屏文件内容，满屏后显示停止，并且在每个屏幕的底部显示 --More--，以及给出至今已显示的百分比。按 Enter 键可以向后移动一行；按 Space 键可以向后移动一屏；按 Q 键可以退出该命令。

```
[root@rhel7 ~]# more   +2   /etc/passwd
bin:x:1:1:bin:/bin:/sbin/nologin
daemon:x:2:2:daemon:/sbin:/sbin/nologin
adm:x:3:4:adm:/var/adm:/sbin/nologin
lp:x:4:7:lp:/var/spool/lpd:/sbin/nologin
sync:x:5:0:sync:/sbin:/bin/sync
shutdown:x:6:0:shutdown:/sbin:/sbin/shutdown
halt:x:7:0:halt:/sbin:/sbin/halt
mail:x:8:12:mail:/var/spool/mail:/sbin/nologin
--More--（25%）
```

4. 使用 less 命令

less 命令和 more 一样都是页命令，但是 less 命令的功能比 more 命令更强大。less 命令的使用格式为："more [选项] 文件"。可以使用选项-M 看到更多关于文件的信息。

当使用选项-M 浏览文件时，less 命令将显示出这个文件的名字、当前页码范围及总页码，表示当前位置在整个文件中位置的百分比数值。这个提示类似于下面的样子：/etc/passwd lines 3-24/36 65%，表明正在阅读的是文件/etc/passwd，当前屏幕显示的是总行数为 36 行文本的第 3~24 行。

less 命令显示文件开头的一些行。如果想向下翻一页，按 Enter 键；如果想向上翻一页，按 B 键。也可以按 PageUp 键向上翻页；按 PageDown 键向下翻页；还可以用光标向前后甚至左右移动，按 Q 键可以退出命令。

less 屏幕底部的信息提示更容易使用，而且提供了更多的信息。一般情况下，less 命令的命令提示符是显示在屏幕左下角的一个冒号（:）。

如果想运行其他的命令，如 wc 字数统计程序，需要输入一个叹号（!），后面再跟上命令行，然后按 Enter 键。当这个命令执行完毕，less 命令显示单词 done（完成）并等用户按 Enter 键。还可以使用 less 搜索命令在一个文本文件中进行快速查找。先按"/"键，再输入一个单词或词组的一部分。less 命令会在文本文件中进行快速查找，并把找到的第一个搜索目标高亮度显示。如果希望继续查找，请按"/"键，再按 Enter 键。如果想退出阅读，按 Q 键就会返回到 Shell 命令行。

3.2.3 子任务 3 创建和使用链接文件

Linux 系统可以为一个文件起多个名字，称为链接。被链接的文件可以存放在同一目录下，但不能同名；如果被链接的文件与原文件有相同的名字，可存放在不同的目录下。链接有两种形式，即软链接（符号链接）和硬链接。ln 命令用于建立链接，其格式为："ln [-s] 源文件或目录 链接名"。选项 -s 用来建立符号链接。

符号链接类似于 Windows 下的快捷方式，只不过是指向原始文件的一个指针而已，如果删除了符号链接，原始文件不会有任何变化，但如果删除了原始文件，符号链接就将失效。从大小上看，一般符号链接远小于被链接的原始文件。

1. 创建硬链接

一般情况下，文件名和 inode 号码是一一对应的关系，每个 inode 号码对应一个文件名。但是 UNIX/Linux 系统允许多个文件名指向同一个 inode 号码。这意味着，可以用不同的文件名访问同样的内容；对文件内容进行修改，会影响到所有文件名；但是删除一个文件名不影响另一个文件名的访问。这种情况就被称为"硬链接"（hard link）。ln 命令可以创建硬链接，其格式为："ln 源文件 目标文件"。

运行上面这条命令以后，源文件与目标文件的 inode 号码相同，都指向同一个 inode。inode 信息中有一项叫作"链接数"，记录指向该 inode 的文件名总数，会增加 1。反过来，删除一个文件名，就会使得 inode 节点中的链接数减 1。当这个值减到 0 时，表明没有文件名指向这个 inode，系统就会回收这个 inode 号码，以及其所对应的 block 区域。

这里顺便说一下目录文件的"链接数"。创建目录时，默认会生成两个目录项："."和".."。前者的 inode 号码就是当前目录的 inode 号码，等同于当前目录的硬链接；后者的 inode 号码就是父目录的 inode 号码，等同于父目录的硬链接。因此，任何一个目录的硬链接总数总是等于 2 加上它的子目录总数（含隐藏目录），这里的 2 是父目录的硬链接和当前目录的硬链接。

```
[root@rhel7 ~]# ln    /root       /tmp/root
ln: "/root": 不允许将硬链接指向目录
[root@rhel7 ~]# cat   > /root/lih
aa
bb
cc              [Ctrl+D]
[root@rhel7 ~]# ll   /root/lih
-rw-r--r--. 1 root root 9 8 月    13 13:10 /root/lih
[root@rhel7 ~]# ln   /root/lih   /root/lih2       //创建至文件/root/lih 的硬链接/root/lih2
[root@rhel7 ~]# ll         |grep  li
-rw-r--r--. 2 root root     9 8 月    13 13:10 lih
-rw-r--r--. 2 root root     9 8 月    13 13:10 lih2      //硬链接和被链接文件的相关属性都相同
[root@rhel7 ~]# ls   -l   /root/anaconda-ks.cfg     >> lih2   //在新建的硬链接文件的后面添加一行
[root@rhel7 ~]# more    /root/lih                            //被硬链接的文件也发生了同样的变化
aa
bb
cc
-rw-------. 1 root root 1516 3 月     1 23:14 /root/anaconda-ks.cfg
```

2．创建软链接

除了硬链接以外，还有一种特殊情况，即文件 A 和文件 B 的 inode 号码虽然不一样，但是文件 A 的内容是文件 B 的路径。读取文件 A 时，系统会自动将访问者导向文件 B。因此，无论打开哪一个文件，最终读取的都是文件 B。这时，文件 A 就称为文件 B 的"软链接"（soft link）或"符号链接"（symbolic link）。

这意味着，文件 A 依赖于文件 B 而存在，如果删除了文件 B，打开文件 A 就会报错："No such file or directory"。这是软链接与硬链接最大的不同：文件 A 指向文件 B 的文件名，而不是文件 B 的 inode 号码，文件 B 的 inode 链接数不会因此发生变化。

```
[root@rhel7 ~]# ln   /root/lih    /root/lih3   -s  //创建至文件/root/lih 的软链接/root/lih3
[root@rhel7 ~]# ll       |grep   li
-rw-r--r--. 2 root root     9 8 月    13 13:10 lih
-rw-r--r--. 2 root root     9 8 月    13 13:10 lih2      //硬链接和被链接文件的相关属性都相同
lrwxrwxrwx. 1 root root     9 8 月    13 13:11 lih3 -> /root/lih
[root@rhel7 ~]# du  -h    /root/lih
4.0K /root/lih
[root@rhel7 ~]# du   -h    /root/lih2
```

```
4.0K    /root/lih2
[root@rhel7 ~]# du   -h    /root/lih3
 0      /root/lih3
```

3.2.4 子任务 4 文本内容排序、比较与处理

1．对文件内容进行排序

把文件中的内容排序输出使用 sort 命令，其格式为："sort [-t 分隔符] [-kn1,n2] [-nru] [文件列表]"，这里的 n1＜n2。常用的选项及作用如表 3-19 所示。

表 3-19 sort 的主要选项及作用

选 项	作 用
-r	反向排序
-t	分隔符，作用与 cut 中的-d 一样
-u	去重复
-n	使用纯数字排序
-kn1,n2	由 n1 区间排序到 n2 区间，可以只写-kn1，即对 n1 字段排序
-o filen	把排序结果输出到指定的文件 filen

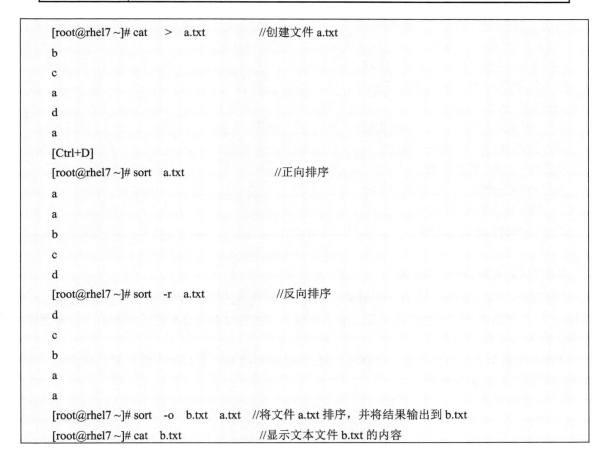

```
[root@rhel7 ~]# cat   >   a.txt              //创建文件 a.txt
b
c
a
d
a
[Ctrl+D]
[root@rhel7 ~]# sort   a.txt                 //正向排序
a
a
b
c
d
[root@rhel7 ~]# sort   -r   a.txt            //反向排序
d
c
b
a
a
[root@rhel7 ~]# sort   -o   b.txt   a.txt    //将文件 a.txt 排序，并将结果输出到 b.txt
[root@rhel7 ~]# cat   b.txt                  //显示文本文件 b.txt 的内容
```

```
a
a
b
c
d
[root@rhel7 ~]# sort   a.txt   b.txt        //把文件 a.txt 和 b.txt 的内容联合排序输出
a
a
a
a
b
b
c
c
d
d
```

```
[root@rhel7 ~]# head   -n5       /etc/passwd  |sort
adm:x:3:4:adm:/var/adm:/sbin/nologin
bin:x:1:1:bin:/bin:/sbin/nologin
daemon:x:2:2:daemon:/sbin:/sbin/nologin
lp:x:4:7:lp:/var/spool/lpd:/sbin/nologin
root:x:0:0:root:/root:/bin/bash
[root@rhel7 ~]# head   -n5       /etc/passwd   |sort  -t:  -k3nr
lp:x:4:7:lp:/var/spool/lpd:/sbin/nologin
adm:x:3:4:adm:/var/adm:/sbin/nologin
daemon:x:2:2:daemon:/sbin:/sbin/nologin
bin:x:1:1:bin:/bin:/sbin/nologin
root:x:0:0:root:/root:/bin/bash
```

2．比较文本文件的内容

cmp 命令用于比较两个文件的内容是否不同，其格式为："cmp   [选项]   文件 1   文件 2"。选项-1 用于列出两个文件的所有差异。默认情况下，在发现第一处差异后就停止，如果文件相同，则没有反应。

diff 命令也用于比较两个文件内容的不同，其格式为："diff   [选项]   源文件   目标文件"。其选项及作用如表 3-20 所示。

表 3-20 diff 的主要选项及作用

选　　项	作　　用
-q	仅报告是否相同，不报告详细的差异
-i	忽略大小写的差异

diff 命令和 cmp 命令的区别在于两者比较文件的方式不同：diff 逐行比较，而 cmp 是以字符为单位进行比较的。cmp 命令在比较二进制文件时更实用。

```
[root@rhel7 ~] cat   a.txt
b
c
a
d
a
[root@rhel7 ~]# cat   b.txt
a
a
b
c
d
[root@rhel7 ~]# cmp   a.txt   b.txt
a.txt b.txt differ: byte 1, line 1        //从文件开头起的第 1 行第 1 个字符不同
[root@rhel7 ~]# diff   a.txt b.txt
0a1,2
> a
> a
3d4
< a
5d5
< a
[root@rhel7 ~]# diff   -q   a.txt   b.txt
Files a.txt and b.txt differ
```

3．统计文本文件的字/行数

wc 命令用于统计文件的行数、字数和字节数，其使用格式为："wc　[选项]　[文件]"。其常用选项及作用如表 3-21 所示。不带选项的命令将依次显示统计的行数、字数、字节数和文件名。

表 3-21 wc 的主要选项及作用

选项	作用
-l 或--lines	统计行数
-w 或--words	统计字数。一个字被定义为由空白、跳格或换行字符分隔的字符串
-c 或--bytes 或--chars	统计字节数
-m	统计字符数。这个标志不能与 -c 标志一起使用
-L	打印最长行的长度

```
[root@rhel7 ~]# cat    >   d
aa
bb
cc
dd
e
[root@rhel7 ~]# wc   d
     5     5    14 d
[root@rhel7 ~]# wc   -c   d
    14 d
[root@rhel7 ~]# wc   -l   d
     5 d
[root@rhel7 ~]# wc   -w   d
     5 d
[root@rhel7 ~]# cat    >   e
aa a
bb b
cc
e
[root@rhel7 ~]# wc   e
     4     6    15 e
[root@rhel7 ~]# wc   -c   e
    15 e
[root@rhel7 ~]# wc   -w   e
     6 e
[root@rhel7 ~]# wc   -l   e
     4 e
```

```
[root@rhel7 ~]# cat    /etc/passwd   |wc    -l
54
[root@rhel7 ~]# cat    /etc/passwd   |wc    -w
102
[root@rhel7 ~]# cat    /etc/passwd   |wc    -c
```

```
2882
[root@rhel7 ~]# cat    /etc/passwd    |wc    -m
2882
```

4．字符串的截取

cut 命令从文件的每一行剪切字节、字符和字段并将这些字节、字符和字段写至标准输出。其语法格式为："cut [-bn] [file]"、"cut [-c] [file]" 或 "cut [-df] [file]"。如果不指定 file 参数，cut 命令将读取标准输入；必须指定 -b、-c 或 -f 标志之一。其常用选项及作用如表 3-22 所示。

表 3-22 cut 的主要选项及作用

选 项	作 用
-b	以字节为单位进行分割。这些字节位置将忽略多字节字符边界，除非也指定了 -n 标志
-c	以字符为单位进行分割。适用于中文
-d	自定义分隔符，默认为制表符
-f	与-d 一起使用，指定显示哪个区域
-n	取消分割多字节字符。仅和 -b 标志一起使用。如果字符的最后一个字节落在由 -b 标志的 list 参数指示的 范围之内，该字符将被写出；否则，该字符将被排除

```
[root@rhel7 ~]# head  -n2    /etc/passwd
root:x:0:0:root:/root:/bin/bash
bin:x:1:1:bin:/bin:/sbin/nologin
[root@rhel7 ~]# head  -n2    /etc/passwd    |cut    -c 1-3,5-7,9
roo:x::
binx:11
[root@rhel7 ~]# head  -n2    /etc/passwd    |cut    -b    1-3,5-7,9
roo:x::
binx:11
[root@rhel7 ~]# head  -n2    /etc/passwd    |cut    -d    ":"    -f    6
/root
/bin
[root@rhel7 ~]# head  -n2    /etc/passwd    |cut    -d:    -f 6-7
/root:/bin/bash
/bin:/sbin/nologin
```

上面的例子中，-b 和-c 看起来效果一样，那是因为字母都是单字节字符，如果遇到双字节字符或多字节字符就会出现明显效果。例如，遇见多字节字符时可以使用-n 来告诉 cut 不要将多字节字符分开来切。

5．去除重复的行

uniq 命令用于比较同一个文本文件中是否有相邻的行是重复的，在相邻的重复行中，只显示其中的一行。其常用格式为:"uniq [-c]   文件名",选项-c 用来显示该行重复出现的次数。

```
[root@rhel7 ~]# cat   b.txt
a
a
b
c
d
[root@rhel7 ~]#uniq   b.txt
a
b
c
d
[root@rhel7 ~]# cat   b.txt  |uniq   -c
     2 a
     1 b
     1 c
     1 d
```

6.替换删除字符

tr 命令用于替换字符,常用来处理文档中出现的特殊符号,如 DOS 文档中出现的^M 符号。常用的选项有两个:-d,删除某个字符,-d 后面跟要删除的字符;-s,把重复的字符去掉。最常用的就是把小写变为大写:"tr '[a-z]' '[A-Z]'"。

```
[root@rhel7 ~]# more    /etc/passwd|grep root   |tr  'r'   'R'
Root:x:0:0:Root:/Root:/bin/bash
opeRatoR:x:11:0:opeRatoR:/Root:/sbin/nologin
[root@rhel7 ~]# head   -n2    /etc/passwd |tr '[a-z]' '[A-Z]'
ROOT:X:0:0:ROOT:/ROOT:/BIN/BASH
BIN:X:1:1:BIN:/BIN:/SBIN/NOLOGIN
[root@rhel7 ~]# more    /etc/passwd |grep   root |tr   -s   'o'
rot:x:0:0:rot:/rot:/bin/bash
operator:x:11:0:operator:/rot:/sbin/nologin
[root@rhel7 ~]# more    /etc/passwd |grep  root |tr   -d   'o'
rt:x:0:0:rt:/rt:/bin/bash
peratr:x:11:0:peratr:/rt:/sbin/nlgin
```

替换、删除及去重复都是针对一个字符来讲的,有一定的局限性;如果针对一个字符串,它们就不再管用了。

3.2.5 子任务 5 查找文件或字符串

1. 使用 find 命令查找文件

find 命令用来在指定目录下查找文件。其格式为:"find [路径] [选项]"。路径可以是多个，路径之间用空格隔开。查找时，会递归到子目录。如果使用该命令时不设置任何参数，则 find 命令将在当前目录下查找子目录与文件。find 的主要选项及作用如表 3-23 所示。

表 3-23 find 的主要选项及作用

选 项	作 用
-exec command {} \;	对查到的文件执行 command 操作，{} 和 \; 之间有空格
-ok command {} \;	和-exec 的作用相同，只不过以一种更为安全的模式来执行该参数所给出的 Shell 命令，在执行每一个命令之前，都会给出提示，让用户来确定是否执行
-name "文件名"	指明要查找的文件名，支持通配符 "*" 和 "?"
-user 拥有者名称	查找符合指定的拥有者名称的文件或目录
-group 用户组名称	查找符合指定的用户组名称的文件或目录
-perm 权限数值	查找符合指定的权限数值的文件或目录
-type 文件类型	只寻找符合指定的文件类型的文件。f 表示普通文件；l 表示符号连接；d 表示目录；c 表示字符设备；b 表示块设备；s 表示套接字；p 表示 fifo
-nouser	找出不属于本地主机用户识别码的文件或目录

```
[root@rhel7 ~]# tail    -2     /etc/passwd
zhangs:x:1007:1007::/home/zhangs:/bin/bash
wangxi:x:1008:1008::/home/wangxi:/bin/bash
[root@rhel7 ~]# find     /var     /home    -user wangxi
/var/spool/mail/wangxi
/home/wangxi
/home/wangxi/.mozilla
/home/wangxi/.mozilla/extensions
……            ……
/home/wangxi/.viminfo
```

```
[root@rhel7 ~]# find    /    -name    "aa*"              // "*" 代表任意字符
/root/aaa
/tmp/aa
/tmp/aa2
/var/lib/yum/yumdb/l/aa1a335896f1b610847780be64aaa05513cce776-libgee06-0.6.8-3.el7-x86_64
/var/lib/yum/yumdb/l/aa89ff8e113dbf8ae79665914e92050017b8f0b8-libgnome-2.32.1-9.el7-x86_64
……                     ……
/usr/src/kernels/3.10.0-123.el7.x86_64/include/linux/mfd/aat2870.h
[root@rhel7 ~]# find    /    -name    aa*
/root/aaa
```

```
[root@rhel7 ~]# find /  -name  "a?"              // "？" 代表任意一个，任意字符
/sys/bus/acpi/drivers/ac
/tmp/aa
/var/spool/at
……              ……
/usr/src/kernels/3.10.0-123.el7.x86_64/include/config/hisax/a
```

```
[root@rhel7 ~]# ls  -al  /root  |grep  ^l
lrwxrwxrwx.  1 root root      9 8月    13 13:11 lih3 -> /root/lih
[root@rhel7 ~]# find    /root  -type  l
/root/.mozilla/extensions/{ec8030f7-c20a-464f-9b0e-13a3a9e97384}/langpack-zh-CN@firefox.mozilla.org.xpi
/root/lih3
[root@rhel7 ~]# find    .    -perm  777
./.mozilla/extensions/{ec8030f7-c20a-464f-9b0e-13a3a9e97384}/langpack-zh-CN@firefox.mozilla.org.xpi
./lih3
[root@rhel7 ~]# find    /tmp  -type  f  -exec  ls  -l {} \;
-r--r--r--. 1 root root 11 8月    13 09:49 /tmp/.X0-lock
-rw-r--r--. 1 root root 1567 3月    1 15:41 /tmp/initial-setup-ks.cfg
```

还可以根据文件时间戳进行搜索："find 路径 -type f 时间戳"。Linux 系统的每个文件都有 3 种时间戳。

（1）访问时间（-atime/天，-amin/分钟）：用户最近一次访问时间。

（2）修改时间（-mtime/天，-mmin/分钟）：文件最后一次修改时间。

（3）变化时间（-ctime/天，-cmin/分钟）：文件数据元（如权限等）最后一次修改时间。

```
[root@rhel7 ~]# find    /root  -cmin  -120
[root@rhel7 ~]# find    /root  -cmin  -160
/root
/root/.cache/tracker/meta.db-wal
/root/.cache/tracker/meta.db-shm
/root/.local/share/tracker/data/tracker-store.journal
/root/aaa
/root/bbbb
 [root@rhel7 ~]# find   /tmp/  -cmin -120              //−表示小于，+表示大于
/tmp/
[root@rhel7 ~]# find    /tmp  -cmin  +120
/tmp/.X11-unix
/tmp/.X11-unix/X0
……     ……
/tmp/aa
```

```
/tmp/aa2
/tmp/vmware-root
/tmp/initial-setup-ks.cfg
/tmp/bb
```

2．使用 locate 命令查找文件

locate 命令其实是"find -name"的另一种写法，但是要比后者快得多，原因在于它不搜索具体目录，而是搜索一个数据库（/var/lib/locatedb），这个数据库中含有本地的所有文件信息。Linux 系统自动创建这个数据库，并且每天自动更新一次，因此使用 locate 命令查不到最新变动过的文件。为了避免这种情况，可以在使用 locate 之前先使用"updatedb -v"命令，手动更新数据库，使用选项 v 可以显示数据库生成或更新的过程。在 locatedb 数据库文件中搜索满足查询条件的文件，其格式为："locate [匹配字符串]"。

```
[root@rhel7 ~]# mkdir   /root/bbbb   -v
mkdir: 已创建目录 "/root/bbbb"
[root@rhel7 ~]# locate    bbbb
/usr/share/ipa/ui/images/ui-icons_bbbbbb_256x240.png
[root@rhel7 ~]# updatedb    //耐心等待几分钟，等待命令执行完毕
[root@rhel7 ~]# locate    bbbb
/root/bbbb           //新建的文件才能被 locate 命令查找到
/usr/share/ipa/ui/images/ui-icons_bbbbbb_256x240.png
```

3．使用 grep 命令在文件中查找字符串

grep 是 Linux 系统中很常用的一个命令，主要功能就是进行字符串数据的对比，能使用正则表达式搜索文本，并将符合用户需求的字符串打印出来。grep 的全称是 global regular expression print，表示全局正则表达式版本，它的使用权限是所有用户。

grep 在数据中查找出一个字符串时，是以整行为单位来进行数据选取的。查找文件中包含指定字符串的行，其格式为："grep [选项] 字符串 文件名"。常用的选项及作用如表 3-24 所示，文件名可以使用通配符"*"和"?"，如果要查找的字符串带空格，可以使用单引号或双引号括起来。

表 3-24　grep 的主要选项及作用

选　　项	作　　用
-num	输出匹配行前后各 num 行的内容
-b	显示匹配查找条件的行距离文件开头有多少字节
-c	计算找到"搜寻字符串"的次数，但不显示内容
-v	列出不匹配的行
-n	显示匹配行的行号
-i	忽略大小写的不同，大小写视为相同
--color=auto	将找到的关键词部分加上颜色显示

在关键字的显示方面，grep 可以使用 --color=auto 来将关键字部分使用颜色显示出来。这是一个很不错的功能。但是如果每次使用 grep 都需要自行加上--color=auto，很麻烦，此时可以使用 alias 在~/.bashrc 内加上这行："alias grep='grep --color=auto'"，再通过"source ~/.bashrc"来立即生效，这样每次运行 grep 都会自动加上颜色显示了。

```
[root@rhel7 ~]# grep    root    /etc/passwd    -n
1:root:x:0:0:root:/root:/bin/bash
10:operator:x:11:0:operator:/root:/sbin/nologin
//将/etc/passwd 中没有出现 root 和 nologin 的行取出来
[root@rhel7 ~]# grep    root    /etc/passwd    -v |grep nologin    -vn
5:sync:x:5:0:sync:/sbin:/bin/sync
6:shutdown:x:6:0:shutdown:/sbin:/sbin/shutdown
7:halt:x:7:0:halt:/sbin:/sbin/halt
29:amandabackup:x:33:6:Amanda user:/var/lib/amanda:/bin/bash
43:postgres:x:26:26:PostgreSQL Server:/var/lib/pgsql:/bin/bash
49:lihh:x:1000:1000:lihehua:/home/lihh:/bin/bash
50:lihua:x:1001:1001::/home/lihua:/bin/bash
51:zhangs:x:1007:1007::/home/zhangs:/bin/bash
52:wangxi:x:1008:1008::/home/wangxi:/bin/bash
```

用好 grep 这个工具，其实就是写好正则表达式，精确地表述要查找的字符串。正则表达式的主要参数及作用如表 3-25 所示。

表 3-25 正则表达式的主要参数及作用

正则表达式参数	作 用
\	转义字符，忽略正则表达式中特殊字符的原有含义
^	匹配以某个字符串开始的行
$	匹配以某个字符串结束的行
\< 和 \>	分别标注字符串的开始与结尾
[ ]	在[ ]内个的某单个字符，如[A,]即 A 符合要求
[-]	属于[-]所标记的范围字符，如[A-Z]，即 A、B、C 一直到 Z 都符合要求
.	表示一定有 1 个任意字符
*	重复前面 0 个或多个字符

```
[root@rhel7 ~]# grep    '\<sh'    /etc/passwd
shutdown:x:6:0:shutdown:/sbin:/sbin/shutdown
apache:x:48:48:Apache:/usr/share/httpd:/sbin/nologin
tomcat:x:91:91:Apache Tomcat:/usr/share/tomcat:/sbin/nologin
[root@rhel7 ~]# grep    ^'\<sh'    /etc/passwd
shutdown:x:6:0:shutdown:/sbin:/sbin/shutdown
```

```
[root@rhel7 ~]# grep       '^\<sh*'      /etc/passwd
sync:x:5:0:sync:/sbin:/bin/sync
shutdown:x:6:0:shutdown:/sbin:/sbin/shutdown
saslauth:x:997:76:"Saslauthd user":/run/saslauthd:/sbin/nologin
sshd:x:74:74:Privilege-separated SSH:/var/empty/sshd:/sbin/nologin
[root@rhel7 ~]# grep       '^\<sh.'      /etc/passwd
shutdown:x:6:0:shutdown:/sbin:/sbin/shutdown
[root@rhel7 ~]# grep       '\<shutdown\>'      /etc/passwd
shutdown:x:6:0:shutdown:/sbin:/sbin/shutdown
```

4．查找指定命令文件的位置

whereis 命令只能用于程序名的搜索，而且只搜索二进制文件（参数-b）、man 说明文件（参数-m）和源代码文件（参数-s）。如果省略参数,则返回所有信息。命令格式："whereis［-bms］文件名"。

```
[root@rhel7 ~]# whereis    mv
mv: /usr/bin/mv /usr/share/man/man1/mv.1.gz /usr/share/man/man1p/mv.1p.gz
[root@rhel7 ~]# whereis -m    mv
mv: /usr/share/man/man1/mv.1.gz /usr/share/man/man1p/mv.1p.gz
[root@rhel7 ~]# whereis    -b    mv
mv: /usr/bin/mv
```

3.3 任务3 了解和使用 Linux 系统日志文件

3.3.1 子任务1 了解重要的日志文件

为了确保 RHEL 7 系统安全，需要通过查看日志文件来监控系统中发生的所有活动。这样就可以检测到任何不正常或有潜在破坏性的活动并进行系统故障排除或其他恰当的操作。在 RHEL 7 系统中，rsyslogd 守护进程负责系统日志，它从/etc/rsyslog.conf（该文件指定所有系统日志的默认路径）和/etc/rsyslog.d 中的所有文件（如果有）中读取配置信息。

1．Linux 二进制日志文件

Linux 使用一种特殊的（二进制）日志来保留用户登录和退出的相关信息，它们是存放在/var/log 目录下的 wtmp、btmp 和 lastlog 文件，以及/var/run 目录的 utmp 文件，这 4 个文件是大多数 Linux 日志子系统的关键文件。

有关当前登录用户的信息记录在文件 utmp 中，但该文件并不能包括所有精确的信息，因为某些突发错误可能会终止用户登录会话，而系统却没有及时更新 utmp 记录，因此该日志文件的记录不是百分之百值得信赖的。wtmp 文件主要存放用户的登入和退出信息，此外还存放

关机、重启等信息。/var/log/lastlog 文件只记录每个用户上次登录的时间。btmp 记录 Linux 登录失败的用户、时间及远程 IP 地址。

这些特殊二进制日志文件由 login 等程序生成，使系统管理员能够跟踪何人在何时登录到系统。每次有一个用户登录时，login 程序在文件 lastlog 中会查看用户的 UID。如果存在，则把用户上次登录、注销时间和主机名写到标准输出中，然后 login 程序在 lastlog 中记录新的登录时间，打开 utmp 文件并插入用户的 utmp 记录，该记录一直用到用户登录退出时删除。下一步，login 程序打开文件 wtmp 附加用户的 utmp 记录，当用户登录退出时具有更新时间戳的同一 utmp 记录附加到文件中。

这些文件在具有大量用户的系统中增长十分迅速。例如，wtmp 文件可以无限增长，除非定期截取。许多系统以一天或一周为单位把 wtmp 配置成循环使用。它通常由 cron 运行的脚本来修改。这些脚本重新命名并循环使用 wtmp 文件。通常，wtmp 文件在第一天结束后命名为 wtmp.1；第二天后 wtmp.1 变为 wtmp.2，等等，用户可以根据实际情况来对这些文件进行命名和配置使用。

2．查看二进制日志文件

wtmp、btmp、utmp 和 lastlog 文件都是二进制文件，它们不能被诸如 tail、cat 等命令剪贴或合并，用户需要使用 who、w、users、last、ac 和 lastlog 等命令来使用这三个文件所包含的信息。utmp 文件被各种命令文件使用，包括 who、w、users 和 finger；wtmp 文件被命令 last 和 ac 使用；lastlog 被命令 lastlog 使用；btmp 被命令 lastb 使用。

1）使用 who 命令

who 命令用于查询/var/log/utmp 文件并报告当前登录的每个用户。who 命令的默认输出包括用户名、终端类型、登录日期及远程主机。

```
[root@rhel7 ~]# who
root     :0          2017-03-01 15:55 (:0)
root     tty2        2017-03-01 15:58
lihh     tty6        2017-03-01 15:59
root     pts/2       2017-06-20 14:17 (:0)
```

如果指明了 wtmp 文件名，则 who 命令查询所有以前的记录。命令 who /var/log/wtmp 将报告自从 wtmp 文件创建或删改以来的每一次登录。

```
[root@rhel7 ~]# who    /var/log/wtmp
lihh     :0          2017-03-01 15:46 (:0)
lihh     pts/0       2017-03-01 15:51 (:0)
……                   ……
lisi23   tty3        2017-06-21 10:34
root     pts/3       2017-06-21 10:49 (:0)
root     pts/0       2017-06-25 15:18 (:0)
```

2）使用 w 命令

w 命令查询 utmp 文件并显示当前系统中每个用户和它所运行的进程信息。

```
[root@rhel7 ~]# w
 15:24:15 up 12:47,   4 users,   load average: 0.12, 0.30, 0.74
USER      TTY      LOGIN@    IDLE     JCPU     PCPU    WHAT
root      :0       013月17   ?xdm?    1:52m    1.90s   gdm-session-worker [pam/gdm-pas
root      tty2     013月17   115days  0.04s    0.04s   -bash
lihh      tty6     013月17   115days  0.33s    0.33s   -bash
root      pts/2    二 14     7.00s    0.18s    0.06s   w
```

3）使用 last 命令

last 命令往回搜索 wtmp 来显示自从文件第一次创建以来登录过的用户，如果指明了用户，则 last 命令只报告该用户的近期活动。last 命令也能根据用户、终端 tty 或时间显示相应的记录。

```
[root@rhel7 ~]# last
root        pts/0            :0               Sun Jun 25 15:18 - 15:18   (00:00)
root        pts/3            :0               Wed Jun 21 10:49 - 15:18   (4+04:28)
lisi23      tty3                              Wed Jun 21 10:34 - 10:35   (00:00)
……                           ……
lihh        pts/0            :0               Wed Mar   1 15:51 - 15:51  (00:00)
lihh        :0               :0               Wed Mar   1 15:46 - 15:55  (00:08)
(unknown :0                  :0               Wed Mar   1 15:44 - 15:46  (00:02)
reboot      system boot      3.10.0-123.el7.x Wed Mar   1 23:39 - 15:26 (115+15:47)

wtmp begins Wed Mar    1 23:39:38 2017
[root@rhel7 ~]# last   lihh
lihh        tty6                              Wed Mar   1 15:59    still logged in
lihh        pts/0            :0               Wed Mar   1 15:52 - 15:53  (00:01)
lihh        pts/0            :0               Wed Mar   1 15:51 - 15:51  (00:00)
lihh        :0               :0               Wed Mar   1 15:46 - 15:55  (00:08)

wtmp begins Wed Mar    1 23:39:38 2017
```

4）使用 ac 命令

ac 命令根据当前的/var/log/wtmp 文件中的登录进入和退出来报告用户连接的时间(小时)，如果不使用标志，则报告总的时间。-d 显示每天总的连接时间；-p 显示每个用户总的连接时间。

```
[root@rhel7 ~]# ac
 total     8918.27
[root@rhel7 ~]# ac    -dp
 lihh                            8.18
```

root		16.10
(unknown)		0.05
Mar 1 total	24.32	
lihh		2664.00
root		5359.86
Jun 20 total	8023.86	
lihh		24.00
lisi23		13.42
root		133.17
Jun 21 total	170.59	
lihh		87.52
lisi23		87.52
root		524.48
Today total	699.52	

5）使用 lastlog 命令

超级用户可以使用 lastlog 命令检查某特定用户上次登录的时间，并格式化输出上次登录日志/var/log/lastlog 的内容。

[root@rhel7 ~]# lastlog			
用户名	端口	来自	最后登录时间
root	tty2		三 3月 1 15:58:10 +0800 2017
bin			**从未登录过**
daemon			**从未登录过**
……	……		
tcpdump			**从未登录过**
lihh	tty6		三 3月 1 15:59:21 +0800 2017
lihua	pts/1		三 6月 21 10:48:42 +0800 2017
zhangs			**从未登录过**
wangxi	pts/1		三 6月 21 10:53:21 +0800 2017

系统账户诸如 bin、daemon、adm、uucp、mail 等绝不应该登录，如果发现这些账户已经登录，就说明系统可能已经被入侵了。若发现记录的时间不是用户上次登录的时间，则说明该用户的账户已经泄密了。

6）使用 lastb 命令

执行 lastb 命令就可以通过查看/var/log/btmp 记录，显示用户不成功的登录尝试，包括登录失败的用户、时间，以及远程 IP 地址等信息。

[root@rhel7 ~]# lastb	
(unknown tty3	Wed Jun 21 10:36 - 10:36 (00:00)
zhangs tty3	Wed Jun 21 10:35 - 10:35 (00:00)

```
zhangs      tty3                     Wed Jun 21 10:35 - 10:35   (00:00)
root        tty3                     Wed Jun 21 10:34 - 10:34   (00:00)
……                         ……
lisi        tty4                     Wed Jun 21 10:27 - 10:27   (00:00)
lisi        tty4                     Wed Jun 21 10:26 - 10:26   (00:00)

btmp begins Wed Jun 21 10:26:51 2017
```

3．Linux 系统文本日志文件

除了上述 4 个特殊日志文件外，在/var/log 目录中还包含了 Linux 系统许多其他的日志文件，下面介绍常用的几个。这些日志文件均为文本文件，可以使用 tail、cat、more 等命令来查看其内容。

1）/var/log/cron

该日志文件记录 crontab 守护进程 crond 所派生的子进程的动作，前面加上用户、登录时间和 PID，以及派生出的进程的动作。CMD 的一个动作就是 cron 派生出的一个调度进程。下面显示的是该文件的内容。

```
[root@rhel7 ~]# ls /var/log/   -l   |grep   cr
-rw-r--r--. 1 root           root           0 8 月  13 10:24 cron
-rw-r--r--. 1 root           root        4636 6 月  20 13:13 cron-20170620
-rw-r--r--. 1 root           root       18621 6 月  24 16:50 cron-20170625
-rw-r--r--. 1 root           root       17183 8 月  14 18:28 cron-20170813
[root@rhel7 ~]# more /var/log/cron-20170813
Jun 25 17:36:35 localhost crond[1061]: (CRON) INFO (RANDOM_DELAY will be scaled with factor 86% if used.)
Jun 25 17:36:31 localhost crond[1061]: (CRON) INFO (running with inotify support)
Jun 25 17:40:01 localhost CROND[12360]: (root) CMD (/usr/lib64/sa/sa1 1 1)
Jun 25 17:50:34 localhost crond[1059]: (CRON) INFO (RANDOM_DELAY will be scaled with factor 22% if used.)
……            ……
Aug 14 18:25:01 localhost CROND[71029]: (pcp) CMD ( /usr/libexec/pcp/bin/pmlogger_check -C)
Aug 14 18:28:01 localhost CROND[71455]: (pcp) CMD ( /usr/libexec/pcp/bin/pmie_check -C)
Aug 14 18:30:01 localhost CROND[72045]: (root) CMD (/usr/lib64/sa/sa1 1 1)
```

2）/var/log/dmesg

该日志文件记录最后一次系统引导的引导日志。该文件可以使用命令 dmesg 来查看，可以用前面介绍过的所有文本编辑或查看程序来显示其内容。

```
[root@rhel7 ~]# more   /var/log/dmesg
[    0.000000] Initializing cgroup subsys cpuset
[    0.000000] Initializing cgroup subsys cpu
```

```
[    0.000000] Initializing cgroup subsys cpuacct
[    0.000000] Linux version 3.10.0-123.el7.x86_64 (mockbuild@x86-017.build.eng.bos.redhat.com) (gcc version 4.8.2 20140120 (Red Hat 4.8.2-16) (GCC) ) #1 SMP Mon May 5 11:16:57 EDT 2014
[    0.000000] Command line: BOOT_IMAGE=/vmlinuz-3.10.0-123.el7.x86_64 root=UUID=09cedc34-b6ad-4f79-ba80-42f9f66a3258 ro rd.lvm.lv=rhel/root crashkernel=auto rd.lvm.lv=rhel/swap vconsole.font=latarcyrheb-sun16 vconsole.keymap=us rhgb quiet LANG=zh_CN.UTF-8
[    0.000000] Disabled fast string operations
[    0.000000] e820: BIOS-provided physical RAM map:
[    0.000000] BIOS-e820: [mem 0x0000000000000000-0x000000000009e7ff] usable
[    0.000000] BIOS-e820: [mem 0x000000000009e800-0x000000000009ffff] reserved
……                ……
[   17.730622] type=1305 audit(1502588978.688:4): audit_pid=981 old=0 auid=4294967295 ses=4294967295 subj=system_u:system_r:auditd_t:s0 res=1
```

3）/var/log/maillog

该日志文件记录了每一个发送到系统或从系统发出的电子邮件的活动。它可以用来查看用户使用哪个系统发送工具或把数据发送到哪个系统。下面显示的是某 Linux 系统中该日志文件的内容。

```
[root@rhel7 ~]# ls    -l  /var/log/ |grep   maillog
-rw-------. 1 root        root          0 8月  13 10:24 maillog
-rw-------. 1 root        root        806 3月   1 15:55 maillog-20170620
-rw-------. 1 root        root       1758 6月  25 16:45 maillog-20170625
-rw-------. 1 root        root       1823 8月  14 00:10 maillog-20170813
[root@rhel7 ~]# more  /var/log/maillog-20170813
Jun 25 17:36:51 localhost postfix/sendmail[2607]: warning: valid_hostname: invalid character 10(decimal): localhost.localdomain?rhel7.cqcet.edu.cn
Jun 25 17:36:51 localhost postfix/sendmail[2607]: fatal: unable to use my own hostname
……               ……
Aug 13 09:49:49 localhost postfix[1900]: fatal: unable to use my own hostname
Aug 13 10:27:08 localhost postfix/sendmail[46219]: fatal: config variable inet_interfaces: host not found: localhost
Aug 14 00:10:03 localhost postfix/sendmail[59136]: fatal: config variable inet_interfaces: host not found: localhost
```

4）/var/log/messages

messages 日志文件是核心系统日志文件。通常，/var/log/messages 是做故障诊断时首先要查看的文件。在系统的预设状况中，所有未知状态的信息几乎都写入/var/log/messages 这个档案中，因此如果系统有问题，一定要详细检查一下这个日志文件。

```
[root@rhel7 ~]# more    /var/log/messages
Jun 20 13:13:31 rhel7 rhsmd: In order for Subscription Manager to provide your system with updates, your system must be registered with the Customer Portal. Please enter your Red Hat login to ensure your system is up-to-date.
Jun 20 13:20:01 rhel7 systemd: Starting Session 22 of user root.
Jun 20 13:20:01 rhel7 systemd: Started Session 22 of user root.
……    ……
Aug 14 19:00:01 localhost systemd: Starting Session 113 of user root.
Aug 14 19:00:01 localhost systemd: Started Session 113 of user root.
Aug 14 19:01:01 localhost systemd: Starting Session 114 of user root.
Aug 14 19:01:01 localhost systemd: Started Session 114 of user root.
```

5）/var/log/syslog

默认 Red Hat Linux 不生成该日志文件，但可以配置/etc/rsyslog.conf 让系统生成该日志文件。它和/var/log/messages 日志文件不同，它只记录警告信息，常常是系统出问题的信息，因此更应该关注该文件。要让系统生成该日志文件，可在/etc/rsyslog.conf 文件中加上：*.warning /var/log/syslog。

该日志文件能记录当用户登录时 login 记录下的错误口令、sendmail 的问题、su 命令执行失败等信息。下面显示的是该文件的内容。

```
[root@rhel7 ~]#    more    /var/log/syslog
Aug 15 17:49:53 localhost kernel: ACPI: RSDP 00000000000f6a10 00024 (v02 PTLTD )
Aug 15 17:49:53 localhost kernel: ACPI: XSDT 00000000892ea65b 0005C (v01 INTEL    440BX    06040000 VMW    01324272)
Aug 15 17:49:53 localhost kernel: ACPI: FACP 00000000892fee73 000F4 (v04 INTEL    440BX    06040000 PTL    000F4240)
……    ……
Aug 16 12:28:02 localhost postfix/sendmail[8798]: fatal: unable to use my own hostname
Aug 16 21:47:32 localhost bluetoothd[1012]: hci0: Set IO Capability (0x0018) failed: Invalid Index (0x11)
Aug 16 21:47:34 localhost bluetoothd[1012]: Parsing /etc/bluetooth/serial.conf failed: No such file or directory
Aug 16 21:47:34 localhost bluetoothd[1012]: Unknown command complete for opcode 19
```

6）/var/log/secure

记录登入系统存取资料的日志，如 pop3、ssh、telnet、ftp 等都会记录在此档案中。下面显示的是该日志文件的内容。

```
[root@rhel7 ~]# more    /var/log/secure
Jun 20 13:34:48 rhel7 su: pam_unix(su-l:session): session opened for user lihua by root(uid=0)
Jun 20 14:04:56 rhel7 gdm-password]: gkr-pam: unlocked login keyring
Jun 20 14:06:50 rhel7 su: pam_unix(su-l:session): session closed for user lihua
```

> Jun 20 14:07:54 rhel7 su: pam_unix(su-l:session): session opened for user lihua by root(uid=0)
> ……   ……
> Aug 14 20:00:27 localhost polkitd[1140]: Registered Authentication Agent for unix-session:125 (system bus name :1.462 [/usr/bin/gnome-shell], object path /org/freedesktop/PolicyKit1/AuthenticationAgent, locale zh_CN.UTF-8)

7）/var/log/xferlog

该日志文件记录 FTP 会话，可以显示出用户向 FTP 服务器或从服务器复制了什么文件。该文件会显示用户复制到服务器上的用来入侵服务器的恶意程序，以及该用户复制了哪些文件供其使用。

该文件的格式为：第一个域是日期和时间，第二个域是下载文件所花费的秒数、远程系统名称、文件大小、本地路径名、传输类型（a：ASCII；b：二进制）、与压缩相关的标志或 tar，或"_"（如果没有压缩）、传输方向（相对于服务器而言：i 代表进，o 代表出）、访问模式（a：匿名；g：输入口令；r：真实用户）、用户名、服务名（通常是 ftp）、认证方法（1：RFC931，或 0），认证用户的 ID 或"*"。下面是该文件的部分内容。

> [root@rhel7 ~]# more /var/log/xferlog
> Mon Aug 14 19:44:58 2017 1 ::ffff:192.168.9.252 0 /anaconda-ks.cfg b _ o a gvfsd-ftp-1.16.4@example.com ftp 0 * i
> Mon Aug 14 19:45:54 2017 1 ::ffff:192.168.9.252 0 /anaconda-ks.cfg b _ o a gvfsd-ftp-1.16.4@example.com ftp 0 * i
> Mon Aug 14 19:47:18 2017 1 ::ffff:192.168.9.252 0 /li b _ o a gvfsd-ftp-1.16.4@example.com ftp 0 * c

8）/var/log/Xorg.0.log

Xorg 是 X11 的一个实现，而 X Window System 是一个 C/S 结构的程序，Xorg 只是提供了一个 X Server，负责底层的操作。当运行一个程序时，这个程序会连接到 X server 上，由 X server 接收键盘、鼠标输入并负责屏幕输出窗口的移动，以及窗口标题的样式等。该日志文件记录了 X-Window 启动的情况。

> [root@rhel7 ~]# more   /var/log/Xorg.0.log
> [24.514]
> X.Org X Server 1.15.0
> Release Date: 2013-12-27
> [24.514] X Protocol Version 11, Revision 0
> [24.514] Build Operating System: 2.6.32-431.5.1.el6.x86_64
> [24.514] Current Operating System: Linux localhost.localdomain 3.10.0-123.el7.x86_64 #1 SMP Mon May 5 11:16:57 EDT 2014 x86_64
> ……   ……
> [120.462] (II) vmware(0): Modeline "2560x1600"x60.0   348.50   2560 2752 3032 3504   1600 1603 1609 1658 -hsync +vsync (99.5 kHz e)
> [120.462] (II) vmware(0): Modeline "1280x768"x60.0   78.76   1280 1330 1380 1430   768 818 868 918 -hsync +vsync (55.1 kHz eP)

3.3.2 子任务 2 使用 Linux 系统日志文件的注意事项

系统管理人员应该提高警惕，随时注意各种可疑状况，并且按时和随机地检查各种系统日志文件。检查这些日志文件时，要注意是否有不合常理的事件记载。例如：
- 用户在非常规的时间登录；
- 不正常的日志记录，如日志的残缺不全或诸如 wtmp 这样的日志文件无故缺少了中间的记录文件；
- 用户登录系统的 IP 地址和以往的不一样；
- 用户登录失败的日志记录，尤其是那些一再连续尝试进入失败的日志记录；
- 非法使用或不正当使用超级用户权限 su 的指令；
- 无故或非法重新启动各项网络服务的记录。

另外，除了 /var/log/ 外，恶意用户也可能在别的地方留下痕迹，应该注意以下几个地方：root 和其他账户的 Shell 历史文件；用户的各种邮箱，如.sent、mbox 及存放在 /var/spool/mail/ 和 /var/spool/mqueue 中的邮箱；临时文件 /tmp、/usr/tmp、/var/tmp；隐藏的目录；其他恶意用户创建的文件，通常是以 "." 开头的具有隐藏属性的文件等。

特别提醒管理人员注意的是：日志文件并不是完全可靠的。高明的黑客在入侵系统后，经常会"打扫"现场。因此，需要综合运用以上的系统命令，全面、综合地进行审查和检测，切忌断章取义，否则很难发现入侵或做出错误的判断。另外，在有些情况下，可以把日志文件送到打印机，这样网络入侵者怎么修改日志文件都没有用。

3.4 思考与练习

一、填空题

1. _____是用来存储信息的基本单位，它是被命名的存储在某种介质（如磁盘、光盘和磁带等）上的一组信息的集合。

2. _____命令和 head 命令相反，它显示文件的末尾几行。默认情况下，这两个命令都只显示文件的_____行内容。

3. 设备文件可分为块设备文件和字符设备文件。前者以_____为单位处理数据，如_____；后者以_____为单位处理数据，如打印机。

4. 链接文件分为_____和_____。其中，_____类似于 Windows 系统中的快捷方式，其本身并不保存文件内容，只是记录被链接文件的路径。Linux 系统中的配置文件都是_____类型的文件。

5. 绝对路径是指从_____开始的路径，也称完全路径或绝对路径；相对路径是从_____开始的路径。

6. Linux 系统中的_____用于存放超级用户 root 的可执行命令，其中大多是涉及系统管理的，普通用户无权执行；_____用于存放一些经常变动的文件，如数据库文件或日志文件；绝大多数的配置文件保存在_____目录中。

7. 命令_____用于显示当前工作目录的绝对路径，_____命令用来改变当前工作目录。

8．用长格式查看目录内容时，每行表示一个文件或目录的信息，其中每行第 1 个字符表示文件的类型。"-"表示_____文件，"b"表示_____文件，"c"表示_____文件，"d"表示_____文件，"l"表示_____文件。

9．在数字权限表示法中，_____表示没有权限，_____表示可执行权限，_____表示可写的权限，_____表示可读的权限。

10．Linux 系统用颜色来区分不同类型的文件，默认情况下蓝色表示_____文件，浅蓝色表示_____文件，绿色表示_____文件，红色表示_____文件，粉红色表示_____文件，白色表示_____文件，黄色表示设备文件等。

二、判断题

1．Linux 系统中的扩展名主要用于对文件进行分类，不会影响文件的性质，也不影响程序的执行情况。（   ）

2．Linux 系统中可以使用 copy 命令复制目录和文件，使用 rmdir 删除空目录。（   ）

3．可以在 Linux 系统中建立指向文件的符号链接，也可以建立指向目录的符号链接。但硬链接有局限性，不能建立目录的硬链接。（   ）

4．删除文件和目录都可以使用 rm 命令，移动文件和目录及重命名都可以使用 mv 命令。（   ）

5．现实文本文件的内容可以使用的命令很多，如 cat、more、less、head、touch、vi 等。（   ）

6．在微软的操作系统中，有许多用 winzip 软件压缩的文件，其扩展名为 zip，这些文件在 Linux 系统中无法进行解压缩。（   ）

7．grep 和 find 命令一样，能够用来在 Linux 系统中查找文件。（   ）

8．vi 编辑器除了可以处理文本外，还可以用来处理图形图像。（   ）

9．当前工作目录就是指用户的主目录。（   ）

10．Linux 系统使用一种特殊的（二进制）日志来保留用户登录和退出的相关信息，它们存放在/var/log 和/var/run 目录下，是大多数 Linux 系统日志子系统的关键文件。（   ）

三、选择题

1．以下命令中，不能用来查看文本文件内容的是（   ）。
  A．wc   B．more
  C．head   D．less

2．如果要对整个目录树进行删除、移动或复制操作，应该使用的选项是（   ）。
  A．-r   B．-f
  C．-v   D．-i

3．以下关于 Linux 系统文件的描述，不正确的是（   ）。
  A．Linux 系统的文件命名中不能含有空格字
  B．Linux 系统的文件名区分大小写，且最多可有 256 个字符
  C．Linux 系统的文件类型不由扩展名决定，而由文件的属性决定
  D．若要将文件暂时隐藏起来，可通过设置文件的相关属性来实现

4. 在命令行提示符#下，直接执行命令 cd 后，其当前目录是（　　）。
   A. /home
   B. /root
   C. /home/root
   D. /
5. /sbin 目录存放的是（　　）。
   A. 使用者经常使用的命令
   B. 动态连接库
   C. 只有超级用户才有权使用的系统管理程序
   D. 设备驱动程序
6. 当前 vim 编辑器处于命令模式，如果现在要进入插入模式，以下按键中无法实现的是（　　）。
   A. a
   B. i
   C. o
   D. Esc

四、简答题

1. 简述 Linux 系统中有哪些主要的二进制日志文件，它们各自的用途是什么？
2. 如何将/root 下的所有 bmp 文件压缩到 my.tar.gz 文件中？
3. 举例说明什么是绝对路径和相对路径。
4. 尽可能列举更多的 Linux 系统目录，并说明它们的作用。
5. 若一个文件的文件名以"."开头，如.bashrc 文件，这代表什么？如何显示这种文件的文件名及其相关属性？
6. 使用 Linux 系统日志文件判断系统是否遭到入侵时应特别注意哪些事项？

第 4 章

Linux 系统用户和用户组的创建与管理

学习目标

- 了解 Linux 系统用户和用户组的类型与特点
- 理解用户和用户组的配置文件
- 掌握对用户和用户组进行管理的基本命令
- 掌握多个在线用户之间相互通信的方法
- 掌握用户账号安全管理的基本内容和实现方法

任务引导

作为一种多用户、多任务的操作系统，Linux 系统支持多个用户同时登录到系统执行各自不同的任务。用户账户用于用户身份验证、授权资源访问和审核用户操作。不同用户具有不同的权限，用户的身份决定了其资源访问权限，可以对用户进一步分组以简化管理工作。在 Linux 系统中，可以通过命令行来创建和管理用户与用户组，可以在图形界面中使用工具来完成相应的工作。本章主要介绍在字符界面下通过命令行方式实现用户和用户组管理的基本方法和技能，以及用户之间的通信。

任务实施

4.1 任务 1 理解 Linux 系统用户和用户组

4.1.1 子任务 1 了解 Linux 系统用户

Linux 系统是多用户系统，每个用户都有一个账号，包括用户名、口令及主目录等信息。这些账号在文件/etc/passwd 中可以看到。每一个登录的用户都可使用机器上的文件和资源，因此如何对这些用户进行管理、保证系统的效率和安全显得非常重要。

Linux 系统中的用户可以分为 3 种：超级用户、服务用户和普通用户。其中，超级用户 root 和服务用户是在安装系统过程中由安装程序自动创建的特殊用户，具有特殊的作用。

1. 超级用户

在 Linux 系统的安装过程中，安装程序会引导用户创建超级账号 root，用于首次登录系统。该用户相当于 Windows 系统中的 administrator。

root 用户没有权限限制，但值得注意的是在采用了 SELinux 安全机制的 Linux 系统中，它会受到一定的限制。因此，在这个账号下，对系统还不太熟悉的人很容易由于误操作而造成灾难性的后果，甚至使整个系统崩溃。系统管理员也应该为自己创建一个普通账号，用它处理自己的一般事务。只有在需要管理系统时才用 root 登录，并在完成工作后尽快退出。为了避免发生事故，应该注意以下几点。

（1）设置和保密 root 的口令，不让普通用户用 root 账号登录，确保只有系统管理员才能用 root 登录。

（2）使用系统时，时刻记住自己的身份。如果命令提示符是"#"，则是 root 账号，此时应该对自己的操作保持清醒。

（3）只有在完全必要的情况下才用 root 登录系统。

2．服务用户

这类用户也被叫作伪用户或假用户，它们是在安装系统的过程中自动创建的。这些账号不具有登录系统的能力，却对操作系统的运行有重要的作用。

例如，daemon 账号用于管理系统进程，并设置它们的权限；bin 账号用于管理可执行命令；adm 账号用于管理系统日志文件；uucp 账号用于设置 UUCP 通信和访问文件的权限等。

可以在账号文件/etc/passwd 中看到，服务用户所在行的最后一个字段的值是/sbin/nologin，表示它们不能用来登录系统。

3．普通用户

这类用户由系统管理员根据需要自行创建添加，能够用来登录系统，但权限有限。如果用户登录后的命令提示符是"$"，则是普通用户。

如果在创建普通用户时没有特别指明新用户的主目录，默认情况下，系统为每个新创建的用户在/home 目录下建立一个与用户名同名的主目录（root 用户的主目录为/root），作为登录后的起点，用户可以在自己的主目录下创建文件和子目录。

4.1.2　子任务 2　了解 Linux 系统用户组

通过对用户进行分组，可以更有效地实现对用户权限的管理。不同的用户可以属于不同的组，也可以属于相同的组，还可以同一个用户同时属于多个不同的组。同组的用户，对特定的文件拥有相同的操作权限。如果某个用户属于多个组，则其权限是几个组权限的累加。

在 Linux 系统中，存在很多用户组，每个用户组都有一个组账号，包括组名称、口令及主目录成员等信息。这些组账号可以在文件/etc/group 中看到。

和用户的类型相似，相应地也可以把这些组分为 3 种类型：超级用户组、服务用户组和普通用户组。其中，超级用户组、服务用户组是由系统自动生成的，普通用户组是超级用户根据需要创建的。

如果在创建普通用户时没有特别指明新用户所属的用户组，系统将默认创建一个与用户名同名的组，并将该用户作为该组的默认成员。

4.2 任务 2 理解用户和组配置文件

4.2.1 子任务 1 了解用户账号文件

1. /etc/passwd

passwd 是一个文本文件，用于定义 Linux 系统的用户账号。下面的例子显示的是执行 head 命令看到的部分内容。

```
[root@rh9 root]# head -5 /etc/passwd          //查看 passwd 的前 5 行内容
root:x:0:0:root:/root:/bin/bash
bin:x:1:1:bin:/bin:/sbin/nologin
daemon:x:2:2:daemon:/sbin:/sbin/nologin
adm:x:3:4:adm:/var/adm:/sbin/nologin
lp:x:4:7:lp:/var/spool/lpd:/sbin/nologin
[root@rh9 root]# ls -l /etc/passwd            //查看 passwd 文件的权限
-rw-r--r--  1 root     root      1676  6月 25  00:37  /etc/passwd
```

passwd 文件中的每行定义一个用户账号，一行中又划分为多个字段，用于定义用户账号的不同属性，各字段用":"隔开。其中少数字段的内容可以为空，但仍然使用":"来占位。由于所有用户都对 passwd 有读权限，所以该文件中只定义用户账号，而不保存口令。passwd 文件各字段的含义如表 4-1 所示。

表 4-1 passwd 文件各字段的含义

字 段 号	字 段 名	字 段 说 明
1	用户名	用户在系统中的名字。用户名中不能包含大写字母
2	用户口令	出于安全考虑，现在不使用该字段保存口令，而用字母"x"来填充该字段，真正的密码保存在 shadow 文件中
3	用户标识	UID，唯一表示某用户的数字
4	用户组标识	用户所属的私有组号，该数字对应 group 文件中的 GID
5	注释性描述	这字段是可选的，通常用于保存用户的相关信息，如真实姓名、联系电话、办公室位置等。该部分信息可用使用 finger 来读取
6	主目录	用户的主目录，用户成功登录后的默认目录
7	shell	用户所使用的 Shell，如果该字段为空则使用"/bin/sh"

系统使用 UID 而不是登录名来区分用户，因此不同用户的 UID 应是独一无二的，不同用户应使用不同的 UID。通常 UID 为 0 这个特殊值所对应的用户是根用户 root，但事实上任何拥有 0 值 UID 的用户都具备对系统的完全控制权限。因此，可以通过查看 UID 为 0 的用户是否有增加来判断系统是否被植入非法的超级用户。

系统中的每个用户都有一个默认的 Shell，并在系统的/etc/passwd 文件里指定。passwd 文件中的每行定义一个用户账号，一行中又划分为多个字段，用于定义用户账号的不同属性，各字段用":"隔开。其中，每行的最后一个字段定义的就是用户成功登录后所使用的默认 Shell。

Red Hat Linux 系统中能够用来登录的超级账号和普通账号的默认 Shell 都是 bash，而不能被用户用于登录的服务账号的最后一个字段是 nologin，表示禁止登录系统。

2. /etc/shadow

Linux 系统使用不可逆的加密算法 DES 来加密口令，由于加密算法是不可逆的，所以黑客不能密文根据反向导出明文。但是由于加密算法是公开的，而且在计算机性能日益提高的今天，对账号文件进行字典攻击成功率会越来越高，因此恶意的用户取得口令的密文后，便极有可能破解口令。

针对这种安全问题，UNIX 类操作系统广泛采用"shadow（影子）文件"机制，将加密后的口令转移到只允许超级用户才能读取的/etc/shadow 文件保存，而在/etc/passwd 口令域显示一个"x"，从而最大限度地减少口令泄露的机会。下面显示的是通过"more"命令查看到的该文件的内容。

```
[root@rh9 root]# ls  -l  /etc/shadow              //查看 shadow 文件的权限
-r--------    1   root      root       1120  6月 18  23:12  /etc/shadow
[root@rh9 root]# more  /etc/shadow                //分屏显示 shadow 的内容
root:$1$fwd5DpxH$tWC6dHhT99NwAfF2uxwKf.:14413:0:99999:7:::
bin:*:13952:0:99999:7:::
daemon:*:13952:0:99999:7:::
adm:*:13952:0:99999:7:::
lp:*:13952:0:99999:7:::
sync:*:13952:0:99999:7:::
shutdown:*:13952:0:99999:7:::
halt:*:13952:0:99999:7:::
mail:*:13952:0:99999:7:::
--More—（32%）
```

在 shadow 文件中，每行定义了一个用户信息，行中各字段用":"隔开为 9 个域，从左往右每个域的含义如表 4-2 所示。

表 4-2 shadow 文件各字段说明

字 段 号	字 段 说 明
1	登录名
2	加密后的口令
3	口令上次更改时距 1970 年 1 月 1 日的天数
4	口令更改后不可以再更改的天数
5	口令更改后必须再更改的天数（有效期）
6	口令过期前多少天通知用户，发出警告
7	口令过期后多少天禁用账号
8	账号被禁用后距 1970 年 1 月 1 日的天数
9	保留字段，目前未用

pwconv 命令用于开启用户的投影密码，使 shadow 文件的内容和 passwd 文件的内容保持

一致，即补上任何在 passwd 中新加入的用户，同时从 shadow 文件中删除不在 passwd 中列出的用户。pwconv 使用 login.defs 里指定的默认值填充 shadow 文件中的参数。

3．/etc/login.defs

Linux 系统使用配置文件/etc/logindefs 和/etc/default/useradd 来保存创建用户时使用的默认参数。这样，对于大量基本一致的用户数据，可以通过修改该文件来设置正确的默认参数，从而达到减少系统管理员手工输入的目的。

```
[root@rhel7 ~]# more    /etc/login.defs   |grep    -v    "#"  |sort    |uniq
CREATE_HOME yes
ENCRYPT_METHOD SHA512
GID_MAX                       60000
GID_MIN                       1000
MAIL_DIR /var/spool/mail
PASS_MAX_DAYS      99999
PASS_MIN_DAYS     0
PASS_MIN_LEN 5
PASS_WARN_AGE     7
SYS_GID_MAX                   999
SYS_GID_MIN                   201
SYS_UID_MAX                   999
SYS_UID_MIN                   201
UID_MAX                       60000
UID_MIN                       1000
UMASK                         077
USERGROUPS_ENAB               yes
```

4．/etc/default/useradd

该文件位于/etc 下面，记录了使用 useradd 命令生成一个新用户时使用的一些默认参数。

```
[root@rhel7 ~]# more    /etc/default/useradd
# useradd defaults file
GROUP=100
HOME=/home
INACTIVE=-1
EXPIRE=
SHELL=/bin/bash
SKEL=/etc/skel
CREATE_MAIL_SPOOL=yes
```

4.2.2 子任务 2 了解用户组文件

1. /etc/group

group 文件用于存放用户的组账号信息，该文件的内容任何用户都可以读取。下面显示的是通过"more"命令查看到的该文件的内容。

```
[root@rhel7 ~]# more    /etc/group
root:x:0:
bin:x:1:
daemon:x:2:
sys:x:3:
adm:x:4:
tty:x:5:
disk:x:6:
lp:x:7:
mem:x:8:
kmem:x:9:
wheel:x:10:lihh
cdrom:x:11:
mail:x:12:postfix
--More— （21%）
```

group 文件中的每一行定义了一个组的信息，各字段用":"分开。group 文件中每个用户组的信息由 4 个字段组成，如表 4-3 所示。

表 4-3 group 文件各字段说明

字 段 号	字 段 说 明
1	组的名字
2	组的密码。通常不需要设定，因为我们很少使用用户组登录。不过这个密码也被记录在/etc/gshadow 中了
3	系统区分不同组的 ID，在/etc/passwd 域中的 GID 域用这个数来指定用户的默认组
4	用","分开的用户名，列出的是这个组的成员

2. /etc/gshadow

gshadow 文件用于定义用户组口令、组管理员等信息，该文件只有 root 用户可以读取。下面显示的是通过"more"命令查看到的该文件的内容。

```
[root@rhel7 ~]# ll    /etc/gshadow
----------. 1 root root 845 6 月    21 10:51 /etc/gshadow
[root@rhel7 ~]# more    /etc/gshadow
root:::
bin:::
```

```
daemon:::
……
tcpdump:!::
lihua:!::
```

gshadow 文件中的每行定义一个用户组信息,行中各字段间用":"分隔。各字段的含义如表 4-4 所示。

表 4-4　gshadow 文件各字段说明

字 段 号	字 段 说 明
1	组账号的名称,该字段与 group 文件中的组名称对应
2	组账号的口令,该字段用于保存已加密的口令
3	组管理员账号的列表,管理员有权对该组添加删除账号
4	属于该组的用户成员列表,列表中的多个用户间用","分隔

4.3　任务 3　管理用户账号

4.3.1　子任务 1　用户账号

1. 添加用户账号

对 Linux 系统而言,创建一个账号需要完成以下几个步骤:在/etc/passwd、/etc/group、/etc/shadow 和/etc/gshadow 文件中增添一行记录;在/home 目录下创建新用户的主目录;将/etc/skel 目录中的文件复制到用户的主目录中。

幸运的是,几乎所有的 Linux 系统中都提供了 useradd 或 adduser 命令,这两个命令能完成以上一系列的工作。通常这两个命令没有区别。在使用 useradd 命令添加用户账号前,建议先使用"id　用户名"命令来检查将要添加的用户账号是否存在,以避免账号名重复而失败。useradd 命令的常用格式是:"useradd　[选项]　用户名"。表 4-5 列出了 useradd 命令常用的选项及其作用。

表 4-5　useradd 的主要选项及其作用

选　　项	作　　用
-c comment	注释信息,指定用户姓名或其他相关信息
-d homedir	指定用户的主目录,默认是/home/用户登录名
-g group	指定用户所属的组,使用组名或 GID 均可,组应该已经存在
-p passwd	指定用户的登录口令
-e expire	指定账号失效日期,格式是 mm-dd-yy,在此之后该账号将失效
-s shell	指定用户使用的 Shell。默认是/bin/bash
-r	为系统创建一个新账号,但不创建主目录,且 UID 小于/et/login.defs 文件中定义的 UID_MIN
-u uid	指定用户的 UID,一般要大于 999

续表

选项	作用
-f days	口令过期后，口令禁用前的天数
-M	不建立用户主目录

```
[root@rhel7 ~]# id   zhangsan
id: zhangsan: no such user
[root@rhel7 ~]# useradd   zhangsan
[root@rhel7 ~]# id   zhangsan
uid=1001(zhangsan) gid=1001(zhangsan) 组=1001(zhangsan)
[root@rhel7 ~]# grep   zhangs    /etc/passwd
zhangsan:x:1001:1001::/home/zhangsan:/bin/bash
[root@rhel7 ~]# grep zhan   /etc/group
zhangsan:x:1001:
[root@rhel7 ~]# grep zhan   /etc/shadow
zhangsan:!!:17392:0:99999:7:::
[root@rhel7 ~]# grep zhan   /etc/gshadow
zhangsan:!::
```

增加新用户时，系统将为用户创建一个与用户名相同的组，称为私有组。这一方法是为了能让新用户与其他用户隔离，确保措施的安全性。

在没有指定用户 UID 和 GID 时，命令 useradd 自动选取，它将/etc/passwd 文件中最大的 UID 值加 1，将/etc/group 文件中最大的 GID 值也加 1。

使用 useradd 命令创建用户的同时，也可以使用该命令提供的大量参数指定用户账号的其他属性，如用户所属的组、用户使用的 Shell 等。

```
[root@rhel7 ~]# tail  -n2   /etc/group
lihua:x:1000:
zhangsan:x:1001:
[root@rhel7 ~]# useradd  -g  zhangsan  lisi
[root@rhel7 ~]# grep   lisi   /etc/passwd
lisi:x:1002:1001::/home/lisi:/bin/bash
```

2. 设置用户口令

使用上述命令后，新建的用户账号暂时还无法登录，因为还没有为其设置口令，用 passwd 命令设置口令后，该账号才能用于登录系统。

```
[root@rhel7 ~]# more   /etc/shadow   |grep   zhang
zhangsan:!!:17392:0:99999:7:::        //密码字段中的"!"表示账号处于锁定状态
[root@rhel7 ~]# passwd zhangsan
更改用户 zhangsan 的密码
新的密码：
```

```
无效的密码： 密码少于 8 个字符
重新输入新的密码：
passwd：所有的身份验证令牌已经成功更新        //口令设置成功
[root@rhel7 ~]# more   /etc/shadow   |grep   zhang
zhangsan:$6$w53RzbMP$QuHlgwCesucHEDU9Va/c7rAMUMVjeKJeTbxn4lF9sHvXJjobhF7xtzptIzjNxhGj
2vnp34WHuc5EDUeYEe9N21:17392:0:99999:7:::        //密码字段保存了加密后的口令
```

下面的例子是新建 marry 用户，并且让该用户的口令为空，以便让用户第一次登录系统后自己设置口令。图 4-1 显示的是该用户在虚拟终端 tty5 上登录的过程。

```
[root@rhel7 ~]# useradd   -p   ""   marry
[root@rhel7 ~]# more   /etc/shadow   |grep   marry
marry::17392:0:99999:7:::                   //已经设置了口令，口令为空
```

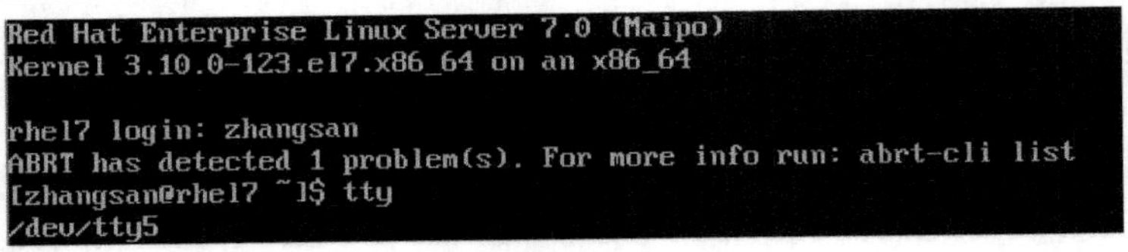

```
Red Hat Enterprise Linux Server 7.0 (Maipo)
Kernel 3.10.0-123.el7.x86_64 on an x86_64

rhel7 login: zhangsan
ABRT has detected 1 problem(s). For more info run: abrt-cli list
[zhangsan@rhel7 ~]$ tty
/dev/tty5
```

图 4-1 空口令账号的登录过程

3．用户账号管理

passwd 命令功能强大，除了设置、修改用户账号的口令外，还有其他功能。该命令的使用格式是："passwd [选项] [用户名]"，其中常用的选项如表 4-6 所示。

表 4-6 passwd 的常用选项及作用

选 项	作 用
-l	锁定用户账号，使其在解锁前不能用来登录系统
-u	解除锁定的用户账号，使其恢复登录系统的功能
-d	删除用户账号的登录口令
-S	用来查询指定用户账号是否处于锁定状态

```
[root@rhel7 ~]# passwd   -l   zhangsan
锁定用户 zhangsan 的密码
passwd: 操作成功
[root@rhel7 ~]# more   /etc/shadow   |grep   zhang
zhangsan:!!$6$w53RzbMP$QuHlgwCesucHEDU9Va/c7rAMUMVjeKJeTbxn4lF9sHvXJjobhF7xtzptIzjNxh
Gj2vnp34WHuc5EDUeYEe9N21:17392:0:99999:7:::
[root@rhel7 ~]# passwd   -S   zhangsan
zhangsan LK 2017-08-14 0 99999 7 -1            //密码已被锁定
[root@rhel7 ~]# passwd -u zhangsan
解锁用户 zhangsan 的密码
passwd: 操作成功
```

```
[root@rhel7 ~]# passwd  -d zhangsan
清除用户的密码 zhangsan
passwd：操作成功
[root@rhel7 ~]# more /etc/shadow |grep zhang
zhangsan::17392:0:99999:7:::
```

除了可以使用 passwd 管理账号外，还可以使用命令 usermod，后者的功能更为强大，还可以用来修改用户账号的相关信息，如主目录、备注、Shell、有效期限、缓冲天数等。该命令的使用格式是："usermod　[选项]　[用户名]"，其中常用的选项及作用如表 4-7 所示。

表 4-7　usermod 的常用选项及作用

选项	作用
-l newname	用于改变已有账号的用户名
-L	在 shadow 文件中指定用户账号的口令字段前加入锁定符号 "!"，锁定该账号
-U	解除已经锁定的用户账号，使其能够正常登录系统
-g newgrp	修改用户的所属的组

```
[root@rhel7 ~]# usermod  -L zhangsan
[root@rhel7 ~]# more /etc/shadow |grep zhang
zhangsan:!:17392:0:99999:7:::
[root@rhel7 ~]# usermod  -U zhangsan
usermod：解锁用户密码将产生没有密码的账户
您应该使用 usermod -p 设置密码并解锁用户密码
```

```
[root@rhel7 ~]# id zhangsan
uid=1001(zhangsan) gid=1001(zhangsan) 组=1001(zhangsan)
[root@rhel7 ~]# tail  -n3 /etc/group
lihua:x:1000:
zhangsan:x:1001:
marry:x:1003:
[root@rhel7 ~]# usermod  -g lihua zhangsan
[root@rhel7 ~]# id zhangsan
uid=1001(zhangsan) gid=1000(lihua) 组=1000(lihua)
```

```
[root@rhel7 ~]# usermod  -l zhangs zhangsan
[root@rhel7 ~]# id zhangsan
id: zhangsan: no such user
[root@rhel7 ~]# id zhangs
uid=1001(zhangs) gid=1000(lihua) 组=1000(lihua)
[root@rhel7 ~]# grep   zhang /etc/passwd
zhangs:x:1001:1000::/home/zhangsan:/bin/bash
```

另外，还可以使用命令 chfn 和 chsh 设置用户账号的相关信息。chfn 用来设置用户的 finger

信息,包括用户全名、办公室电话等。chsh 不但可以显示系统可用的 Shell,还可用来修改用户的登录 Shell。

```
[root@rhel7 ~]# grep     zhang   /etc/passwd
zhangs:x:1001:1000::/home/zhangsan:/bin/bash
[root@rhel7 ~]# chfn    zhangs
Changing finger information for zhangs.
名称 []: zhangxiaosan
办公 []: 11-504
办公电话 []: 65926058
住宅电话 []: 65926000
住宅电话 []: 65926000

Finger information changed.
[root@rhel7 ~]# grep     zhang   /etc/passwd
zhangs:x:1001:1000:zhangxiaosan,11-504,65926058,65926000:/home/zhangsan:/bin/bash
[root@rhel7 ~]# finger    zhangs
bash: finger: 未找到命令...
```

```
[root@rhel7 ~]# chsh   --help

用法:
 chsh [选项] [用户名]

选项:
 -s, --shell <shell>   指定登录 Shell
 -l, --list-shells     打印 Shell 列表并退出

 -u, --help       显示此帮助并退出
 -v, --version     输出版本信息并退出

更多信息请参阅 chsh(1)
[root@rhel7 ~]# chsh    -l
/bin/sh
/bin/bash
/sbin/nologin
/usr/bin/sh
/usr/bin/bash
/usr/sbin/nologin
/bin/tcsh
/bin/csh
[root@rhel7 ~]# chsh    -s   /bin/sh    zhangs
```

```
Changing shell for zhangs.
Shell changed.
[root@rhel7 ~]# su     - zhangs
上一次登录：二  8 月  15 00:06:16 CST 2017pts/0  上
-sh-4.2$
```

4．删除用户账号

userdel 命令在删除账号的同时也删除用户的主目录，包括其中的文件及用户邮件池中的文件，命令格式是："userdel -r 用户名"。如果不使用选项"-r"，则仅删除用户账号而不删除相关文件。

```
[root@rhel7 ~]# userdel    -r    marry
[root@rhel7 ~]# ls    /home
lihua   lisi   zhangsan
```

4.3.2 子任务 2 用户组账号

对用户组账号的管理主要是添加、删除用户组，修改组账号的信息，设置组账号的成员，等等。可以通过 groupadd、groupdel 和 gpasswd 命令来实现这些操作，这些操作绝大部分需要超级用户才能完成。

1．添加用户组账号

使用命令 groupadd 添加用户组账号，格式为："groupadd [选项] 组名"。用户组账号的 GID 必须唯一且不小于 0，每增加一个用户组账号 GID 值逐次增加 1。表 4-8 列出了 groupadd 命令常用的选项及作用。

表 4-8 groupadd 的主要选项及作用

选项	作用
-r	用于添加 GID 在 0~999 之间的系统群组
-g gid	指定用户组 ID 号
-p 密码	为新用户组设置加密的密码
-o	允许添加用户组 ID 号不唯一的工作组

```
[root@rhel7 ~]# groupadd     china
[root@rhel7 ~]# groupadd     -g 1300 india
[root@rhel7 ~]# groupadd     -r   xitongzu
[root@rhel7 ~]# tail    -n6     /etc/group
tcpdump:x:72:
lihua:x:1000:
zhangsan:x:1001:
china:x:1002:
```

```
india:x:1300:
xitongzu:x:987:              //系统组 GID 小于 1000
```

2．组的密码设置

组密码的作用：非本用户组的用户想切换到本用户组时，可以通过密码保证安全性。如果没有设置组密码，则只有属于本用户组的用户才能够切换到本用户组的身份，具有组权限。组的密码使用 gpasswd 指令设置，如"gpasswd group1（设置 group1 组的密码）"。

```
[root@rhel7 ~]# gpasswd lihua
正在修改 lihua 组的密码
新密码：
请重新输入新密码：              //设置组 lihua 的组密码为 654321，密码不显示
[root@rhel7 ~]# more /etc/gshadow |grep lihu
lihua:$6$KZzXTLBBex/NC$RHSHBTabW66y5/Btqj1WSj.QnCpdroHjni9K/M4URvxWnvDvEiprfiMDMCI
b6A6v1/q7j2ZVrKmDLPLfMR8G11::
```

3．组账号的管理

使用命令 groupmod 修改组账号的名称和 GID，格式是："groupadd [选项] 组账号名"。其常用的选项及作用如表 4-9 所示。

表 4-9　groupmod 的常用选项及作用

选　　项	作　　用
-n newname	改变组账号的名称
-g newgid	改变组账号的 GID

```
[root@rhel7 ~]# groupmod  -n sgroup    xitongzu
[root@rhel7 ~]# groupmod  -g 505   sgroup
[root@rhel7 ~]# tail   -n3    /etc/group
china:x:1002:
india:x:1300:
sgroup:x:505:
```

命令 gpasswd 用于对组账号的成员进行管理，如添加或删除成员。命令的格式："gpasswd [选项] 组账号"。其常用的选项及作用如表 4-10 所示。不带选项的 gpasswd 用来设置或修改组账号的密码。

表 4-10　gpasswd 的常用选项及作用

选　　项	作　　用
-A 用户组管理员	系统管理员使用该选项设置用户为组管理员。可以同时设置多个用户为组管理员，多个用户名之间用","隔开。设置空列表（""）可以取消所有组管理员
-M 用户	系统管理员使用该选项设置用户为组成员。可以同时设置多个用户为组成员。设置空列表（""）可以取消所有组成员

续表

选项	作用
-a 用户	系统或组的管理员使用该选项添加新成员到组
-d 用户	系统或组的管理员使用该选项从组中删除成员
-r	系统或组的管理员可以使用该选项移除用户组密码
-R	限制用户登入组。给组账号设置密码以后，用户使用命令"newgrp 组名"登录系统，输入组账号密码才能临时添加到指定的组，具有组权限

```
[root@rhel7 ~]# tail   -n6    /etc/group
[root@rhel7 ~]# tail   -n6    /etc/group
lihua:x:1000:wangwu
zhangsan:x:1001:
china:x:1002:
india:x:1300:
sgroup:x:505:
wangwu:x:1003:
[root@rhel7 ~]# id   lihua
uid=1000(lihua) gid=1000(lihua) 组=1000(lihua)
[root@rhel7 ~]# id   zhangs
uid=1001(zhangs) gid=1000(lihua) 组=1000(lihua)
[root@rhel7 ~]# id   lisi
uid=1002(lisi) gid=1001(zhangsan) 组=1001(zhangsan)
//用户 lihua 和 zhangs 现在都在用户组 lihua 里面。         // ?
[root@rhel7 ~]# gpasswd   -a   wangwu   lihua
正在将用户"wangwu"加入到"lihua"组中
[root@rhel7 ~]# id   wangwu
uid=1003(wangwu) gid=1003(wangwu) 组=1003(wangwu),1000(lihua)
[root@rhel7 ~]# gpasswd   -A   lihua   lihua
//指定用户 lihua 为用户组 lihua 的组管理员。
[root@rhel7 ~]# su - zhangs
上一次登录：二 8月 15 00:06:56 CST 2017pts/0 上
-sh-4.2$ gpasswd  -d   wangwu   lihua
gpasswd：没有权限       // zhangs 不是 root 也不是 lihua 组的组管理员，不能删组成员 wangwu
-sh-4.2$ su - lihua
密码：
上一次登录：二 8月 15 01:26:27 CST 2017pts/0 上
[lihua@rhel7 ~]$ gpasswd   -d   wangwu   lihua
正在将用户"wangwu"从"lihua"组中删除      // lihua 是 lihua 组的组管理员，能删组成员
[lihua@rhel7 ~]$ gpasswd -a wangwu lihua
正在将用户"wangwu"加入"lihua"组中
[root@rhel7 ~]# more   /etc/gshadow    |grep   lihu
lihua:$6$KZzXTLBBex/NC$RHSHBTabW66y5/Btqj1WSj.QnCpdroHjni9K/M4URvxWnvDvEiprfiMDMCIb6A6v1/q7j2ZVrKmDLPLfMR8G11:lihua:wangwu
```

```
[lihua@rhel7 ~]$ newgrp    china              //china 组没有设置组密码
密码：
无效的密码
[lihua@rhel7 ~]$ exit
登出
[root@rhel7 ~]# gpasswd  -a   lihua   china
正在将用户"lihua"加入"china"组中
[root@rhel7 ~]# su   -  lihua
上一次登录：二  8 月  15 01:57:20 CST 2017pts/0  上
[lihua@rhel7 ~]$ newgrp    china
[lihua@rhel7 ~]$ gpasswd   -M   zhangs,wangwu   china
gpasswd：没有权限
```

4．删除组账号

命令 groupdel 用于删除指定的组账号，若该组中仍包括某些用户，则必须先从组中删除这些用户。命令格式："groupdel   组账号名"。要删除一个用户的私有用户组（primary group），必须先删除该用户账号。

```
[root@rhel7 ~]# groupdel    lihua
groupdel：不能移除用户"lihua"的主组
[root@rhel7 ~]# userdel   -r   lihua
userdel：组"lihua"没有移除，因为它包含其他成员
[root@rhel7 ~]# id   lihua
id: lihua: no such use                           //用户 lihua 已经删除
[root@rhel7 ~]# more   /etc/group     |grep lih
lihua:x:1000:wangwu,zhangs
[root@rhel7 ~]# gpasswd   -d  wangwu   lihua
正在将用户"wangwu"从"lihua"组中删除
[root@rhel7 ~]# gpasswd   -d zhangs   lihua
正在将用户"zhangs"从"lihua"组中删除
[root@rhel7 ~]# groupdel    lihua
groupdel：不能移除用户"zhangs"的主组
[root@rhel7 ~]# more   /etc/group     |grep lih
lihua:x:1000:
[root@rhel7 ~]# id zhangs
uid=1001(zhangs) gid=1000(lihua) 组=1000(lihua)   //用户 zhangs 还在组 lihua 里
[root@rhel7 ~]# userdel   -r   zhangs
[root@rhel7 ~]# groupdel    lihua
```

5．查看用户属于哪些组

groups 命令用来显示指定的用户属于哪些用户组。命令格式："groups   用户名"。

```
[root@rhel7 ~]# gpasswd   -a    wangwu root
正在将用户"wangwu"加入"root"组中
[root@rhel7 ~]# groups    wangwu
wangwu : wangwu root
[root@rhel7 ~]# grep    wangwu    /etc/group
root:x:0:wangwu
wangwu:x:1003:
```

4.3.3 子任务 3 用户账号安全管理

在 Linux 系统中使用 chage 命令可以管理用户密码的时效，防止用户密码由于长时间使用而导致泄露，或被黑客破解密码而受到攻击。chage 命令的格式："chage [选项] [用户名]"。其常用的选项及作用如表 4-11 所示。

表 4-11 chage 的常用选项及作用

选项	作用
-m 天数	密码可更改的最小天数。为零时代表任何时候都可以更改密码
-M 天数	密码可更改的最大天数
-w 天数	用户密码到期前，提前收到警告信息的天数
-d 天数	上一次更改密码的日期
-I 天数	设定密码为失效状态
-E 日期	账号到期被锁定的日期。日期格式为 YYYY-MM-DD。若不使用日期也可以是自 1970 年 1 月 1 日后经过的天数
-l	列出用户密码时效信息。由非特权用户来确定他们的密码或账号何时过期

1. 设置两次改变密码的间隔

```
[root@rhel7 ~]# grep wangwu    /etc/shadow
wangwu:$6$i49NP5EZ$IxJKGWycOsSQKna1fqCzK1j4v.EsO.xF5uM4KyoTJ9ycvJ0pU7XUL8N.Db4ryI41
Lw.3HqaqT9Thpk2qTtN0g/:17392:0:99999:7:::
[root@rhel7 ~]# chage  -m 2   -M 10    wangwu    //上次修改密码后 2 到 10 天内可再次修改密码
[root@rhel7 ~]# grep wangwu    /etc/shadow
wangwu:$6$i49NP5EZ$IxJKGWycOsSQKna1fqCzK1j4v.EsO.xF5uM4KyoTJ9ycvJ0pU7XUL8N.Db4ryI41
Lw.3HqaqT9Thpk2qTtN0g/:17392:2:10:7:::
```

2. 设置密码过期失效的时间

```
[root@rhel7 ~]# chage  -I 90    wangwu         //密码有效期，即可以使用 90 天
[root@rhel7 ~]# grep wangwu    /etc/shadow
wangwu:$6$i49NP5EZ$IxJKGWycOsSQKna1fqCzK1j4v.EsO.xF5uM4KyoTJ9ycvJ0pU7XUL8N.Db4ryI41
Lw.3HqaqT9Thpk2qTtN0g/:17392:2:10:7:90::
```

3. 设置密码过期前警告时间

```
[root@rhel7 ~]# chage   -W 3   wangwu      //密码过期失效前 3 天发出警告
[root@rhel7 ~]# grep wangwu   /etc/shadow
wangwu:$6$i49NP5EZ$IxJKGWycOsSQKna1fqCzK1j4v.EsO.xF5uM4KyoTJ9ycvJ0pU7XUL8N.Db4ryI41
Lw.3HqaqT9Thpk2qTtN0g/:17392:2:10:3:90::
```

4. 设置账号过期失效的时间

```
[root@rhel7 ~]# chage   -E 2018-12-1    wangwu       //账号可以用到 2018 年 12 月 1 日
[root@rhel7 ~]# grep wangwu   /etc/shadow
wangwu:$6$i49NP5EZ$IxJKGWycOsSQKna1fqCzK1j4v.EsO.xF5uM4KyoTJ9ycvJ0pU7XUL8N.Db4ryI41
Lw.3HqaqT9Thpk2qTtN0g/:17392:2:10:3:90:17866:
//数字 17866 就是 2018 年 12 月 1 日到 1970 年 1 月 1 日之间间隔的天数
```

5. 显示出用户密码时效信息

```
[root@rhel7 ~]# chage    -l  wangwu
最近一次密码修改时间                          : 8 月  14, 2017
密码过期时间                                  : 8 月  24, 2017
密码失效时间                                  : 11 月  22, 2017
账户过期时间                                  : 12 月  01, 2018
两次改变密码之间相距的最小天数                : 2
两次改变密码之间相距的最大天数                : 10
在密码过期之前警告的天数: 3
```

6. 交互式设置用户密码时效

```
[root@rhel7 ~]# chage    lihua
正在为 lihua 修改年龄信息
请输入新值,或直接按回车键以使用默认值

        最小密码年龄 [2]: 7
        最大密码年龄 [10]: 14
        最近一次密码修改时间 (YYYY-MM-DD) [2017-08-15]: 2017-08-15
        密码过期警告 [7]: 3
        密码失效 [-1]: 90
        账户过期时间 (YYYY-MM-DD) [-1]: 2020-12-30
```

4.4 任务 4 用户间的通信

Linux 系统是多用户多任务的操作系统,通常用作网络服务器,在某一时刻可能同时登录了很多个用户，用户之间可以相互发送信息。

4.4.1 子任务 1 发送给某个登录用户

write 命令的功能是发送信息给某个已经登录系统的指定用户，使用语法是："write 用户名 [终端名称]"。信息将被显示到用户登录的终端上面。

```
[root@rhel7 ~]# w
 13:12:29 up 18:50,  4 users,   load average: 0.33, 0.18, 0.24
USER      TTY        LOGIN@    IDLE    JCPU    PCPU WHAT
root      :0         —20       ?xdm?   1:02m   0.78s gdm-session-worker [pam/gdm-password]
root      pts/0      —20       5.00s   7.79s   0.06s w
wangwu    tty4       13:11     37.00s  0.12s   0.12s -bash
lihua     tty6       13:12     21.00s  0.12s   0.12s -bash
[root@rhel7 ~]# tty
/dev/pts/0
[root@rhel7 ~]# write tty4    wangwu
write: tty4 is not logged in on wangwu
[root@rhel7 ~]# write   wangwu   tty4
nihao,wangwu:
xia wu 4dian kai hui, zai 11304.
qing zhun shi dao da!    [Enter]    [Ctrl+D]
[root@rhel7 ~]#
```

```
[wangwu@rhel7 ~]$
Message fromroot@rhel7 on pts/0 at 13:14 ...
nihao,wangwu:
xia wu 4dian kai hui, zai 11304.
qing zhun shi dao da!
EOF                     // EOF 表示信息完毕
[wangwu@rhel7 ~]$ tty
/dev/tty4
[wangwu@rhel7 ~]$
```

所有用户都可以使用命令 mesg 来查看当前所用终端是否显示接收到的信息，只有用户所在的终端被设置为显示接收信息的状态时，用户才能看到其他用户发来的信息。

默认情况下，所有的终端都将显示接收到的信息。当前用户还可以使用 mesg 设置所在终端是显示还是屏蔽接收到的信息。

```
[wangwu@rhel7 ~]$ mesg
is y
[wangwu@rhel7 ~]$ mesg   n
[wangwu@rhel7 ~]$ mesg
is n
```

4.4.2 子任务 2 发送给所有登录用户

使用 wall 命令发送的信息，将被广播到所有已经登录用户的终端控制台。如果要广播的信息很短且只有一行，可以将信息直接跟在命令的后面，使用的命令格式是："wall 信息"。

```
[wangwu@rhel7 ~]$ wall
Guo qing jie fang jia liao 7 tian.
Wo men zhen shi gao xing !!          [Enter]    [Ctrl+D]

Broadcast message from wangwu@rhel7 （tty4） （Tue Aug 15 13:29:31 2017）:

Guo qing jie fang jia liao 7 tian.
Wo men zhen shi gao xing !!
[wangwu@rhel7 ~]$
```

如果要发送的信息很多，也可以先组织到一个文本文件中，使用的命令格式是："wall < 文件"。

```
[wangwu@rhel7 ~]# vi    /home/wangwu/mesg_broadcast
[wangwu@rhel7 ~]# wall   < /home/wangwu/mesg_broadcast

Broadcast message from wangwu@rhel7 （tty4） （Tue Aug 15 13:40:32 2017）:

!!!!!!!!!!!!!!!!!!!!!!!!!!!!!!!
@@@@@@@@@@@@@@@@@@@@@@@@@@@@@@@@
################################
$$$$$$$$$$$$$$$$$$$$$$$$$$$$$$$$
%%%%%%%%%%%%%%%%%%%%%%%%%%%%%%%%%%%
```

4.5 思考与练习

一、填空题

1. Linux 系统的安装过程中，安装程序会引导用户创建用户_____。该用户相当于 Windows 系统中的 administrator。
2. Linux 系统中的用户可以分为 3 种：_____、_____和_____。
3. 普通用户的 ID 号从_____开始。
4. 在默认情况下，所有用户都可以通过查看配置文件_____的内容知道系统中当前已经存在的用户，通过查看配置文件_____的内容知道系统中当前已经存在的用户组。
5. Linux 系统中的每个用户都有一个唯一的 UID，超级用户新增的第一个普通的 UID

是_____。

二、判断题

1. Linux 系统所有用户的创建都是以登录系统为目的的。（   ）
2. 默认情况下，所有的用户都可以查看配置文件/etc/passwd 和/etc/gshadow。（   ）
3. Linux 系统中的用户只有设置密码后，才能登录系统。（   ）
4. 要删除一个用户的私有用户组（primary group），必须先删除该用户账号。（   ）
5. 只有超级用户才有权创建用户和组，用户和组的名字中也可以包含大写字母。（   ）

三、选择题

1. 以下文件中，只有 root 用户才能进行存取的是（   ）。
   A．/etc/passwd   B．/etc/group
   C．/etc/shadow   D．/etc/gshadow
2. 要将某个用户添加到指定的组，可以使用的命令是（   ）。
   A．passwd   B．gpasswd
   C．groupadd   D．groupmod
3. usermod 命令无法实现的操作是（   ）。
   A．账号重命名   B．改变用户所在的组
   C．账号的锁定与解锁   D．删除用户的登录密码

四、简答题

1. 网上查资料，验证并列举让一个普通用户具有 root 权限的方法。
2. 假如你是一个系统管理员，想暂时将一个用户的账号停掉，让他近期无法进行任何动作，等到一段时间过后再启用他的账号，怎么做才比较好？
3. 如果希望使用 useradd 创建每个账号，在默认情况下它们的主目录中都包含一个名为 www 的子目录，应该怎么做？
4. 写出在命令行方式下新建用户 marry 的命令，以及通过 passwd 可以对该用户实现的管理？
5. 超级用户 root 在某时刻执行了命令 w，得到如下显示结果，请分别解释带下画线的各项所表示的含义。

```
[root@rhel7 ~]# w
 2:30pm    up 11days,21:18    4 users,  load average: 0.12,0.09,0.08
 USER      TTY     FROM         LOGIN@     IDLE     JCPU     PCPU    WHAT
 root      tty1    -            09:21am    3:21     0.13s    0.08s   -bash
 george    tty2    -            09:40am    18:00s   0.12s    0.00s   telnet
 dzw       tty6    -            11:12am    34:00s   0.06s    0.06s   bash
 marry     pts/1   192.0.3.11   02:40pm    5.20s    0.09s    0.03s   ftp
```

第 5 章▶▶

Linux 系统文件归档/备份与权限控制

学习目标

- ◆ 掌握通过 tar 命令创建归档文件的方法
- ◆ 掌握文件压缩和解压缩的常用命令和方法
- ◆ 理解文件基本权限和特殊权限及权限表示方法
- ◆ 掌握使用 ACL 控制文件的权限
- ◆ 理解文件权限与文件操作命令之间的关系

任务引导

维护系统数据安全是计算机系统管理的核心任务之一,及时创建重要文件的备份文件是维护系统数据安全的常用方法。对于主要用于服务器的 Linux 系统来说,文件与目录权限的管理尤其重要,直接关系到 Linux 服务器系统的应用安全和数据安全。对于非 Linux 系统管理员来说,文件的归档、备份与压缩等操作也是日常工作文档管理的基本技能。本章主要介绍 Linux 系统归档文件的创建、压缩和解压缩,以及文件基本权限和特殊权限的控制与管理等方法和技能。

任务实施

5.1 任务 1 归档、压缩与备份

Linux 系统文件归档的意思是为文件或目录备份建立归档文件。tar 命令可以为 Linux 系统文件和目录创建档案。tar(tape archive)是磁带归档的缩写,最初设计用于将文件打包到磁带上,现在我们大都使用它来实现备份某个分区或某些重要的目录,是类 UNIX 系统中使用最广泛的命令。使用 tar 命令归档的包称为 tar 包,以".tar"结尾。

tar 用于归档多个文件或目录到单个归档文件中,并且归档文件可以进一步使用 gzip 或 bzip2 等技术进行压缩。换言之,tar 命令也可以用于备份:先归档多个文件和目录到一个单独的 tar 文件或归档文件,然后在需要时将 tar 文件中的文件和目录释放出来。

5.1.1 子任务 1 管理 tar 包

tar 该命令的使用格式是:"tar [选项] 文件与目录名",常用的选项如表 5-1 所示,其中前 3 个选项不能同时使用。文件与目录名允许使用通配符。

表 5-1　tar 的主要选项及作用

选项	作用
-c	建立一个归档文件
-x	释放归档文件中的文件及目录
-t	列出归档文件中包含的内容
-z	调用 gzip 命令，压缩或解压缩
-j	调用 bzip 或 bzip2 命令，压缩或解压缩
-f	当与-c 一起使用时，指定创建的归档的名字；当与-x 一起使用时，设定释放归档文件到指定的文件夹中
-p	保留原文件的访问权限
-v	显示命令执行的过程
-r	将文件追加到归档文件的末尾
-u	更新归档文件中的文件，如果在包中找不到该文件，则把它追加到归档文件的末尾
-C	解包到指定的目录
--delete	从归档文件（而非磁带）中删除
--exclude	创建归档文件时不把指定的文件包含在内

1．创建一个 tar 归档文件

```
[root@rhel7 ~]# tar  -cvf   /root/li.tar   /root/*.cfg
tar: 从成员名中删除开头的 "/"
/root/anaconda-ks.cfg
/root/initial-setup-ks.cfg
[root@rhel7 ~]# ls  -l   li.tar
-rw-r--r--. 1 root root 10240 6 月   13 16:19   li.tar
```

2．列出归档文件的内容

```
[root@rhel7 ~]# tar  -tvf    /root/li.tar
-rw------- root/root        1271 2017-06-09 23:05 root/anaconda-ks.cfg
-rw-r--r-- root/root        1322 2017-06-09 15:27 root/initial-setup-ks.cfg
[root@rhel7 ~]# tar  -tvf   /root/li.tar   root/anaconda-ks.cfg    //查看某文件是否存在于 tar 文件中
-rw------- root/root        1271 2017-06-09 23:05 root/anaconda-ks.cfg
```

3．追加文件到归档文件中

```
[root@rhel7 ~]# tar  -rvf   li.tar   /etc/fstab       //注：在压缩过的 tar 文件中无法进行追加操作
tar: 从成员名中删除开头的 "/"
/etc/fstab
[root@rhel7 ~]# tar  -tvf   /root/li.tar
-rw------- root/root        1271 2017-06-09 23:05 root/anaconda-ks.cfg
-rw-r--r-- root/root        1322 2017-06-09 15:27 root/initial-setup-ks.cfg
-rw-r--r-- root/root         465 2017-06-09 22:50 etc/fstab
```

4．释放 tar 文件到指定目录

```
[root@rhel7 ~]# mkdir    /tmp/test   -v
mkdir: 已创建目录 "/tmp/test"
[root@rhel7 ~]# tar   -xvf   /root/li.tar   -C  /tmp/test/
root/anaconda-ks.cfg
root/initial-setup-ks.cfg
etc/fstab
etc/inittab
[root@rhel7 ~]# ls   /tmp/test/
etc   root
[root@rhel7 ~]# ls   /tmp/test/etc/
fstab   inittab
```

5．创建并压缩归档文件（.tar.gz）

假设我们需要打包/etc/vsftpd/文件夹，并用 bzip2 工具将其压缩。可以在 tar 命令中使用-z 选项来实现。这种 tar 文件的扩展名可以是.tar.gz 或者.tgz。

```
[root@rhel7 ~]# tar   -zcvf   vsftp.tgz   /etc/vsftpd/
tar: 从成员名中删除开头的"/"
/etc/vsftpd/
/etc/vsftpd/ftpusers
/etc/vsftpd/user_list
/etc/vsftpd/vsftpd.conf
/etc/vsftpd/vsftpd_conf_migrate.sh
[root@rhel7 ~]# tar   -zcvf   vsftp.tar.gz   /etc/vsftpd/
tar: 从成员名中删除开头的"/"
/etc/vsftpd/
/etc/vsftpd/ftpusers
/etc/vsftpd/user_list
/etc/vsftpd/vsftpd.conf
/etc/vsftpd/vsftpd_conf_migrate.sh
[root@rhel7 ~]# ls   -l  |grep    vsf
-rw-r--r--. 1 root root     2791    6月   13   16:51 vsftp.tar.gz
-rw-r--r--. 1 root root     2791    6月   13   16:51 vsftp.tgz
```

6．创建并压缩归档文件（.tar.bz2）

假设我们需要打包/etc/ssh 和/mnt 文件夹，并使用 bzip2 压缩。可以在 tar 命令中使用-j 选项来实现。这种 tar 文件的扩展名可以是.tar.bz2 或者.tbz。

```
[root@rhel7 ~]# tar    -jcvf   ssh.tar.bz2   /etc/ssh/   /mnt/
tar: 从成员名中删除开头的"/"
```

```
/etc/ssh/
/etc/ssh/moduli
/etc/ssh/ssh_config
/etc/ssh/sshd_config
/etc/ssh/ssh_host_rsa_key
/etc/ssh/ssh_host_rsa_key.pub
/etc/ssh/ssh_host_ecdsa_key
/etc/ssh/ssh_host_ecdsa_key.pub
/mnt/
/mnt/test1
[root@rhel7 ~]# tar    -jcf   ssh.tbz2   /etc/ssh/   /mnt/
tar: 从成员名中删除开头的"/"
[root@rhel7 ~]# ls   -l   |grep ssh
-rw-r--r--. 1 root root      18701 6月   13 16:56 ssh.tar.bz2
-rw-r--r--. 1 root root      18701 6月   13 16:57 ssh.tbz2
```

7. 排除指定文件后创建 tar 文件

使用 --exclude 选项来排除指定文件或类型。假设在创建压缩的 tar 文件时要排除隐藏的文件。

```
[root@rhel7 ~]# ls   /root
anaconda-ks.cfg  initial-setup-ks.cfg  公共  模板  视频  图片  文档  下载  音乐  桌面[root@rhel7 ~]# tar  -zcvf  /tmp/root.tgz  /root   --exclude=.*  --exclude=/root/图片
tar: 从成员名中删除开头的"/"
/root/
/root/anaconda-ks.cfg
/root/initial-setup-ks.cfg
/root/桌面/
/root/下载/
/root/模板/
/root/公共/
/root/文档/
/root/音乐/
/root/视频/
```

5.1.2 子任务 2 使用 gzip 和 gunzip

1. gzip 压缩与解压缩

gzip 是 Linux 系统中经常使用的一个对文件进行压缩和解压缩的命令，既方便又好用。gzip 不仅可以用来压缩大的、较少使用的文件以节省磁盘空间，还可以和 tar 命令一起构成 Linux 操作系统中比较流行的压缩文件格式。

据统计，gzip 命令对文本文件有 60%～70%的压缩率。减少文件大小有两个明显的好处，一是可以减少存储空间，二是通过网络传输文件时，可以减少传输时间。命令格式是："gzip [选项] [文件或目录]"，常用的选项如表 5-2 所示。

表 5-2 gzip 的主要选项及作用

选 项	作 用
-d 或--decompress	解开压缩文件
-f 或--force	强行压缩文件。不理会文件名称或硬链接是否存在及该文件是否为符号链接
-l 或--list	列出压缩文件的相关信息
-r 或--recursive	递归处理，将指定目录下的所有文件及子目录一并处理
-t 或--test	测试压缩文件是否正确无误
-v 或--verbose	显示指令执行过程
-<压缩效率>	压缩效率是一个介于 1~9 的数值，预设值为 "6"，指定越大的数值，压缩效率就会越高，但速度也会越慢
-h 或--help	在线帮助

```
[root@rhel7 ~]# gzip      /root/initial-setup-ks.cfg
[root@ rhel7 ~]# gzip     /root/initial-setup-ks.cfg  -l
        compressed        uncompressed   ratio uncompressed_name
        900               1567           45.1% /root/initial-setup-ks.cfg
[root@rhel7 ~]# gzip   -dv  /root/initial-setup-ks.cfg.gz
/root/initial-setup-ks.cfg.gz:   45.1% -- replaced with /root/initial-setup-ks.cfg
```

```
[root@rhel7 ~]# gzip    -rv  -9  /etc/vsftpd/
/etc/vsftpd//ftpusers:    22.4% -- replaced with /etc/vsftpd//ftpusers.gz
/etc/vsftpd//user_list:   38.5% -- replaced with /etc/vsftpd//user_list.gz
/etc/vsftpd//vsftpd.conf: 56.7% -- replaced with /etc/vsftpd//vsftpd.conf.gz
/etc/vsftpd//vsftpd_conf_migrate.sh:   33.1% -- replaced with /etc/vsftpd//vsftpd_conf_migrate.sh.gz
root@rhel7 ~]# ls   /etc/vsftpd/
ftpusers.gz   user_list.gz   vsftpd.conf.gz   vsftpd_conf_migrate.sh.gz
```

2．gunzip 解压缩

gunzip 命令用来解开被 gzip 压缩过的文件，这些压缩文件预设最后的扩展名为.gz。事实上 gunzip 就是 gzip 的硬链接，因此无论是压缩还是解压缩，都可以通过 gzip 指令单独完成。"gzip －d"等价于 gunzip 命令。

```
[root@rhel7 ~]# ls   /etc/vsftpd/
ftpusers.gz   user_list.gz   vsftpd.conf.gz   vsftpd_conf_migrate.sh.gz
[root@rhel7 ~]# gunzip   -v  /etc/vsftpd/vsftpd.conf.gz
/etc/vsftpd/vsftpd.conf.gz:    56.7% -- replaced with /etc/vsftpd/vsftpd.conf
[root@rhel7 ~]# gunzip    /etc/vsftpd/user_list.gz
```

5.1.3 子任务 2 使用 bzip2 和 bunzip2

1. bzip2 压缩与解压缩

bzip2 命令用于创建和管理（包括解压缩）".bz2"格式的压缩包。它的压缩算法不同于 gzip。bzip2 采用新的压缩演算法，压缩效果比传统的 LZ77/LZ78 压缩演算法好。若没有加上任何参数，bzip2 压缩完文件后会产生.bz2 的压缩文件，并删除原始的文件。bzip2 只能对文件进行压缩，不能直接压缩目录。

bzip2 的主要优点在于，对于相同文件，bzip2 压缩后尺寸几乎总是小于 gzip 的压缩结果。有些时候，这个差距会相当大。当在一些公共 FTP 服务器上下载文件时，在.gz 和.bz2 文件中尽量选择.bz2 文件是一种基本的网络习惯，因为这样可以减少服务器的负担以给更多人服务。命令格式是："gzip   [选项]   [文件]"，常用的选项如表 5-3 所示。

表 5-3 gzip 的主要选项及作用

选项	作用
-d 或--decompress	解开压缩文件
-f 或--force	强行压缩文件。不理会文件名称或硬连接是否存在及该文件是否为符号连接
-l 或--list	列出压缩文件的相关信息
-t 或--test	测试压缩文件是否正确无误
-v 或--verbose	显示指令执行过程
-<压缩效率>	压缩效率是一个介于 1~9 的数值，预设值为 "6"，指定越大的数值，压缩效率就会越高，但速度也会越慢
-h 或--help	在线帮助

```
[root@rhel7 ~]# bzip2    /var/log/anaconda/anaconda.log
[root@rhel7 ~]# bzip2   -tv  /var/log/anaconda/anaconda.log.bz2
    /var/log/anaconda/anaconda.log.bz2: ok
[root@rhel7 ~]# bzcat   /var/log/anaconda/anaconda.log.bz2          //查看压缩文件的内容
14:43:36,923 INFO anaconda: /sbin/anaconda 19.31.79-1
14:43:37,251 INFO anaconda: 2097152 kB (2048 MB) are available
……                                ……
15:14:13,739 INFO anaconda: Running kickstart %%post script(s)
```

```
[root@rhel7 ~]# bzip2   /root/anaconda-ks.cfg    -v
    /root/anaconda-ks.cfg:  1.561:1,   5.124 bits/byte, 35.95% saved, 1516 in, 971 out.
[root@rhel7 ~]# bzip2   -dv /root/anaconda-ks.cfg.bz2
    /root/anaconda-ks.cfg.bz2: done
```

2. bunzip2 解压缩

bunzip2 命令解压缩由 bzip2 指令创建的".bz2"压缩包。bunzip2 其实是 bzip2 的符号链接，即软链接，因此压缩解压都可以通过 bzip2 实现。"bzip2 －d"等价于 bunzip 命令。

```
[root@rhel7 ~]# bzip2    /root/anaconda-ks.cfg    -v
  /root/anaconda-ks.cfg:   1.561:1,   5.124 bits/byte, 35.95% saved, 1516 in, 971 out.
[root@rhel7 ~]# bunzip2    /root/anaconda-ks.cfg.bz2    -v
  /root/anaconda-ks.cfg.bz2: done
```

5.1.4 子任务 3 使用 zip 和 unzip

1．zip 压缩

在 Linux 系统中使用 zip 命令与 Windows 系统中的 winzip 压缩程序将产生相同的压缩文件，文件扩展名是 ".zip"。命令格式是："zip [选项] [压缩文件名] [文件或目录]"，常用的选项如表 5-4 所示。

表 5-4　zip 的主要选项及作用

选项	作用
-S	包含系统和隐藏文件
-r	递归处理，将指定目录下的所有文件和子目录一并处理
-c	替每个被压缩的文件加上注释
-m	将文件压缩并加入压缩文件后，删除原始文件，即把文件移到压缩文件中
-d	从压缩文件内删除指定的文件
-u	更换较新的文件到压缩文件内
-f	与指定 "-u" 参数类似，但不仅更新既有文件，如果某些文件原本不存在于压缩文件内，使用本参数会一并将其加入压缩文件中
-g	将文件压缩后附加在已有的压缩文件之后，而非另行建立新的压缩文件
-e	压缩文件时指定加密
-z	替压缩文件加上注释
-<压缩效率>	压缩效率是一个介于 1~9 的数值，预设值为 "6"，指定越大的数值，压缩效率就会越高，但速度也会越慢
-x <文件名>	压缩时排除指定的文件
-i <文件名>	只压缩符合条件的文件
-n <字尾字符串>	不压缩具有特定字尾字符串的文件
-T	检查备份文件内的每个文件是否正确无误
-h 或——help	在线帮助

```
[root@rhel7 ~]# zip    ana   /root/anaconda-ks.cfg
  adding: root/anaconda-ks.cfg (deflated 45%)
[root@rhel7 ~]# zip    -T   ana.zip
test of ana.zip OK
[root@rhel7 ~]# zip  -r   webalias.zip  /etc/httpd/alias/   -x  /etc/httpd/alias/install.log
  adding: etc/httpd/alias/ (stored 0%)
  adding: etc/httpd/alias/libnssckbi.so (deflated 59%)
  adding: etc/httpd/alias/secmod.db (deflated 98%)
```

```
  adding: etc/httpd/alias/cert8.db (deflated 97%)
  adding: etc/httpd/alias/key3.db (deflated 83%)
```

```
[root@rhel7 ~]# zip   -c   /root/ana2   /root/anaconda-ks.cfg
  adding: root/anaconda-ks.cfg (deflated 45%)
Enter comment for root/anaconda-ks.cfg:
lihua test zip file!                                            //录入的注释信息
[root@rhel7 ~]# zip   -u   /root/ana2.zip   /etc/fstab
  adding: etc/fstab (deflated 43%)
```

```
[root@rhel7 ~]# zip   -r   /root/lihh   /home/lihh/   -e
Enter password:                                                 //录入设置的密码
Verify password:
  adding: home/lihh/ (stored 0%)
  adding: home/lihh/.mozilla/ (stored 0%)
  adding: home/lihh/.mozilla/extensions/ (stored 0%)
……                  ……
  adding: home/lihh/.bash_history (stored 0%)

zip warning: Not all files were readable
  files/entries read:   184 (15M bytes)   skipped:   1 (0 bytes)
[root@rhel7 ~]# ls   -l /root   |grep   lih
-rw-r--r--. 1 root root 1325946 6 月   15 11:54   lihh.zip
```

2. unzip 解压缩

unzip 的主要选项及作用如表 5-5 所示。

表 5-5   unzip 的主要选项及作用

选项	作用
-v	执行时显示详细的信息
-t	检查压缩文件是否正确
-n	解压缩时不要覆盖原有的文件
-o	不必先询问用户，unzip 执行后覆盖原有的文件
d <目录>	指定文件解压缩后所要存储的目录
-l	显示压缩文件内所包含的文件
-z	仅显示压缩文件的备注文字
-P <密码>	使用 zip 的密码选项
-x <文件>	指定不要处理.zip 压缩文件中的哪些文件
-j	不重建文档的目录结构，把所有文件解压到同一目录下面

```
[root@rhel7 ~]# unzip   -v   ana.zip
Archive:   ana.zip
```

```
  Length   Method    Size  Cmpr    Date      Time   CRC-32    Name
  ------   ------   -----  ----  ----------  -----  --------  ----
    1516   Defl:N     838   45%  03-01-2017  23:14  c5b82d04  root/anaconda-ks.cfg
  ------          ------   ----                               -------
    1516             838   45%                                1 file
```

```
[root@rhel7 ~]# unzip  -j  /root/ana.zip       -d  /mnt
Archive:  /root/ana.zip
  inflating: /mnt/anaconda-ks.cfg
[root@rhel7 ~]# ls   /mnt/
anaconda-ks.cfg
```

5.1.5 子任务4 文件备份与格式转换

1. cpio 命令

使用 cpio 命令可以通过重定向的方式将文件进行打包备份或还原恢复，可以从 cpio 或 tar 格式的归档包中存入和读取文件。命令格式是："cpio [选项] [目标目录]"，常用的选项如表 5-6 所示。

表 5-6 cpio 的主要选项及其作用

选项	作用
-o	将数据复制到文件或设备上
-i	将数据从文件或设备上还原到系统中
-I <文件名>	从文件读入而不是从标准输入读入
-O <文件名>	使用包文件名而不是标准输出
-t, --list	查看 cpio 建立的文件或设备内容
-r 或 --rename	当有文件名称需要更改时，采用互动模式
-u 或 --unconditional	置换所有文件，无论日期时间的新旧与否，皆不予询问而直接覆盖
-A 或 --append	附加到已存在的备份文档中，且这个备份文档必须存放在磁盘上，而不能放置在磁带机里
-a 或 --reset-access-time	重新设置文件的存取时间
-m 或 preserve-modification-time	创建文件时保留以前文件的修改时间
-d 或 --make-directories	如有需要 cpio 会自行建立目录
-L 或 --dereference	直接复制符号连接所指向的原始文件，而不是符号链接本身
-v 或 --verbose	详细显示指令的执行过程
-R <用户.群组>	把所有文件的属主设置为指定的用户和/或用户组。无论是用户还是用户组都必须存在

（1）备份与还原 /root/www 目录（使用重定向的方式）。

```
[root@rhel7 ~]# mkdir    /root/www
[root@rhel7 ~]# cp   /root/anaconda-ks.cfg   /root/www
```

```
[root@rhel7 ~]# find   /root/www|cpio   -ov   > /root/www.cpio
/root/www
/root/www/anaconda-ks.cfg
4 块
[root@rhel7 ~]# cpio   -tv   </root/www.cpio
drwxr-xr-x    2 root       root              0 Aug 15 15:25 /root/www
-rw-------    1 root       root           1516 Aug 15 15:25 /root/www/anaconda-ks.cfg
4 块
[root@rhel7 ~]# rm   -rf   /root/www
[root@rhel7 ~]# cpio -iduv   </root/www.cpio
/root/www
/root/www/anaconda-ks.cfg
4 块
```

（2）备份与还原/root/ftp 目录。

```
[root@rhel7 ~]# cp   -r   /root/www   /root/ftp
[root@rhel7 ~]# find /root/ftp   |cpio   -o -O /root/ftp.cpio
4 块
[root@rhel7 ~]# cpio   -t   -I   /root/ftp.cpio
/root/ftp
/root/ftp/anaconda-ks.cfg
4 块
[root@rhel7 ~]# rm   -rf   /root/ftp
[root@rhel7 ~]# cpio   -iu   -I   /root/ftp.cpio
4 块
```

（3）备份当前目录为/root/www2.cpio，如果有符号链接则将链接的目标文件进行备份。

```
[root@rhel7 ~]# ls   |cpio   -o   -O /root/www2.cpio     -L
cpio: 文件 www2.cpio 增长，5632 新字节未被复制
27 块
```

（4）通过/root/www.cpio 还原文件，但是不还原/root/www/anaconda-ks.cfg。

```
[root@rhel7 ~]# rm     -rf   /root/www
[root@rhel7 ~]# cpio -i   -I   /root/www.cpio -f /root/www/anaconda-ks.cfg
4 块
[root@rhel7 ~]# ls   /root/www
```

（5）通过/root/www.cpio 还原文件，并设置还原出来的文件所有者和所属组都为 wangwu。

```
[root@rhel7 ~]# rm     -rf   /root/www
[root@rhel7 ~]# cpio -i   -I   /root/www.cpio -R wangwu.wangwu
```

```
4 块
[root@rhel7 ~]# ls    -ld  /root/www
drwxr-xr-x. 2 wangwu wangwu 28 8 月   15 16:13 /root/www
[root@rhel7 ~]# ls    -ld  /root/www/anaconda-ks.cfg
-rw-------. 1 wangwu wangwu 1516 8 月   15 16:13 /root/www/anaconda-ks.cfg
```

(6) 通过/root/www.cpio 还原文件,并更改还原出来的文件的名称。

```
[root@rhel7 ~]# rm    -rf   /root/www
[root@rhel7 ~]# cpio -i   -I   /root/www.cpio -r
将 /root/www/ 重命名为 -> /root/web
将 /root/www/anaconda-ks.cfg 重命名为 -> /root/web/ana.cfg
4 块
```

2. dd 命令

dd 命令是 Linux 非常有用的磁盘命令之一。它可以将指定大小的块复制成一个文件,并在复制的同时执行指定的转换。由于 dd 命令允许二进制读写,所以特别适合在原始物理设备上进行输入/输出操作。命令格式是:"dd [选项]",常用的选项及作用如表 5-7 所示。

表 5-7 dd 的主要选项及作用

选　项	作　用
if=输入文件(或设备名称)	从指定文件中读取
of=输出文件(或设备名称)	写入到指定文件中
ibs = bytes	一次读取 bytes 字节,即读入缓冲区的字节数。默认为 512B
obs = bytes	一次写入 bytes 字节,即写入缓冲区的字节数
bs = bytes	同时设置读/写缓冲区的字节数(等于设置 ibs 和 obs)
count=blocks	只将指定的块数复制到块
conv =<conv 符号>	用指定的参数转换文件,conv 符号有以下几种:①ebcdic,把 ASCII 码转换为 EBCDIC 码;②ibm,把 ASCII 码转换为 EBCDIC 码;③block,把变动位转换成固定字符;④ublock,把固定位转换成变动位;⑤ucase,把字母由小写转换为大写;Lcase,把字母由大写转换为小写;⑥notrunc,不截短输出文件;Swab,交换每一对输入字节;⑦noerror,出错时不停止处理;⑧sync,将每个输入块填充到 ibs 字节,不足部分用空(NUL)字符补齐

1) 从光盘复制 iso 镜像

```
[root@# rhel7 ~]# dd    if=/dev/cdrom    of=/root/rhel-dvd.iso
记录了 7311360+0 的读入
记录了 7311360+0 的写出
3743416320 字节(3.7 GB)已复制, 338.145 s, 11.1 MB/s
[root@rhel7 ~]# mount  -o   loop   -t  iso9660 /root/rhel-dvd.iso   /mnt
mount: /dev/loop0 写保护,将以只读方式挂载
```

2）备份和恢复 MBR（主引导扇区）

```
[root@# rhel7 ~]# dd    if=/dev/sda    of=/root/mbr    bs=512    count=1        //备份 MBR
记录了 1+0 的读入
记录了 1+0 的写出
512 字节（512 B）已复制，0.0288276 s，17.8 kB/s
[root@# rhel7 ~]# ll   /root/mbr
-rw-r--r--. 1 root root 512 8 月     15 18:04 /root/mbr
[root@# rhel7 ~]# dd    if=/root/mbr of=/dev/sda                    //恢复 MBR
记录了 1+0 的读入
记录了 1+0 的写出
512 字节（512 B）已复制，0.000792793 s，646 kB/s
```

3）测试硬盘读写速度

```
[root@# rhel7 ~]# dd    if=/dev/zero   of=/root/1gfile bs=1024    count=1000000
记录了 1000000+0 的读入
记录了 1000000+0 的写出
1024000000 字节(1.0 GB)已复制，14.4936 s，70.7 MB/s          //写入速度
[root@# rhel7 ~]# dd    if=/root/1gfile of=/dev/null    bs=1024
记录了 1000000+0 的读入
记录了 1000000+0 的写出
1024000000 字节 (1.0 GB)已复制，2.98804 s，343 MB/s          //读取速度
```

/dev/null 外号叫"无底洞"，可以向它输入任何数据。/dev/zero 是一个输入设备，该设备无穷尽地提供 0，可以是任何需要的数目，用它来初始化文件。

4）修复硬盘

当硬盘较长时间（如一两年）放置不使用后，磁盘上会产生 magnetic fluxpoint。当磁头读到这些区域时会遇到困难，并可能导致 I/O 错误。当这种情况影响到硬盘的第一个扇区时，可能导致硬盘报废。下面的命令有可能使这些数据恢复，且这个过程是安全、高效的。

```
[root@#rhel7 ~]# dd    if=/dev/sdb   of=/dev/sdb
记录了 41943040+0 的读入
记录了 41943040+0 的写出
21474836480 字节（21 GB）已复制，353.759 s，60.7 MB/s
```

5）销毁磁盘上的数据

利用随机的数据填充硬盘，在某些必要的场合可以用来销毁数据，执行此操作以后，/dev/hda1 将无法挂载，创建和复制操作无法执行。

```
[root@rhel7 ~]# dd    if=/dev/urandom   of=/dev/sdb1
[root@#localhost ~]# mount    /dev/sdb1    /mnt
mount: /dev/sdb1 写保护，将以只读方式挂载
```

```
mount: 未知的文件系统类型"(null)"
[root@#localhost ~]# mount      |grep     sdb
```

/dev/random 和/dev/urandom 是 Linux 系统中提供的随机伪设备。这两个设备的任务是提供永不为空的随机字节数据流。很多解密程序与安全应用程序（如 SSH Keys、SSL Keys 等）需要它们提供的随机数据流。它们的差异在于：/dev/random 产生随机数据的速度比较慢，有时还会出现较大的停顿，而/dev/urandom 的产生数据速度很快，基本没有任何停顿，但数据的随机性不高。

除了以上介绍的常用功能外，使用 dd 命令可以将 iso 镜像刻录到 U 盘里安装系统，具体格式如下："dd bs=4M if=/path/to/archlinux.iso of=/dev/sdx && sync"，刻录完之后就可以从 U 盘启动安装系统了。

5.2 任务 2 管理文件的权限和所有者

5.2.1 子任务 1 查看文件和目录的权限

查看文件的权限使用命令"ls -l 文件名"，输出的信息分成多列，它们依次是文件类型与权限、连接数、所有者、所属组、文件大小（字节）、创建或最近修改日期及时间、文件名。

```
[root@rhel7 ~]# ls -l  /tmp     |grep  da
-rw-r--r--.   1   root root    0 3月    1 15:40    anaconda.log
drwxr-xr-x.  2   root root   17 3月    1 23:00    hsperfdata_root
```

其中，第一列的 10 个字符的首字符表示文件的类型："-"表示普通文件、"d"表示目录、"b"表示块设备文件、"c"表示字符设备文件、"l"表示链接文件、"s"表示 Socket 文件；后面的 9 个字符平均分成 3 组，分别表示文件所有者、文件所属组和其他人对文件的使用权限，每组的 3 个字符分别表示对文件的读、写和执行权限，r 表示可读、w 表示可写、x 表示可执行、-表示没有相应的权限。

5.2.2 子任务 2 设置文件和目录的基本权限

只有文件的所有者和超级用户才能改变文件和目录的权限，默认情况下，文件和目录的创建者就是所有者。经常使用 chmod 命令改变文件或目录的权限，也可以使用 umask 命令修改默认权限掩码。chmod 命令有两种用法：文字设定法和数字设定法。

1．文字设定法

使用字母和操作符，可以设置文件或目录的权限，命令的格式是："chmod   [选项]   [who] [+|-|=]   [mode]   文件或目录列表"。

（1）who 可以是 u、g、o、a 中的任意组合。

"u"：表示"user，用户"，即文件或目录的所有者。

"g"：表示"group，同组用户"，即与文件属主有相同 GID 的所有用户。

"o"：表示"other，其他用户"。

"a":表示"all,所有用户",即:a=u+g+o。
(2)操作符可以是:+、-、=。
"+":表示增加某个权限。
"-":表示取消某个权限。
"=":表示只赋予给定的权限并取消现有的其他权限。
(3) mod 所表示的权限可以是 r、w、x 的任意组合。
"r":表示可读,只允许指定用户读取指定对象的内容,禁止做任何更改的操作。
"w":表示可写,允许指定用户打开并修改文件。
"x";表示可执行,允许指定的用户将该文件作为一个程序执行。

文件或目录列表中的多个文件中间用空格分割开,文件名允许使用通配符。该命令常用的选项及作用如表 5-8。

表 5-8 chmod 的主要选项及作用

选 项	作 用
-R	对指定目录下的所有文件包括子目录进行相同的权限变更(慎用)
-v	显示权限变更的详细信息
-c	只有在文件的权限确实改变时才显示详细说明
--help	显示该命令的帮助信息

```
[root@rhel7 ~]# mkdir    /tmp/aa/bb/cc  -p
[root@rhel7 ~]# ll  /tmp/aa
总用量 0
drwxr-xr-x. 3 root root 15 6月    20 13:15   bb
 [root@rhel7 ~]# chmod    a=rwx    /tmp/aa   -R
[root@rhel7 ~]# ll  /tmp/aa
总用量 0
drwxrwxrwx. 3 root root 15 6月    20 13:15   bb
[root@rhel7 ~]# ll  /tmp/aa/bb/
总用量 0
drwxrwxrwx. 2 root root 6 6月    20 13:15   cc
[root@rhel7 ~]# chmod   a-x,g-w,o-wx  /tmp/aa/bb/cc   -v
mode of "/tmp/aa/bb/cc" changed from 0777 (rwxrwxrwx) to 0644 (rw-r--r--)
```

2. 使用数字设定法

使用数字也可以设置文件或目录的权限,命令的格式是:"chmod [选项] [权限] 文件或目录列表"。

在数字权限表示法中:0 表示没有权限,1 表示可执行权限,2 表示可写的权限,4 表示读的权限。一个文件的数字权限是这 4 个数字中任意 3 个的组合。因此,命令中数字权限的格式应该是 3 个 0~7 的八进制数,分别代表文件所有者的权限(u)、所属组的权限(g)和其他人的权限(o)。

```
[root@rhel7 ~]# chmod    666    /tmp/aa/bb/cc    -v
mode of "/tmp/aa/bb/cc" changed from 0777 (rwxrwxrwx) to 0666 (rw-rw-rw-)
[root@rhel7 ~]# chmod    000    /tmp/aa/bb/cc    -v
mode of "/tmp/aa/bb/cc" changed from 0666 (rw-rw-rw-) to 0000 (---------)
```

3．使用权限掩码 umask

用户创建一个新文件后，如果不使用 chmod 修改权限，则这个文件的权限是什么呢？这个文件的权限由系统默认权限和默认权限掩码共同确定，它等于系统默认权限减去默认权限掩码。Linux 中目录的默认权限是 777，文件的默认权限是 666。出于安全原因系统不允许文件的默认权限中有执行权。

特别注意的是，有的书上喜欢用以下公式计算权限：新目录的实际权限=777−默认权限掩码；新文件的权限=666−默认权限掩码。实际上，这并不正确。

umask 用来设置用户创建文件的默认权限，它与 chmod 的效果刚好相反，umask 设置的是权限"补码"，而 chmod 设置的是文件权限码。该命令的一般格式是"umask [选项] [掩码]"。使用不带任何选项的 umask 命令，可以显示当前的默认权限掩码值。使用带有选项-S（Symbolic）的 umask 命令，可以显示新建目录的默认权限。

```
[root@rhel7 ~]# umask                //显示当前的默认权限掩码值
0022                                 //第一个数字表示特殊权限，与基本权限有关的是后面三个数字
[root@rhel7 ~]# umask   -S           //显示新建目录的默认权限
u=rwx,g=rx,o=rx
[root@rhel7 ~]# mkdir    /tmp/gg/mm    -p
[root@rhel7 ~]# touch    /tmp/gg/dd.txt
[root@rhel7 ~]# ll   /tmp/gg/
总用量 0
-rw-r--r--. 1 root root  0  6月  20 13:26  dd.txt      //新文件的默认权限为 644
drwxr-xr-x. 2 root root  6  6月  20 13:24  mm          //新文件夹的默认权限为 755
```

使用 umask 命令也可以重新设置一个权限掩码。所以，如果想要保持文件更专一、更安全，不允许所有组或其他人访问新创建的文件，就可以使用 umask 值 0077，或者使用 umask u=rwx,g=,o= 进行设置。

```
[lihua@rhel7 ~]$ umask   -S
u=rwx,g=rwx,o=rx
[lihua@rhel7 ~]$ umask    u=rwx,g=,o=
[lihua@rhel7 ~]$ umask    -S
u=rwx,g=,o=
[lihua@rhel7 ~]$ touch   /home/lihua/nf
[lihua@rhel7 ~]$ ll   /home/lihua/
总用量 0
-rw-------. 1  lihua lihua   0 6月   20 13:36  nf        //文件与目录相比，还要减去 x 权限
```

系统管理员必须设置一个合理的 umask 值，以确保所创建的文件具有所希望的默认权限，防止其他非同组用户对该文件具有写权限。在登录之后，可以按照个人的偏好使用 umask 命令来改变文件创建的默认权限。相应的改变直到退出该 shell 或使用另外的 umask 命令之前一直有效。

一般来说，umask 命令是在/etc/profile 文件中设置的，每个用户在登录时都会引用这个文件，所以如果希望改变所有用户的 umask，可以在该文件中加入相应的条目。如果希望永久性地设置自己的 umask 值，那么就把它放在自己$HOME 目录下的.profile、.bash_profile 或.bashrc 文件中。

5.2.3 子任务 3 理解权限与指令之间的关系

1. 让用户可以进入某目录成为可工作目录的基本权限

（1）可使用的指令：切换当前工作目录使用命令 cd。
（2）目录所需权限：用户对这个目录至少要有 x 权限。
（3）额外需求：如果还想使用 ls 命令查阅文件列表，还需要对目录拥有 r 权限。

```
[root@rhel7 ~]# chmod    006    /tmp/aa/
[root@rhel7 ~]# ls    /tmp    -l    |grep aa
d------rw-. 3 root root    15 6月    20 13:15   aa           //用户 lihua 没有执行权限
[root@rhel7 ~]# su   - lihua
上一次登录：二  6月  20 14:32:39 CST 2017pts/0  上
[lihua@rhel7 ~]$ cd    /tmp/aa/
-bash: cd: /tmp/aa/: 权限不够
```

2. 让用户可以在某目录下建立和修改文件的基本权限

（1）可使用的指令：创建文件可用 touch、vim 等命令，创建目录用 mkdir 命令。
（2）目录所需权限：用户对这个目录至少要有 w 和 x 权限，可以没有 r 权限。
（3）额外需求：如果还想修改目录下的文件，在没有 r 权限的情况下无法用 TAB 键自动补齐，必须知道该文件的全部名字和路径。

```
[root@rhel7 ~]# chmod    o=wx    /tmp/gg/mm/
[root@rhel7 ~]# ll    /tmp/gg/    |grep    mm
drwxr-x-wx.  2  root root   6  6月    20 13:24   mm
[root@rhel7 ~]# su - lihua
上一次登录：二  6月  20 14:11:13 CST 2017pts/0  上
[lihua@rhel7 ~]$ mkdir    /tmp/gg/mm/kk            //可以在该目录下创建修改文件
[lihua@rhel7 ~]$ touch   /tmp/gg/mm/kk.txt
[lihua@rhel7 ~]$ ls   -l   /tmp/gg/mm/             //不可以浏览该目录下的文件
ls: 无法打开目录/tmp/gg/mm/: 权限不够
```

3. 让用户可以执行某目录下的可执行文件的基本权限

（1）目录所需权限：用户对这个目录至少要有 x 权限。

（2）文件所需权限：用户对这个可执行文件至少要有 x 权限。

```
[root@rhel7 ~]# chmod    o-r      /usr/bin/
[root@rhel7 ~]# chmod    o-r      /usr/bin/uptime
[root@rhel7 ~]# ls -l   /usr/      |grep bin
dr-xr-x--x.   2 root root 73728 3 月    1 23:09 bin
dr-xr-xr-x.   2 root root 24576 3 月    1 23:09 sbin
[root@rhel7 ~]# ls   -l   /usr/bin/uptime
-rwxr-x--x. 1 root root 11456 2 月    27 2014 /usr/bin/uptime
[root@rhel7 ~]# su    - lihua
上一次登录：二  6 月  20 14:46:58 CST 2017pts/0  上
[lihua@rhel7 ~]$ ls   -l   /usr/bin/    |grep  uptime        //用户 lihua 对/usr/bin 仅有 x 权限
ls: 无法打开目录/usr/bin/: 权限不够
[lihua@rhel7 ~]$ ls    -l    /usr/bin/uptime                   //用户 lihua 对命令 uptime 仅有 x 权限
-rwxr-x--x. 1 root root 11456 2 月    27 2014 /usr/bin/uptime
[lihua@rhel7 ~]$ uptime
  14:48:35 up   3:01,   6 users,   load average: 0.28, 0.25, 0.30
[lihua@rhel7 ~]$ cd    /usr/bin/                               //没有 r 权限，可以切换进目录
[lihua@rhel7 bin]$ ls
ls: 无法打开目录.: 权限不够
```

5.2.4　子任务 4　设置文件和目录的隐藏属性

有时发现用 root 权限都不能修改某个文件,大部分原因是曾经用 chattr 命令锁定该文件了。通过 chattr 命令修改属性能够提高系统的安全性，但是它并不适合所有的目录。chattr 命令不能保护/、/dev、/tmp、/var 目录。lsattr 命令用于显示 chattr 命令设置的文件属性。

这两个命令是用来查看和改变文件、目录属性的，与 chmod 命令相比，chmod 只是改变文件的读写、执行权限，更底层的属性控制是由 chattr 来改变的。

chattr 命令的用法："chattr [-RV] [-v version] [mode] files"，最关键的是在[mode]部分，[mode]部分是由+、−、=和[ASacDdIijsTtu]这些字符组合的，这部分用来控制文件的属性。该命令常用的选项及功能如表 5-9 所示。

表 5-9　chattr 的主要选项及功能

选　　项	功　　能
+	在原有参数设定基础上追加参数
−	在原有参数设定基础上移除参数
=	更新为指定参数设定
a	即 append，设定该参数后，只能向文件中添加数据，而不能删除，多用于服务器日志文件安全，只有 root 才能设定这个属性
b	不更新文件或目录的最后存取时间

续表

选项	功能
c	即 compresse，设定文件是否经压缩后再存储。读取时需要经过自动解压操作
d	即 no dump，设定文件不能成为 dump 程序的备份目标
i	设定文件不能被删除、改名、设定链接关系，同时不能写入或新增内容。i 参数对于文件系统的安全设置有很大帮助
s	保密性地删除文件或目录，即硬盘空间被全部收回
S	硬盘 I/O 同步选项，功能类似 sync。即时更新文件或目录
u	与 s 相反，当设定为 u 时，数据内容其实还存在于磁盘中，可以用于预防意外删除
A	文件或目录的 atime（access time）不可被修改（modified），可以有效预防如手提电脑磁盘 I/O 错误的发生
j	即 journal，设定此参数使得当通过 mount 参数 data=ordered 或者 data=writeback 挂载的文件系统，文件在写入时会先被记录（在 journal 中）。如果 filesystem 被设定参数为 data=journal，则该参数自动失效
-v version	设置文件或目录版本
-V	显示指令执行过程
-R	递归处理，将指定目录下的所有文件及子目录一并处理

各参数选项中常用到的是 a 和 i。a 选项强制只可添加不可删除，多用于日志系统的安全设定。而 i 是更为严格的安全设定，只有 Superuser (root) 或具有 CAP_LINUX_IMMUTABLE 处理能力（标识）的进程才能够施加该选项。

用 chattr 执行改变文件或目录的属性，可执行 lsattr 指令查询其属性。lsattr 命令显示的文件系统属性与 ls 显示的 Linux 文件系统属性是两个不同的概念。lsattr 显示的属性是文件系统的物理属性，而 ls 显示的文件属性是操作系统进行管理文件的系统的逻辑属性。该命令常用的选项及功能如表 5-10 所示。

表 5-10 lsattr 的主要选项及功能

选项	功能
-a	显示所有文件和目录，包括以 "." 为名称开头字符的隐藏文件
-d	若目标文件为目录，则显示该目录的属性信息，而不显示其内容的属性信息
-R	递归处理，将指定目录下的所有文件及子目录一并处理

1. 防止关键系统文件被错误修改

```
[root@rhel7 ~]# chattr  +i  /root/anaconda-ks.cfg
[root@rhel7 ~]# lsattr  /root/anaconda-ks.cfg
----i----------- /root/anaconda-ks.cfg
[root@rhel7 ~]# ls  >>/root/anaconda-ks.cfg
bash: /root/anaconda-ks.cfg: 权限不够
```

2. 让日志文件只能往里面追加数据

```
[root@rhel7 ~]# chattr    +a    /var/log/messages
[root@rhel7 ~]# lsattr       /var/log/messages
-----a---------- /var/log/messages
[root@rhel7 ~]# rm    /var/log/messages    -f
rm: 无法删除"/var/log/messages": 不允许的操作
[root@rhel7 ~]# ls    >    /var/log/messages
bash: /var/log/messages: 不允许的操作
[root@rhel7 ~]# ls    >>    /var/log/messages
```

5.2.5 子任务5 设置文件和目录的特殊权限

在 Linux 系统中，文件的基本权限是可读、可写、可执行，还有所谓的特殊权限，分别是 SUID、SGID 和 Sticky。由于特殊权限会拥有一些"特权"，因而用户若无特殊需求时不应该启用这些权限，避免安全方面出现严重漏洞，造成黑客入侵，甚至摧毁系统。

1. SUID、SGID 和 Sticky

（1）S 或 s（SUID，Set UID）属性。

passwd 命令可以用于更改用户的密码，一般用户可以使用这个命令修改自己的密码。但是保存用户密码的/etc/shadow 文件的权限是 400，也就是说只有文件的所有者 root 用户可以写入，那为什么其他用户也可以修改自己的密码呢？这是由于 Linux 系统的文件系统中的文件有 SUID 属性。

```
[root@rhel7 ~]# ls    -l   /etc/shadow
----------.   1   root    root    1557 6月   20   12:55   /etc/shadow
```

SUID 属性只能运用在可执行文件上，当用户执行该执行文件时，会临时拥有该执行文件所有者的权限。passwd 命令启用了 SUID 功能，所以一般用户在使用 passwd 命令修改密码时，临时拥有了 passwd 命令所有者 root 用户的权限，这样一般用户才可以将自己的密码写入/etc/shadow 文件。

在使用"ls -l"或"ll"命令浏览文件时，如果可执行文件所有者权限的第三位是一个小写的"s"，就表明该执行文件拥有 SUID 属性。

```
[root@rhel7 ~]# ll    /usr/bin/passwd
-rwsr-xr-x.   1   root    root    27832   1月    30    2014   /usr/bin/passwd
```

如果在浏览文件时，发现所有者权限的第三位是大写"S"，则表明该文件的 SUID 属性无效，如将 SUID 属性给一个没有执行权限的文件。

（2）S 或 s（SGID，Set GID）属性。

SGID 与 SUID 不同，SGID 属性可以应用在目录或可执行文件上。当 SGID 属性应用在目录上时，该目录中所有建立的文件或子目录的拥有组都是该目录的拥有组。

例如"/charles"目录的拥有组是 charles，当"/charles"目录拥有 SGID 属性时，任何用户在该目录中建立的文件或子目录的拥有组都是 charles；当 SGID 属性应用在可执行文件上时，其他用户在使用该执行文件时就会临时拥有该执行文件拥有组的权限。例如/sbin/apachectl 文件的拥有组是 httpd，当/sbin/apachectl 文件有 SGID 属性时，任何用户在执行该文件时都会临时拥有用户组 httpd 的权限。

在使用"ls -l"或"ll"命令浏览文件或目录时，如果拥有组权限的第三位是小写的"s"，就表明该执行文件或目录拥有 SGID 属性。

```
[root@rhel7 ~]# ll   /bin/     |grep   r-s
-rwxr-sr-x.   1 root cgred       15616 3 月     5 2014 cgclassify
-rwxr-sr-x.   1 root cgred       15576 3 月     5 2014 cgexec
……                ……
-r-xr-sr-x.   1 root tty         15344 1 月    27 2014 wall
-rwxr-sr-x.   1 root tty         19536 3 月    28 2014 write
```

如果在浏览文件时，发现拥有组权限的第三位是大写的"S"，则表明该文件的 SGID 属性无效，如将 SGID 属性给一个没有执行权限的文件。

（3）T 或 t（Sticky）属性。

Sticky 属性只能应用在目录中，当目录拥有 Sticky 属性时所有在该目录中的文件或子目录无论是什么权限，只有文件或子目录所有者和 root 用户才能删除。例如用户 lihua 在"/charles"目录中建立一个文件并将该文件权限配置为 777，当/charles 目录拥有 Sticky 属性时，只有 root 和 lihua 这两个用户可以将该文件删除。

在使用"ls -l"或"ll"命令浏览目录时，如果其他用户权限的第三位是小写的"t"，就表明该目录拥有 Sticky 属性。/tmp 和/var/tmp 目录供所有用户暂时存取文件，即每位用户都拥有完整的权限进入该目录，去浏览、删除和移动文件。

```
[root@rhel7 ~]# ll   /var/tmp/   -d
drwxrwxrwt. 7 root root 4096 3 月    1 16:39 /var/tmp/
```

如果在浏览文件时，发现其他人权限的第三位是大写的"T"，则表明该文件的 Sticky 属性无效，如将 Sticky 属性给一个不是目录的普通文件。

2. 设置 SUID、SGID、Sticky

配置普通权限时可以使用字符或数字，SUID、SGID、Sticky 也一样。使用字符时，s 表示 SUID 和 SGID、t 表示 Sticky；使用数字时 4 表示 SUID、2 表示 SGID、1 表示 Sticky。在配置这些属性时还是使用 chmod 命令。

在使用 umask 命令显示当前的权限掩码时，千位的"0"就表示 SUID、SGID、Sticky 属性。提示：在有些资料上 SUID、SGID 被翻译为"强制位"，Sticky 被翻译为"冒险位"。

（1）让普通用户也可以执行 useradd 命令。

```
[root@rhel7 ~]# ll    /sbin/useradd
-rwxr-x---. 1 root root 114064 2 月    12 2014   /sbin/useradd
[root@rhel7 ~]# ll    /etc/passwd
```

```
-rw-r--r--. 1 root root 2796 6月   20 12:55   /etc/passwd
[root@rhel7 ~]# chmod    u+s    /sbin/useradd
[root@rhel7 ~]# ll     /sbin/useradd
-rwsr-x---. 1 root root 114064 2月   12 2014 /sbin/useradd
[root@rhel7 ~]# chmod    o+x    /sbin/useradd
[root@rhel7 ~]# su   -l   lihua
上一次登录：三  6月 21 10:11:13 CST 2017pts/1   上
[lihua@rhel7 ~]$ useradd    zhangsan
[lihua@rhel7 ~]$ userdel    zhangsan
-bash: /usr/sbin/userdel: 权限不够
```

（2）创建一个目录让用户只有权删除自己的文件。

```
[root@rhel7 ~]# mkdir   -m   1777   /tmp/ziliao
[root@rhel7 ~]# ll  -d    /tmp/ziliao/
drwxrwxrwt. 2 root root 6 6月   21 10:45 /tmp/ziliao/
[root@rhel7 ~]# su   - lihua
上一次登录：三  6月 21 10:20:39 CST 2017pts/1   上
[lihua@rhel7 ~]$ touch    /tmp/ziliao/li
[lihua@rhel7 ~]$ chmod    o+w    /tmp/ziliao/li
[lihua@rhel7 ~]$ ll    /tmp/ziliao/li
-rw-rw-rw-. 1 lihua lihua 0 6月   21 10:49 /tmp/ziliao/li
[lihua@rhel7 ~]$ su   - wangxi
密码：
上一次登录：三  6月 21 10:51:42 CST 2017pts/1   上
[wangxi@rhel7 ~]$ rm    /tmp/ziliao/li
rm: 无法删除"/tmp/ziliao/li": 不允许的操作    //注：只是不能删除，因有 w 权限，所以可修改内容
```

5.2.6　子任务 6　更改文件所有者和所属组

文件和目录的创建者默认就是所有者，它们对文件和目录拥有任何权限，可以进行任何操作。只有超级用户和文件的所有者才可以使用 chown 和 chgrp 命令变更文件和目录的所有者及所属组。

1. chown 命令

chown 命令可以同时改变文件或目录的所有者和所属组，命令格式是："chown　[选项]　用户名：组名　文件或目录列表"。文件名可以使用通配符，列表中的多个文件用空格分开。该命令常用的选项及作用如表 5-11 所示。

表 5-11 chown 命令的主要选项及作用

选项	作用
-R	递归式地改变指定目录及其下的所有子目录和文件的所有者
-v	输出操作的执行过程
--help	显示该命令的帮助信息

```
[root@rhel7 ~]# tail    -3    /etc/passwd
lihua:x:1001:1001::/home/lihua:/bin/bash
zhangs:x:1007:1007::/home/zhangs:/bin/bash
wangxi:x:1008:1008::/home/wangxi:/bin/bash
[root@rhel7 ~]# mkdir    /root/aa/bb/cc    -p
[root@rhel7 ~]# chown    lihua:zhangs    /root/aa/    -Rv
changed ownership of "/root/aa/bb/cc" from root:root to lihua:zhangs
changed ownership of "/root/aa/bb" from root:root to lihua:zhangs
changed ownership of "/root/aa/" from root:root to lihua:zhangs
[root@rhel7 ~]# ll    /root/aa    -d
drwxr-xr-x. 3 lihua zhangs 15 6月    21 11:35 /root/aa
[root@rhel7 ~]# ll    /root/aa/bb    -d
drwxr-xr-x. 3 lihua zhangs 15 6月    21 11:35 /root/aa/bb
[root@rhel7 ~]# chown    :wangxi    /root/aa/bb
[root@rhel7 ~]# ll    /root/aa/bb    -d
drwxr-xr-x. 3 lihua wangxi 15 6月    21 11:35 /root/aa/bb
```

2. chgrp 命令

chgrp 命令只具有改变所属组的功能，格式为："chgrp　[选项]　组名　文件或目录列表"。命令中可以使用的选项和 chown 命令相同。

```
[root@rhel7 ~]# chgrp    root    /root/aa/bb    -v
"/root/aa/bb" 的所属组已保留为 root
```

5.3 任务 3 实现 ACL 控制

5.3.1 子任务 1 了解 ACL 控制

使用拥有权限控制的 Liunx 系统，工作变成了一件轻松的任务。它可以定义任何 user、group 和 other 的权限。在一个大型组织中，运行 NFS 或者 Samba 服务给不同的用户，将需要灵活地挑选并设置很多复杂的配置和权限去满足组织的不同需求。

ACL（Access Control List）的主要目的是提供传统的 owner、group、others 的 read、write、execute 权限之外的具体权限设置，ACL 可以针对单一用户、单一文件或目录来进行 r、w、x 的权限控制，对于需要特殊权限的使用状况有一定帮助。例如，某一个文件不让单一的某个用户访问，ACL 使用两个命令来对其进行控制：getfacl 和 setfacl。

5.3.2 子任务 2 使用 ACL 控制

1. 查看文件和目录的 ACL 信息

使用 getfacl 命令可以查看文件和目录的 ACL 信息。对于每一个文件和目录，getfacl 命令显示文件的名称、用户所有者、群组所有者和访问控制列表 ACL。getfacl 命令的用法："getfacl [选项] [目录|文件]"。该命令常用的选项及功能如表 5-12 所示。

表 5-12 getfacl 的主要选项及功能

选 项	功 能
-a, --access	仅显示文件访问控制列表
-d, --default	仅显示默认的访问控制列表
-c, --omit-header	不显示注释表头
-e, --all-effective	显示所有有效权限
-E, --no-effective	显示无效权限
-s, --skip-base	跳过只有基条目（base entries）的文件
-R, --recursive	递归显示子目录
-t, --tabular	使用制表符分隔的输出格式
-n, --numeric	显示数字的用户/组标志

```
[root@#rhel7 ~]# getfacl   /home    -R
getfacl: Removing leading '/' from absolute path names
# file: home
# owner: root
# group: root
user::rwx
group::r-x
other::r-x

# file: home/wangwu
# owner: wangwu
# group: wangwu
user::rwx
group::---
other::---

# file: home/wangwu/.mozilla
# owner: wangwu
# group: wangwu
user::rwx
group::r-x
other::r-x
```

```
# file: home/wangwu/.mozilla/extensions
……                        ……
[root@#rhel7 ~]# echo    'Hello Linux !' >/opt/ta
[root@#rhel7 ~]# ll    /opt/ta
-rw-r--r--. 1 root root 14 8月    16 11:26 /opt/ta
[root@#rhel7 ~]# getfacl    /opt/ta
getfacl: Removing leading '/' from absolute path names
# file: opt/ta
# owner: root
# group: root
user::rw-
group::r--
other::r--
```

2. 使用 setfacl 命令设置 ACL 规则

setfacl 命令的用法："setfacl [选项] [目录|文件]"。该命令常用的选项及功能如表 5-13 所示。

表 5-13 setfacl 命令的主要选项及功能

选 项	功 能
-m	更改文件或目录的 ACL 规则。多条 ACL 规则以逗号隔开
-M	从一个文件读入 ACL 设置信息并以此为模版修改当前文件或目录的 ACL 规则
-x	删除文件或目录指定的 ACL 规则。多条 ACL 规则以逗号隔开
-X	从一个文件读入 ACL 设置信息并以此为模版删除当前文件或目录的 ACL 规则
-d	设定默认的 ACL 规则
-R	递归地对所有文件及目录进行操作
-k	删除默认的 ACL 规则。如果没有默认规则，将不提示
-n	不要重新计算有效权限。setfacl 默认会重新计算 ACL mask，除非 mask 被明确地指定
-P	跳过所有符号链接，包括符号链接文件
-L	跟踪符号链接，默认情况下只跟踪符号链接文件，跳过符号链接目录
--set=<ACL 设置>	用来设置文件或目录的 ACL 规则，先前的设定将被覆盖
--restore=file	从文件恢复备份的 ACL 规则（这些文件可由 getfacl -R 产生）。通过这种机制可以恢复整个目录树的 ACL 规则。此参数不能和除--test 以外的任何参数一同执行
--set-file=<file>	从文件读入 ACL 规则来设置当前文件或目录的 ACL 规则
--test	测试模式，不会改变任何文件的 ACL 规则，操作后的 ACL 规格将被列出
--mask	重新计算有效权限，即使 ACL mask 被明确指定

设置 ACL 规则时，setfacl 命令可以识别表 5-14 所示的规则格式。用户和群组可以指定名字或数字 ID。权限可以用字母组合或数字表示。

表 5-14 ACL 规则表示方法

ACL 规则表示	设 置 对 象
[d[efault]:] [u[ser]:]uid [:perms]	指定用户的权限，文件所有者的权限（如果 uid 未指定）
[d[efault]:] g[roup]:gid [:perms]	指定群组的权限，文件所有群组的权限（如果 gid 未指定）
[d[efault]:] m[ask][:] [:perms]	有效权限掩码
[d[efault]:] o[ther] [:perms]	其他权限

恰当的 ACL 规则被用在修改和设定的操作中，对于 uid 和 gid，可以指定一个数字，也可指定一个名字。perms 域是一个代表各种权限的字母的组合：读-r、写-w、执行-x，执行只适合目录和一些可执行的文件。perms 域也可设置为八进制格式。

```
[root@#rhel7 ~]# tail    /etc/passwd    -n2
wangwu:x:1003:1003::/home/wangwu:/bin/bash
lihua:x:1004:1004::/home/lihua:/bin/bash
//为用户 wangwu 设置 ACL，使其对/opt/ta 具有 rwx 权限
[root@#rhel7 ~]# setfacl  -m  u:wangwu:rwx    /opt/ta
[root@#rhel7 ~]# ll  /opt/ta
-rw-rwxr--+ 1 root root 14 8月    16 11:26 /opt/ta    //设置了 ACL 规则，在权限的后面会出现一个"+"
[root@#rhel7 ~]# getfacl    /opt/ta
getfacl: Removing leading '/' from absolute path names
# file: opt/ta
# owner: root
# group: root
user::rw-
user:wangwu:rwx
group::r--
mask::rwx
other::r--
```

```
//为群组 wangwu 设置 ACL 规则，使其对/opt/ta 具有 rwx 权限
[root@#rhel7 ~]# setfacl -m   g:wangwu:rwx    /opt/ta
[root@#rhel7 ~]# getfacl    /opt/ta
getfacl: Removing leading '/' from absolute path names
# file: opt/ta
# owner: root
# group: root
user::rw-
user:wangwu:rwx
group::r--
groupwangwu:rwx
mask::rwx
other::r--
```

//重新设置/opt/ta 文件的 ACL 规则，以前的设置会被覆盖掉
[root@#rhel7 ~]# setfacl --set u::rw-,u:wangwu:rw-,g::r--,o::---   /opt/ta
[root@#rhel7 ~]# getfacl   /opt/ta
getfacl: Removing leading '/' from absolute path names
file: opt/ta
owner: root
group: root
user::rw-
user:wangwu:rw-
group::r--
mask::rw-
other::---

//删除用户 wangwu 对/opt/ta 文件的 ACL 规则
[root@#rhel7 ~]# setfacl -x u:wangwu /opt/ta
[root@#rhel7 ~]# getfacl   /opt/ta |grep   wangwu
getfacl: Removing leading '/' from absolute path names

//修改/opt/ta 文件的 mask 值
[root@rhel7 ~]# setfacl   -m mask:rw   /opt/ta
[root@rhel7 ~]# getfacl   /opt/ta
getfacl: Removing leading '/' from absolute path names
file: opt/ta
owner: root
group: root
user::rw-
group::r--
mask::rw-
other::---

//设置/opt/ok 目录的默认 ACL
[root@rhel7 ~]# setfacl -d   --set   g:wangwu:rwx   /opt/ok
[root@rhel7 ~]# getfacl   /opt/ok
getfacl: Removing leading '/' from absolute path names
file: opt/ok
owner: root
group: root
user::rwx
group::r-x
other::r-x
default:user::rwx

```
default:group::r-x
default:group:wangwu:rwx
default:mask::rwx
default:other::r-x
[root@rhel7 ~]# touch    /opt/ok/oo
[root@rhel7 ~]# getfacl    /opt/ok/oo
getfacl: Removing leading '/' from absolute path names
# file: opt/ok/oo
# owner: root
# group: root
user::rw-
group::r-x                    #effective:r--
group:wangwu:rwx              #effective:rw-
mask::rw-
other::r--
//注：有效权限（mask）即用户或组所设置的权限必须存在于 mask 的权限设置范围内才会生效
[root@rhel7 ~]# ls   -l   /opt/ok/oo
-rw-rw-r--+ 1 root root 0 8 月   16 12:45 /opt/ok/oo     //文件 oo 自动继承了/opt/ok 上设置的默认 ACL 规则
```

3．使用 chacl 命令更改 ACL 规则

chacl 命令是用来更改文件或目录的访问控制列表的命令。其和 chmod 命令有异曲同工之妙。但是比 chmod 命令更强大、更精细。chmod 命令只能把权限分为 3 种：用户、组、其他人。

如果有这样的需求，通过 chmod 命令能实现吗？如果 A 用户的文件只想给 B 看，通过 chmod 命令能不能搞定。当然，把 A 和 B 放到一个组里面就可以了。但是这样就限制了别的用户，它们不能加入这个组。通过 chacl 命令可以解决这个问题。

chacl 命令的用法："chacl [选项] [目录|文件]"。该命令常用的选项及功能如表 5-15 所示。

表 5-15　chacl 命令的主要选项及功能

选　项	功　　能
-b	表明这里有两个 acl 需要修改，前一个 acl 是文件的 acl，后一个 acl 是目录的默认 acl
-B	删除文件和目录的所有 acl。是-b 的反向操作
-d	设定目录的默认 acl，这个选项是比较有用的。如果指定了目录的默认 acl，在这个目录下新建的文件或目录都会继承目录的 acl
-D	只删除目录的默认 acl，是-d 的反向操作
-R	只删除文件的 acl
-r	递归地修改文件和目录的 acl 权限
-l	列出文件和目录的 acl 权限

```
[root@rhel7 ~]# chacl -B    /opt/ta
[root@rhel7 ~]# ll     /opt/ta
-rw-r-----. 1 root root 28 8 月   16 11:33 /opt/ta
```

5.4 思考与练习

一、填空题

1. tar 用于归档多个文件或目录到单个归档文件中，并且归档文件可以进一步使用_____等技术进行压缩。
2. 在 Linux 系统中使用 zip 命令将与 Windows 系统中的 winzip 压缩程序产生相同的压缩文件，文件扩展名是_____。
3. _____命令用于解压缩由 zip 命令生成的压缩文件。
4. tar 命令本身只对文件进行打包而不压缩，但它提供了相应的选项，允许用户在使用该命令的时候直接调用其他命令来实现压缩与解压缩的功能。其中，用于调用 gzip 命令的选项是_____。
5. 在数字权限表示法中：_____表示没有权限，_____表示可执行权限，_____表示可写的权限，数字 4 表示可读的权限。
6. Linux 系统用颜色来区分不同类型的文件，默认情况下蓝色表示_____文件、浅蓝色表示_____文件、绿色表示_____文件、红色表示_____文件、粉红色表示_____文件、白色表示_____文件、黄色表示设备文件等。
7. 通过 chattr 命令修改属性能够提高系统的安全性，但是它并不适合所有的目录。chattr 命令不能保护的目录有_____。
8. 在 Linux 系统中，文件的基本权限是可读、可写、可执行，所谓的特殊权限分别是_____、_____和 Sticky。
9. 配置普通权限时可以使用字符或数字，SUID、SGID、Sticky 也一样。使用字符时 s 表示 SUID 和 SGID、t 表示_____；使用数字时，4 表示 SUID、2 表示_____、1 表示_____。
10. _____属性只能运用在可执行文件上，当用户执行该执行文件时，会临时拥有该执行文件所有者的权限。

二、判断题

1. ACL 可以针对单一用户、单一文件或目录来进行 r、w、x 的权限控制，对于需要特殊权限的使用状况有一定帮助。（   ）
2. chacl 是用来更改文件或目录的访问控制列表的命令，其功能和 chmod 完全一样。（   ）
3. 在使用 umask 命令显示当前的权限掩码时，千位的"0"就表示 SUID、SGID、Sticky 属性。提示：在有些资料上 SUID、SGID 被翻译为"冒险位"，Sticky 被翻译为"强制位"。（   ）
4. lsattr 命令显示的文件系统属性与 ls 显示的 Linux 文件系统属性是两个不同的概念。lsattr 显示的属性是文件系统的物理属性，而 ls 显示的文件属性是操作系统进行管理文件的系统的逻辑属性。（   ）
5. 新目录的实际权限=777−默认权限掩码；新文件的权限=666−默认权限掩码。（   ）
6. 在微软的操作系统中，有许多用 winzip 软件压缩的文件，其扩展名为 zip，这些文件在 Linux 系统中无法进行解压缩。（   ）

7. 在 Linux 系统中既可以使用数字表示文件的权限，也可以使用字母表示文件的权限。
（   ）

三、选择题

1. 用户 guest 拥有文件 test 的所有权，现在 guest 希望设置该文件的权限，使得该文件仅本人能读、写和执行，其他用户没有任何权限，则该文件权限的数字表示是（   ）。
  A．566   B．770
  C．700   D．077

2. tar 命令的（   ）可以创建打包文件。
  A．-f   B．-x
  C．-z   D．-c

3. 在 RHEL 7 系统中，使用带（   ）选项的 tar 命令，可用于解压释放".tar.bz2"格式的归档压缩包文件。
  A．zcf   B．jcf
  C．zxf   D．jxf

4. 如果你的 umask 设置为 022，则默认你创建的文件的权限为（   ）。
  A．----w--w-   B．r-xr-x---
  C．-w--w----   D．rw-r--r--

5. 有关归档和压缩命令，下面描述正确的是（   ）。
  A．用 uncompress 命令解压缩由 compress 命令生成的扩展名为.zip 的压缩文件
  B．unzip 命令和 gzip 命令可以解压缩相同类型的文件
  C．tar 归档且压缩的文件可以用 gzip 命令解压缩
  D．tar 命令归档后的文件也是一种压缩文件

四、简答题

1. 一个文件的属性为-rwxrwxrwx，表示什么意义？列举两种方法将其权限修改为 -rwxr-xr--。

2. 举例说明，如何才能修改一个文件的所有者及所属的群组？

3. 举例说明，在 Linux 系统中文件的特殊权限 SUID、SGID 和 Sticky 分别有什么用途？

4. Linux 系统中引入文件和目录的 ACL（Access Control List）控制的主要目的是什么？ACL 使用哪两个命令来来实现其功能？

第 6 章▶▶

Linux 系统存储设备与文件系统的管理

学习目标

- 了解 Linux 系统常用的设备文件及用途
- 了解 Linux 系统常用的文件系统类型及特点
- 理解 Linux 系统磁盘及磁盘分区的命名规则
- 掌握 Linux 系统查看磁盘及磁盘分区信息的方法
- 掌握 Linux 系统中使用光盘、U 盘、磁盘的方法
- 掌握 Linux 系统磁盘分区及维护的操作
- 掌握 Linux 系统中磁盘配额的使用方法

任务引导

和使用 Windows 系统一样，在 Linux 系统中使用 U 盘、光盘和硬盘是基本技能。这些存储设备在存放数据之前必须格式化以创建文件系统。文件系统有多种类型，常见的文件系统格式有 FAT、FAT16、FAT32、ext（Extended File System）、ext2、ext3、ext4、VFAT（Virtual file alfocation table，虚拟文件分配表）、ISO9660、NTFS、ReiserFS 等，不同文件系统的特点不同。同时 Linux 系统作为一种多用户操作系统，支持多个用户共享同一存储设备，作为系统管理员，可以开启磁盘配额功能，用某种策略来限制用户对磁盘空间的最大占用量。本章主要介绍在 Linux 系统中使用存储设备所涉及的存储设备命名、分区、格式化，以及如何设置和使用磁盘配额等知识和技能。

任务实施

6.1 任务 1 理解 Linux 系统存储设备与文件系统

6.1.1 子任务 1 了解存储设备的命名

1. 设备文件

Linux 系统使用设备文件访问所有的硬件设备，包括磁盘及磁盘上的分区。这些设备文件存储在/dev 目录下，相当于 Windows 系统下的设备名字。图 6-1 显示的是该目录下的部分设备文件。

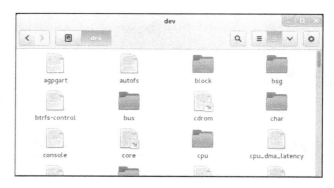

图 6-1 部分设备文件

2．存储设备及命名

在硬盘中，主要有两种类型，分别是 SCSI 硬盘和 IDE 硬盘。SCSI（Small Computer System Interface）即"小型计算机系统接口"。

IDE（Intgrated Drive Electronics）代表着硬盘的一种接口类型，但在实际的应用中，人们也习惯用 IDE 来称呼最早出现的 IDE 类型硬盘 ATA-1，这种类型的接口随着接口技术的发展已经被淘汰了，而其后发展分支出更多类型的硬盘接口，如 ATA、Ultra ATA、DMA、Ultra DMA 等接口，都属于 IDE 硬盘。通常来说 IDE 没有 SCSI 设备速度快，但是它的易用性和灵活性非常突出，价格也便宜，容易被大众接受，在个人计算机中绝大多数硬盘都是 IDE 接口的设备。

使用 SATA（Serial ATA）口的硬盘又叫串口硬盘，是未来和现在 PC 硬盘的主流趋势。2001年，由 Intel、APT、Dell、IBM、希捷、迈拓这几大厂商组成的 Serial ATA 委员会正式确立了 Serial ATA 1.0 规范。2002 年，虽然串行 ATA 的相关设备还未正式上市，但 Serial ATA 委员会已抢先确立了 Serial ATA 2.0 规范。Serial ATA 采用串行连接方式，串行 ATA 总线使用嵌入式时钟信号，具备了更强的纠错能力，与以往相比其最大的区别在于能对传输指令（不仅是数据）进行检查，如果发现错误会自动矫正，这在很大程度上提高了数据传输可靠性。

SCSI 经过了 3 代的变迁，速度从 5MB/s 发展到 160MB/s。不同的总线速度定义为 fast、ultra、ultra-3，越往后越快。SCSI 设备因其速度快及技术先进，一直被用于服务器等高端应用中，目前随着技术的进步其价格逐渐能够被普通用户所接受了，SCSI 在个人 PC 中的应用日渐增多。

SAS（Serial Attached SCSI，串行连接 SCSI），是新一代的 SCSI 技术，和现在流行的 Serial ATA（SATA）硬盘相同，都采用了串行技术以获得更高的数据传输速度，并通过缩短连线改善内部空间等。SAS 是并行 SCSI 接口之后开发出的全新接口。此接口的设计是为了改善存储系统的效能、可用性和扩充性，并且提供与 SATA 硬盘的兼容性。

与 Windows 系统有很大不同，Linux 系统选用字母与数字组成的字符串来标识不同的硬盘及硬盘分区。存储型设备的前两个字母表明设备的类型，hd 是指 IDE 接口的硬盘，sd 是指 SCSI 接口的硬盘；类型后面的字母表示设备的编号，a 表示第 1 个编号，b 表示第 2 个编号；编号后面的数字表示设备上的分区，其中主分区或扩展分区采用数字 1～4 表示，逻辑分区从 5 开始。例如：/dev/hda3 表示第 1 个 IDE 接口硬盘上的第 3 个分区，并且该分区是主分区或扩展分区；/dev/sdb6 表示第 2 个 SCSI 硬盘上的第 2 个逻辑分区。

Linux 系统支持的 SCSI 设备多于 26 个，第 1～26 个设备是 sda~sdz，从第 27 个起，SCSI

接口设备的名字分别是 sdaa、sdab、sdac 等。另外，USB 接口的优盘在 Linux 系统中也被看作 SCSI 接口的硬盘来使用。因此，在系统中已经存在一块 SCSI 接口硬盘的情况下，代表 U 盘的设备文件名通常是/dev/sdb 或/dev/sdb1。

Linux 系统下也可以使用光盘和软盘，光盘对应的设备文件是/dev/cdrom；软盘对应的设备文件是/dev/fd0，其中 0 表示是计算机系统中的第一块软盘。当前，在绝大多数计算机系统中，软盘已经被淘汰，因此在后面的介绍中，不把软盘的使用作为重点。

6.1.2 子任务 2 了解文件系统类型

文件系统（File System）是操作系统在磁盘上存储与管理文件的方法和数据结构。文件系统可以有不同的格式，叫作文件系统类型（File System Types）。这些格式决定了信息如何被存储为文件和目录。Linux 系统支持的文件系统大体上可以分为以下几类。

1. 磁盘文件系统

磁盘文件系统是能够访问到的本地文件系统，包括硬盘、光盘、USB 存储器和磁盘阵列。在 Linux 系统的早期发行版本中一直使用 ext2 作为操作系统默认使用的文件系统。ext2 文件系统的最大容量可达 16TB，文件名长度可达 255 个字符。ext3 在 ext2 上加入了日志管理机制，这样在系统出现异常断电等事件停机后再次启动时，操作系统会根据文件系统的日志快速检测并恢复文件系统到正常状态，避免了像 ext2 文件那样需要对整个文件系统的磁盘空间进行扫描，大大减少了系统恢复运行的时间。

ext4 是第四代扩展文件系统（Fourth Extended Filesystem），是 Linux 系统下的日志文件系统，是 ext3 文件系统的后继版本。2008 年 12 月 25 日，Linux Kernel 2.6.28 的正式版本发布，随着这一新内核的发布，ext4 文件系统也结束实验期，成为稳定版。

reiserfs 有先进的日志机制，在系统意外崩溃的时候，未完成的文件操作不会影响整个文件系统结构的完整性。ext2 文件系统如果被不正常地断开，在下一次启动时它将进行漫长的检查系统数据结构完整性的过程。对于较大型的服务器文件系统，这种"文件系统检查"可能要持续好几个小时。reiserfs 支持海量磁盘且具有优秀的综合性能，可轻松管理上百 GB 的文件系统，启动 X 窗口系统的时间大大减少。ext2 无法管理 2GB 以上的单个文件，这也使得 reiserfs 在某些大型企业级应用中要比 ext2 出色。

vfat 是对 fat 文件系统的扩展。vfat 解决了长文件名问题，文件名可长达 255 个字符，支持文件日期和时间属性，为每个文件保留了文件创建日期和时间、文件最近被修改的日期/时间和文件最近被打开的日期/时间。为了同 MD-DOS 和 Win16 位程序兼容，它仍保留扩展名。在 Linux 系统中把 DOS/Windows 系统下的所有 fat 文件系统统称为 vfat，其中包括 fat12、fat16 和 fat32。Red Hat Linux 系统中既可以使用同系统中已经存在的 fat 分区，也可以建立新的 fat 分区。

xfs 一种高性能的日志文件系统，2000 年 5 月被移植到 Linux 系统内核上。xfs 特别擅长处理大文件，同时提供平滑的数据传输。xfs 的 Linux 版为 Linux 系统社区提供了一种健壮的、优秀、功能丰富的文件系统，并且这种文件系统所具有的可伸缩性能够满足最苛刻的存储需求。在 RHEL7 及以上版本的系统中默认采用 xfs 文件系统替换在 RHEL 6 中使用的 ext4。xfs 支持高达 16 艾字节（约 1600 万 TB）的文件系统，多达 8 艾字节（约 800 万 TB）及包含数千万条目的目录结构。xfs 支持元数据日志，它可加快崩溃后的恢复。xfs 文件系统还可在挂载且活跃的情况下进行清理碎片和扩展操作。

2. 网络文件系统

网络文件系统是一种可以通过网络远程访问的文件系统。这种文件系统在服务器端仍是本地的磁盘文件系统，但客户机可以通过网络远程访问数据。常见的网络文件系统格式有：NFS（Network File System）Samba（SMB/CIFS）、AFP（Apple Filling Protocol，Apple 文件归档协议）和 WebDAV 等。

3. 专有/虚拟文件系统

专有/虚拟文件系统是不驻留在磁盘上的文件系统。常见的格式有：TMPS（临时文件系统）、PROCFS（Process File System，进程文件系统）和 LOOPBACKFS（Loopback File System，回送文件系统）。

4. swap 文件系统

swap 文件系统在 Linux 系统中作为交换分区使用，交换分区用于操作系统实现虚拟内存，类似 Windows 下的页面文件。

在安装 Linux 系统时，交换分区是必须建立的，其类型一定是 swap，不需要定义交换分区在 Linux 系统目录结构中的挂载点。交换分区由操作系统自动管理，用户不需要对其进行过多的操作。

5. 光盘文件系统

ISO9660 是光盘所使用的国际标准文件系统，它定义了 CD-ROM 上文件和目录的格式。

6.2 任务 2 掌握存储设备的基本操作

6.2.1 子任务 1 查询磁盘及分区信息

1. 使用系统监视器

在进行系统管理或增加新软件时，用户需要注意磁盘的使用情况。在图形界面下，可以依次单击【应用程序】→【工具】→【磁盘】图标，打开图 6-2 所示的窗口，可以看到各个磁盘分区及空间使用情况。

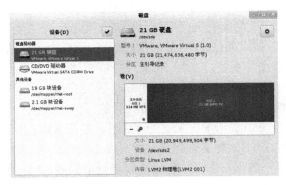

图 6-2　系统查看器

2. 使用 df 命令

在命令行界面下,可以使用命令 df 来查看磁盘分区及磁盘空间的使用情况。df 命令的常用格式是:"df [选项] [文件列表]"。该命令用来显示文件列表中每个文件所在的文件系统的信息。常用的选项如表 6-1 所示,文件列表中的多个文件用空格分开。

表 6-1 df 的主要选项及作用

选 项	作 用
-h	以容易理解的格式显示文件系统的大小
-a	包括空间大小为 0 个块的文件系统
-t type	只显示类型为 type 的文件系统信息
-T	显示文件系统的类型
--help	显示此帮助信息

```
[root@rhel7 ~]# df  -h  -T
文件系统              类型       容量    已用    可用    已用%   挂载点
/dev/mapper/rhel-root xfs        18G     15G     3.5G    81%    /
devtmpfs              devtmpfs   977M    0       977M    0%     /dev
tmpfs                 tmpfs      986M    140K    986M    1%     /dev/shm
tmpfs                 tmpfs      986M    8.9M    977M    1%     /run
tmpfs                 tmpfs      986M    16K     986M    1%     /sys/fs/cgroup
/dev/sr0              iso9660    3.5G    3.5G    0       100%   /mnt/guangp
```

6.2.2 子任务 2 在 Linux 系统中使用光盘

1. 光盘的挂载与卸载

挂载操作通过 mount 命令来实现,命令格式是:"mount [选项] [设备名] [挂载点]"。该命令中,挂载点必须是已经创建并且为空的目录,常用的选项及作用如表 6-2 所示。

表 6-2 mount 的主要选项及作用

选 项	作 用
-a	读取 /etc/fstab 文件中,挂载里面设定的所有设备
-o 选项	主要用来描述设备或档案的挂载方式。常用的参数有:loop,用来把一个文件当成硬盘分区挂载到系统上;ro,用只读方式挂载设备;rw,采用读/写方式挂载设备;iocharset=×××

```
[root@#rhel7 ~]# mkdir    /mnt/guangp   -v
mkdir: 已创建目录 "/mnt/guangp"
[root@#rhel7 ~]# mount    /dev/cdrom    /mnt/guangp    //挂载光盘
mount: /dev/sr0 写保护,将以只读方式挂载
[root@#rhel7 ~]# ls    /mnt/guangp/    //光盘里面的内容被映射到/mnt/guangp
addons    images      Packages         RPM-GPG-KEY-redhat-release
EFI       isolinux    release-notes    TRANS.TBL
```

```
EULA        LiveOS          repodata
GPL         media.repo   RPM-GPG-KEY-redhat-beta
[root@rhel7 ~]# ll    /dev/cdrom             //光盘设备文件名 sr0，cdrom 是指向 sr0 的符号链接
lrwxrwxrwx. 1 root root 3 8 月   17 09:31 /dev/cdrom -> sr0
```

卸载操作通过 umount 命令来实现，命令格式是："umount   [选项]   [设备名|挂载点]"。该命令常用的选项及作用如表 6-3 所示。

表 6-3   umount 的主要选项及作用

选　　项	作　　用
-t type	卸载指定类型的文件系统
-a	卸载/etc/fstab 配置文件中设定的所有设备

```
[root@#rhel7 ~]# mount      |grep   guangp
/dev/sr0 on /mnt/guangp type iso9660 (ro,relatime)
[root@#rhel7 ~]# umount    /mnt/guangp
[root@#rhel7 ~]# du   -h    /mnt/guangp/
0              /mnt/guangp/         //为空目录，说明卸载成功
```

2．制作与使用 ISO 文件

1）从光盘中制作 ISO 文件

在某些情况下，用户拿到需要保留的光盘，而又不想立即刻录光盘的备份，这时就可以把现有的光盘制作成 ISO 文件保存到硬盘中，待需要时再进行刻录。

在 Windows 系统中用户可以使用 WinISO 等软件从光盘生成 ISO 文件，而在 Linux 系统中不需要使用任何第三方工具，直接使用 cp 命令就可以很好地完成这项工作。命令的格式是："cp   [-v]   /dev/cdrom   主文件名.iso"。

```
[root@rhel7 ~]# cp     -v   /dev/sr0   /root/myrhel.iso
"/dev/sr0" -> "/root/myrhel.iso"              //不使用选项-v 时，不显示该行信息
[root@rhel7 ~]# file    /root/myrhel.iso
/root/myrhel.iso: # ISO 9660 CD-ROM filesystem data 'RHEL-7.0 Server.x86_64          ' (bootable)
```

2）使用目录制作 ISO 文件

Linux 系统不仅可以从现有光盘制作 ISO 文件，还可以使用 mkisofs 命令把任何系统中的文件或目录制作成 ISO 文件。命令的格式是："mkisofs   -r   -o   主文件名.iso   系统文件目录"。

```
[root@rhel7 ~]# mkisofs     -r    -o  /root/dev.iso     /dev
I: -input-charset not specified, using utf-8 (detected in locale settings)
Using NETWO000.;1 for  /network_latency (network_throughput)
Using DM_NA000.;1 for  /dev/disk/by-id/dm-name-rhel-root (dm-name-rhel-swap)
……              ……
94.48% done, estimate finish Thu Aug 17 11:01:18 2017
```

```
    97.52% done, estimate finish Thu Aug 17 11:01:18 2017
    Total translation table size: 0
    Total rockridge attributes bytes: 41232
    Total directory bytes: 79872
    Path table size(bytes): 392
    Max brk space used 4b000
    164071 extents written (320 MB)
    [root@rhel7 ~]# ll    -h    /root/dev.iso
    -rw-r--r--. 1 root root 321M 8 月    17 11:01 /root/dev.iso
```

3）挂载与使用 ISO 文件

在 Linux 系统中 ISO 文件不仅可以用于制作光盘，还可以像真正的光盘一样挂载到系统中，从而直接读取 ISO 文件中的内容，省去了大量不必要的光盘刻录，既节约了时间又降低了使用成本。命令格式是："mount -o loop ISO 文件名 挂载点"。

```
    [root@rhel7 ~]# mount    -o   loop    /root/myrhel.iso    /media/
    mount: /dev/loop0 写保护，将以只读方式挂载
```

4）刻录光盘

在 Linux 系统中可以使用 cdrecord 命令把已制作好的 ISO 文件刻录成光盘。光盘刻录机在 Linux 系统中被识别为 SCSI 设备，即使该设备实际上是 IDE 设备。在进行刻录之前需要先使用 "cdrecord scanbus" 命令检测系统中光盘刻录机的相关参数，从检测结果中收集光盘刻录机的 SCSI 设备识别号，以便在刻录光盘的命令中使用。

刻录光盘使用的命令格式是："cdrecord [-v] [speed=刻录速度] dev=刻录机设备号 ISO 文件名"。

6.2.3 子任务 3 在 Linux 系统中使用 U 盘

1．确定 U 盘设备号

既然 Linux 系统将 U 盘模拟为 SCSI 设备去访问，那么 U 盘是作为第一个 SCSI 设备（sda），还是第二个 SCSI 设备（sdb）呢？这个将视不同的系统而定。如果 U 盘作为第二个 SCSI 设备，那么在通过命令行方式挂载 U 盘时，是使用/dev/sdb 还是/dev/sdbl 呢？

（1）使用 "fdisk -l" 命令查看 U 盘对应的设备文件名。

```
    [root@#rhel7 ~]# fdisk    -l

    Disk /dev/sda: 8589 MB, 8589934592 bytes
    255 heads, 63 sectors/track, 1044 cylinders
    Units = cylinders of 16065 * 512 = 8225280 bytes

        Device Boot      Start        End      Blocks    Id  System
    /dev/sda1    *          1          13      104391    83  Linux
```

```
/dev/sda2              14        650     5116702+   83  Linux
/dev/sda3              651       698     385560     82  Linux swap
Note: sector size is 2048 (not 512)

Disk /dev/sdb: 2134 MB, 2134376448 bytes
2 heads, 63 sectors/track, 8271 cylinders
Units = cylinders of 126 * 2048 = 258048 bytes


Device        Boot     Start      End      Blocks    Id  System
/dev/sdb1      *         1        8272    2084288    b   Win95 FAT32
```

从上面的显示可以看出，挂载在系统中的 USB 存储设备（/dev/sdb1）容量为 2GB（系统显示为 2134 MB）。该设备有两个磁头（heads）、8271 个柱面（cylinders），每个磁道（track）有 63 个扇区（sectors）。最下面的一行中 Device 表示分区名，Boot 表示是否是启动分区，"*"表示"是"；Start 表示起始柱面；End 表示终止柱面；Blocks 表示分区的大小（每块大小是 1024Byte）；Id 表示分区类型的代码；System 代表分区上文件系统的类型。

（2）使用"dmesg 命令"命令查看 U 盘对应的设备文件名。

```
[root@#rhel7 ~]# dmesg |grep sdb
Attached scsi removable disk sdb at scsi1, channel 0, id 0, lun 0
SCSI device sdb: 1042176 2048-byte hdwr sectors (2134 MB)
sdb: Write Protect is off
 sdb: sdb1
sdb : READ CAPACITY failed.
sdb : status = 1, message = 00, host = 0, driver = 08
sdb : block size assumed to be 512 bytes, disk size 1GB.
 sdb: I/O error: dev 08:10, sector 0
sdb : READ CAPACITY failed.
sdb : status = 1, message = 00, host = 0, driver = 08
sdb : block size assumed to be 512 bytes, disk size 1GB.
 sdb: I/O error: dev 08:10, sector 0
SCSI device sdb: 1042176 2048-byte hdwr sectors (2134 MB)
sdb: Write Protect is off
 sdb: sdb1
```

2. U 盘的挂载和使用

和使用光盘一样，同样使用 mount 命令来挂载 U 盘，使用 umount 来卸载 U 盘。使用的命令格式完全一样。需要注意的是，目前的 Red Hat Linux 系统在默认情况下只能够读取 Windows 平台下的 fat 和 fat32 分区格式，而不支持 NTFS 分区格式。因此，如果 U 盘被格式化为 NTFS，也不能挂载成功。

在不使用设备时，要先使用 umount 命令卸载，然后拨出 U 盘，这样的操作顺序才是安全的，就像在 Windows 系统中需要先卸载 USB 设备一样。在卸载之前需要将当前工作目录切换到除 U 盘挂载点之外的其他目录，并且确信没有其他程序使用 U 盘里面的文件，否则将会卸载失败。

```
[root@#rhel7 ~]# mkdir   -v   /mnt/usb
mkdir: 已创建目录 '/mnt/usb'
[root@#rhel7 ~]# mount   /dev/sdb1   /mnt/usb/   -o   iocharset=gb2312
[root@#rhel7 ~]# ls   /mnt/usb/
aa.txt    tt    周东.jpg    Screenshot.png    张明.bmp    王喜.jpg
[root@#rhel7 ~]# umount   /mnt/usb
[root@#rhel7 ~]# ls   /mnt/usb/
```

6.2.4　子任务 4　磁盘的分区及维护

1．磁盘分区的创建/删除

在大多数情况下，文件系统都建立在硬盘的某个分区中，对于新的硬盘，用户需要首先建立相应的分区。就像 DOS 系统下可以使用 fdisk 命令建立 fat 分区一样，Red Hat Linux 系统中提供了 fdisk 和 parted 两个命令对硬盘进行分区。相对来说，fdisk 简单易用，适合初学者使用。

服务器硬盘一般多采用 SCSI 硬盘，现在假设需要使用 fdisk 对新增加的第二块 10GB 的 SCSI 硬盘进行分区并创建文件系统，下面是详细的步骤。

1）进入 fdisk 分区主界面

对第 2 个 SCSI 硬盘进行分区，应该执行 "fdisk　/dev/sdb" 命令，其中/dev/sdb2 代表第二块 SCSI 接口的硬盘，该设备号可以先执行 "fdisk　-l" 获得。

```
[root@rhel7 ~]# fdisk   /dev/sdb
Device contains neither a valid DOS partition table, nor Sun, SGI or OSF disklabel
Building a new DOS disklabel. Changes will remain in memory only,
until you decide to write them. After that, of course, the previous
content won't be recoverable.

The number of cylinders for this disk is set to 1305.
There is nothing wrong with that, but this is larger than 1024,
and could in certain setups cause problems with:
1) software that runs at boot time (e.g., old versions of LILO)
2) booting and partitioning software from other OSs
   (e.g., DOS FDISK, OS/2 FDISK)
Warning: invalid flag 0x0000 of partition table 4 will be corrected by w(rite)

Command (m for help):
```

2）查看 fdisk 的帮助信息

fdisk 命令是以交互方式进行操作的，进入 fdisk 分区主界面后，光标会停留在 "Command

（m for help）：" 提示符下，输入 m 子命令，可查看所有的子命令及对应的功能解释。

```
Command (m for help):    m
Command action
   a   toggle a bootable flag
   b   edit bsd disklabel
   c   toggle the dos compatibility flag
   d   delete a partition
   l   list known partition types
   m    print this menu
   n   add a new partition
   o   create a new empty DOS partition table
   p   print the partition table
   q   quit without saving changes
   s   create a new empty Sun disklabel
   t   change a partition's system id
   u   change display/entry units
   v   verify the partition table
   w   write table to disk and exit
   x   extra functionality (experts only)

Command (m for help):
```

fdisk 的交互操作子命令均为单个字母，常用的几个子命令及其功能的功能描述如表 6-4 所示。fdisk 的子命令非常多，不过只要能熟练掌握表 6-4 中的这几个，就能应付常见的分区操作。

表 6-4 fdisk 的常用子命令及功能描述

子 命 令	功 能 描 述
a	设置可引导标志
b	设置卷标
d	删除一个分区
l	列出 Linux 支持的所有分区类型
n	新建分区
p	显示当前磁盘分区信息
q	不存盘退出
t	改变分区的类型
v	校验分区表
w	存盘退出

3）新建磁盘分区

现在准备把这块 10GB 的硬盘分成 3 个部分：一个是大小为 5GB 的主分区，一个是大小为 3GB 的逻辑分区，最后一个是逻辑分区，大小是磁盘剩下可以空间的全部。下面是详细的操作过程及说明。

```
Command (m for help): p                           //执行 p，查看当前分区情况

Disk /dev/sdb: 10.7 GB, 10737418240 bytes
255 heads, 63 sectors/track, 1305 cylinders
Units = cylinders of 16065 * 512 = 8225280 bytes

    Device Boot      Start         End      Blocks   Id  System

Command (m for help): n                           //执行 n，创建新的分区
Command action
    e   extended
    p   primary partition (1-4)
p                                                 //执行 p，创建主分区
Partition number (1-4): 1                         //输入要创建的主分区的编号 1
First cylinder (1-1305, default 1):               //输入起始位置，这里使用默认值
Using default value 1
Last cylinder or +size or +sizeM or +sizeK (1-1305, default 1305): +5G //输入结束位置

Command (m for help): n                           //执行 n，创建新的分区
Command action
    e   extended
    p   primary partition (1-4)
e                                                 //执行 e，创建扩展分区
Partition number (1-4): 2                         //输入要创建的扩展分区的编号 2
First cylinder (610-1305, default 610):           //输入分区起始位置，这里使用默认值
Using default value 610
Last cylinder or +size or +sizeM or +sizeK (610-1305, default 1305): //输入结束位置
Using default value 1305                          //这里使用默认值

Command (m for help): p                           //执行 p，检查当前分区情况

Disk /dev/sdb: 10.7 GB, 10737418240 bytes
255 heads, 63 sectors/track, 1305 cylinders
Units = cylinders of 16065 * 512 = 8225280 bytes

    Device Boot      Start         End      Blocks   Id  System
/dev/sdb1               1          609     4891761   83  Linux
/dev/sdb2             610         1305     5590620    5  Extended

Command (m for help): n                           //执行 n，创建新的分区
Command action
```

```
            l   logical (5 or over)
            p   primary partition (1-4)
        l                                   //执行 l,创建第一个逻辑分区
        First cylinder (610-1305, default 610):    //输入分区起始位置
        Using default value 610             //这里使用默认值
        Last cylinder or +size or +sizeM or +sizeK (610-1305, default 1305): +3G
                                            //输入结束位置
        Command (m for help): n             //执行 n,创建新的分区
        Command action
            l   logical (5 or over)
            p   primary partition (1-4)
        l                                   //执行 l,创建第二个逻辑分区
        First cylinder (976-1305, default 976):    //输入分区起始位置
        Using default value 976             //这里使用默认值
        Last cylinder or +size or +sizeM or +sizeK (976-1305, default 1305):   //输入结束位置
        Using default value 1305            //这里使用默认值

        Command (m for help): p             //执行 p,检查当前分区情况是否符合需要

        Disk /dev/sdb: 10.7 GB, 10737418240 bytes
        255 heads, 63 sectors/track, 1305 cylinders
        Units = cylinders of 16065 * 512 = 8225280 bytes

           Device Boot      Start         End      Blocks     Id   System
        /dev/sdb1              1          609     4891761     83   Linux
        /dev/sdb2            610         1305     5590620      5   Extended
        /dev/sdb5            610          975     2939863+    83   Linux
        /dev/sdb6            976         1305     2650693+    83   Linux

        Command (m for help): w     //保存,退出
                        //如果不想改变磁盘分区现状,执行 q,不保存退出 fdisk 程序
        The partition table has been altered!

        Calling ioctl() to re-read partition table.
        Syncing disks.
```

4)删除磁盘分区

要删除已经创建的磁盘分区,可使用子命令 d。命令格式是:"d 分区的编号"。这里的分区编号是指/dev/sdb*n*,里面的 *n* 代表数字。

```
        Command (m for help): p             //执行 p,查看当前分区情况

        Disk /dev/sdb: 10.7 GB, 10737418240 bytes
```

```
255 heads, 63 sectors/track, 1305 cylinders
Units = cylinders of 16065 * 512 = 8225280 bytes

   Device Boot    Start      End     Blocks     Id   System
   /dev/sdb1        1        609    4891761     83   Linux
   /dev/sdb2       610      1305    5590620      5   Extended
   /dev/sdb5       610       975    2939863+    83   Linux
   /dev/sdb6       976      1305    2650693+    83   Linux

Command (m for help): d                //执行 d，删除分区
Partition number (1-6): 5              //指定要删除的分区号

Command (m for help): p                //验证是否已删除

Disk /dev/sdb: 10.7 GB, 10737418240 bytes
255 heads, 63 sectors/track, 1305 cylinders
Units = cylinders of 16065 * 512 = 8225280 bytes

   Device Boot    Start      End     Blocks     Id   System
   /dev/sdb1        1        609    4891761     83   Linux
   /dev/sdb2       610      1305    5590620      5   Extended
   /dev/sdb5       976      1305    2650693+    83   Linux
             //从分区的起始位置看，原来的/dev/sdb5 已经删除成功
Command (m for help):
```

5）修改磁盘分区类型

对于已经建立的分区，文件系统的类型默认都是 Linux Native，其代码（Id）是 83。如果要改变某一个分区的类型，在"Command（m for help）："提示符下使用子命令 t，如果想列出 Linux 系统能够支持的所有分区类型，使用子命令 l。

```
Command (m for help): t                    //执行 t，修改分区文件系统的类型
Partition number (1-6): 6                  //指定要修改的分区编号
Hex code (type L to list codes): l         //执行 l，查看 Linux 能够支持的所有分区类型

 0  Empty           1c  Hidden Win95 FA    70  DiskSecure Mult    bb  Boot Wizard hid
 1  FAT12           1e  Hidden Win95 FA    75  PC/IX              be  Solaris boot
 2  XENIX root      24  NEC DOS            80  Old Minix          c1  DRDOS/sec (FAT-
 3  XENIX usr       39  Plan 9             81  Minix / old Lin    c4  DRDOS/sec (FAT-
 4  FAT16 <32M      3c  PartitionMagic     82  Linux swap         c6  DRDOS/sec (FAT-
 5  Extended        40  Venix 80286        83  Linux              c7  Syrinx
 6  FAT16           41  PPC PReP Boot      84  OS/2 hidden C:     da  Non-FS data
 7  HPFS/NTFS       42  SFS                85  Linux extended     db  CP/M / CTOS / .
```

```
8    AIX                  4d   QNX4.x            86  NTFS volume set        de  Dell Utility
...  ...
18   AST SmartSleep       64   Novell Netware    b7  BSDI fs                fe  LANstep
1b   Hidden Win95 FA      65   Novell Netware    b8  BSDI swap              ff  BBT
Hex code (type L to list codes):   7                    //指定分区文件系统的新类型
Changed system type of partition 6 to 7 (HPFS/NTFS)     //修改成功
```

2．磁盘分区的格式化

硬盘中的分区建立好之后就需要在分区上建立文件系统了，这就是所谓的格式化分区。只有在文件系统建立后，分区才能用于保存文件。Linux 系统支持多种文件系统类型，考虑到各个 Linux 系统版本的兼容性，RHEL7 中建立同一类型文件系统的命令可能有不同的名字，但它们都是相同的文件，如 mkfs.ext3、mkfs.ext2 和 mke2fs 3 个命令都可以用于建立 ext3 文件系统，它们其实都是调用 mke2fs 这个命令程序。下面是建立 ext3 文件系统的过程。

```
[root@rhel7 ~]# mkfs.         [Tab]    [Tab]
mkfs.btrfs    mkfs.ext2    mkfs.ext4    mkfs.gfs2    mkfs.msdos    mkfs.xfs
mkfs.cramfs   mkfs.ext3    mkfs.fat     mkfs.minix   mkfs.vfat
[root@rh9 root]# mkfs.ext3   /dev/sdb5
mke2fs 1.32 (09-Nov-2002)
Filesystem label=
OS type: Linux
Block size=4096 (log=2)
Fragment size=4096 (log=2)
368000 inodes, 734965 blocks
36748 blocks (5.00%) reserved for the super user
First data block=0
23 block groups
32768 blocks per group, 32768 fragments per group
16000 inodes per group
Superblock backups stored on blocks:
        32768, 98304, 163840, 229376, 294912

Writing inode tables: done
Creating journal (8192 blocks): done
Writing superblocks and filesystem accounting information: done

This filesystem will be automatically checked every 34 mounts or
180 days, whichever comes first.    Use tune2fs -c or -i to override.
```

3. 其他管理操作

在 RHEL 中不仅提供了磁盘分区、格式化的命令，还提供了一些其他命令用于实现文件系统的修复、分区卷标的设置与查询等。

1）卷标设置与查询

为了明确某一个分区的用途，方便用户使用，通常需要使用命令 e2label 为 ext2 或 ext3 类型的分区设置卷标。该命令的用法是："e2label　分区设备文件　[卷标名称]"。

```
[root@rhel7 ~]# e2label    /dev/sdb5         //显示指定分区的卷标。
/
[root@rh9 root]# e2label    /dev/sdb5    games
[root@rh9 root]# e2label    /dev/sdb5
Games
```

命令 findfs 可以用来在系统中查找指定卷标的文件系统。命令的格式是："findfs　LABEL=卷标"。

```
[root@rhel7 ~]# findfs    LABEL=games
/dev/sdb5
```

2）文件系统的修复

命令 e2fsck 用于对指定的 ext2/ext3 分区中的文件系统进行错误修复，命令格式："e2fsck [选项]　[分区设备名]"。该命令不能用于检测系统中已经挂载的文件系统，否则会造成破坏。使用不带任何选项的 e2fsck 将显示该命令的帮助信息。该命令的常用选项及作用如表 6-5 所示。

表 6-5　e2fsck 的主要选项及作用

选项	作用
-p	自动修复文件系统中的错误
-n	不对文件系统做任何修复和改变
-y	所有的问题都用"yes"
-c	查找错误的块
-v	显示命令执行的详细过程

```
[root@rhel7 ~]# e2fsck    /dev/sda1
e2fsck 1.32  （09-Nov-2002）
/dev/sda1 is mounted.

WARNING!!!   Running e2fsck on a mounted filesystem may cause SEVERE filesystem damage.

Do you really want to continue  （y/n）？    yes          //输入 yes 后回车

/boot: recovering journal
/boot: clean, 41/26104 files, 12679/104391 blocks
```

```
[root@rhel7 ~]# e2fsck   -c   /dev/sda1
e2fsck 1.32   (09-Nov-2002)
/dev/sda1 is mounted.

WARNING!!!   Running e2fsck on a mounted filesystem may cause SEVERE filesystem damage.

Do you really want to continue   (y/n)？yes

Checking for bad blocks   (read-only test)：done
Pass 1: Checking inodes, blocks, and sizes
Pass 2: Checking directory structure
Pass 3: Checking directory connectivity
Pass 4: Checking reference counts
Pass 5: Checking group summary information

/boot: ***** FILE SYSTEM WAS MODIFIED *****
/boot: 41/26104 files   （2.4% non-contiguous），12679/104391 blocks
```

6.3　任务3 配置与管理磁盘配额

6.3.1　子任务1 设置磁盘配额

　　Linux 系统的磁盘配额（Disk Quota）功能用于限制用户、用户组和文件夹的空间使用量。广泛用于 Web 服务器控制站点可用空间大小、Mail 服务器和 File 服务器控制用户可用空间大小等。磁盘配额在实际使用时，是针对磁盘分区进行限制的，如/dev/sda5 分区挂载在/home 目录下，那么在/home 下的所有目录都将受到限制。既可以设置软限制，也可以设置硬限制。

　　系统不允许用户超过其硬限制。但是系统管理员可能会设置软限制，用户可以临时性地超过该软限制。软限制必须低于硬限制。一旦用户超过软限制，配额计时器便开始计时。在配额计时器计时期间，用户可以使用高于软限制的配额，但不能超过硬限制。一旦用户低于软限制，计时器就将复位。但当计时器过期时，如果用户的使用配额一直在软限制以上，则会将软限制强制作为硬限制。默认情况下，软限制计时器设置为 7 天。repquota 和 quota 令中的 timeleft 字段显示了计时器的值。

　　例如，假定某用户的软限制为 10000 块，硬限制为 12000 块。如果该用户的块使用量超过 10000 块并且七天计时器已过期，则在用户的使用量降到软限制以下之前，该用户不能在该文件系统中分配更多磁盘块。

　　1）限制模式

　　（1）根据用户（UID）控制每个用户的可用空间大小。

　　（2）根据组（GID）控制每个组的可用空间大小。

　　（3）根据目录（directory，project）控制每个目录的可用空间大小（xfs 可用 project 模式）。

2）限制的可配置对象

（1）根据用户（User）、组（Group）、特定目录（project）。

（2）容量限制或文件数量限制（block/inode）。

（3）限制值 soft（超过空间用量给予警告和宽限时间）和 hard（超过空间用量则剥夺用户使用权）。

（4）宽限时间（grace time），空间用量超出 soft 限定而未达到 hard 限定给予的处理时限（超出时限 soft 值变成 hard 值）。

3）使用条件

（1）EXT 格式只能对文件系统进行限制，xfs 可用对 project 进行限制。

（2）内核需要预开启对 Quota 的支持。

（3）Quota 限制只对非管理员有效。

（4）默认只开启对/home 使用 Quota，其他需要配置 SELinux。

1. 确保安装 quota 和 sfsprogs 软件包

```
[root@rhel7 ~]# rpm  -q  quota
quota-4.01-11.el7.x86_64
[root@rhel7 ~]# rpm  -q  xfsprogs
xfsprogs-3.2.0-0.10.alpha2.el7.x86_64
```

2. 创建分区和文件系统并挂载

```
[root@rhel7 ~]# fdisk   -l  |grep  sdb
磁盘 /dev/sdb：21.5 GB, 21474836480 字节，41943040 个扇区
/dev/sdb1            2048       20973567    10485760    83  Linux
/dev/sdb2        20973568       41943039    10484736    83  Linux
[root@rhel7 ~]# mkfs.xfs  -f  /dev/sdb1
meta-data=/dev/sdb1              isize=256    agcount=4, agsize=655360 blks
         =                       sectsz=512   attr=2, projid32bit=1
         =                       crc=0
data     =                       bsize=4096   blocks=2621440, imaxpct=25
         =                       sunit=0      swidth=0 blks
naming   =version 2              bsize=4096   ascii-ci=0 ftype=0
log      =internal log           bsize=4096   blocks=2560, version=2
         =                       sectsz=512   sunit=0 blks, lazy-count=1
realtime =none                   extsz=4096   blocks=0, rtextents=0
[root@rhel7 ~]# mkdir  /disk2  -v
mkdir: 已创建目录 "/disk2"
[root@rhel7 ~]# mount   -t xfs   /dev/sdb1   /disk2
 [root@rhel7 ~]# df -h   |grep   sdb
文件系统                  容量    已用    可用   已用%   挂载点
/dev/mapper/rhel-root     18G    4.6G    13G    27%    /
devtmpfs                 905M     0     905M    0%    /dev
```

tmpfs	914M	140K	914M	1%	/dev/shm
tmpfs	914M	8.9M	905M	1%	/run
tmpfs	914M	0	914M	0%	/sys/fs/cgroup
/dev/sda1	497M	122M	376M	25%	/boot
/dev/sr0	3.5G	3.5G	0	100%	/run/media/lihh/RHEL-7.0 Server.x86_64
/dev/sdb1	10G	33M	10G	1%	/disk2

3. 修改挂载参数启动配额功能

修改 /etc/fstab 文件，启用用户磁盘配额功能需要加入 usrquota 项，启用组的磁盘配额功能需要加入 grpquota 项，修改内容如下。

```
[root@rhel7 ~]# vim    /etc/fstab
#
# /etc/fstab
# Created by anaconda on Wed Mar  1 14:50:56 2017
#
# Accessible filesystems, by reference, are maintained under '/dev/disk'
# See man pages fstab(5), findfs(8), mount(8) and/or blkid(8) for more info
#
/dev/mapper/rhel-root    /                           xfs     defaults        1 1
UUID=371e3de0-2e4b-45a6-904c-546425952e7f /boot  xfs     defaults        1 2
/dev/mapper/rhel-swap    swap                        swap    defaults        0 0
/dev/sdb1        /disk2        xfs       defaults      1 2
UUID=371e3de0-2e4b-45a6-904c-546425952e7f /boot  xfs     defaults        1 2
/dev/mapper/rhel-swap    swap                        swap    defaults        0 0
/dev/sdb1        /disk2        xfs       defaults, usrquota, grpquota    1 2
~
~
"/etc/fstab" [readonly]    12L, 523C                      0,0-1           ALL
```

注意：类型如下：根据用户（uquota/usrquota/quota）；根据组（gquota/grpquota）；根据目录（pquota/prjquota），不能与 grpquota 同时设定。

4. 重新挂载文件系统

```
[root@rhel7 ~]# umount    /disk2/
[root@rhel7 ~]# mount   -o uquota,gquota  /dev/sdb1  /disk2/
[root@rhel7 ~]# mount   |grep sdb
/dev/sdb1 on /disk2 type xfs (rw,relatime,seclabel,attr2,inode64,usrquota,grpquota)
```

5. 创建配额测试用户

```
[root@rhel7 ~]# id zhangsan
uid=1001(zhangsan) gid=1001(zhangsan) 组=1001(zhangsan)
```

```
[root@rhel7 ~]# ll  /   |grep    dis
drwxr-xr-x.   2 root root      6    6月    5 16:03 disk2
[root@rhel7 ~]# mkdir   /disk2/zhangsan
[root@rhel7 ~]# chown   zhangsan:zhangsan  /disk2/zhangsan/
[root@rhel7 ~]# ll   /   |grep dis
drwxr-xr-x.   3 root root     21 6月    5 16:05 disk2
[root@rhel7 ~]# ll   /disk2/
总用量 0
drwxr-xr-x. 2 zhangsan zhangsan   6    6月     5 16:05 zhangsan
```

6．查看配额信息并分配配额

使用 xfs_quota 命令来查看 xfs 文件系统配额信息，以及为用户和目录分配配额，并验证配额限制是否生效。格式是："xfs_quota －x-c ［子命令］［挂载点］"。该命令常用的选项及作用如表 6-6 所示。

表 6-6 xfs_quota 的主要选项及作用

选项或子命令	作 用
-x	专家模式，使用-x 才能使用-c
-c <子命令>	子命令选项
report [-gpu] [bir] [-ahntLNU] [-f<文件>]	报告文件系统的配额信息，包括-ugr(user、group、project)和-bi 等
df	类似于 df，选项有-b(block)、-i(inode)、-h(加上单位)等
print	列出当前系统参数等
limit [-gpu] bsoft=N| bhard=N| isoft=N|ihard=N | rtbsoft=N | rtbhard=N －d | id | name	设置配额块限制（bsoft/bhard）、inode（isoft/ihard）数限制和/或实时块限制（rtbsoft/rtbhard）
warm [-gpu] [-bir] value －d | id | name	允许配额警告限制（警告将被发送的次数超过配额）的人查看和修改。此功能目前未实现
timer [-gpu] [-bir] value	允许配额执行超时的时间（即允许通过软限制之前执行硬限制）被修改。value 的单位可以是 minute、hours、days 和 weeks，也可以简写 m、h 和 w
enable [-gpu] [-v]	启用磁盘配额
diable [-gpu] [-v]	禁用磁盘配额
off [-gpu] [-v]	永久关闭当前路径发现的文件系统的配额
dump [-gpu] [-f<文件>]	备份磁盘配额限制信息
restore [-gpu] [-f<文件>]	从备份文件恢复磁盘配额限制信息
state [-gpu] [-av] [-f<文件>]	列出当前支持 quota 的文件系统信息和相关的启动项

```
[root@rhel7 ~]# xfs_quota  -x  －c 'limit   bsoft=10M   bhard=13M  -u zhangsan'  /disk2/
[root@rhel7 ~]# xfs_quota  －x  －c 'report' /disk2/
User quota on /disk2 (/dev/sdb1)
                            Blocks
User ID         Used        Soft        Hard      Warn/Grace
---------- --------------------------------------------------
```

第 6 章 Linux 系统存储设备与文件系统的管理   153

root	0	0	0	00 [--------]	
zhangsan	0	10240	13312	00 [--------]	

Group quota on /disk2 (/dev/sdb1)

	Blocks				
Group ID	Used	Soft	Hard	Warn/Grace	
root	0	0	0	00 [--------]	

7．测试磁盘配额限制

```
[root@rhel7 ~]# su    - zhangsan
上一次登录：一 6月  5 15:36:39 CST 2017pts/0 上
[zhangsan@rhel7 ~]$ dd if=/dev/zero  of=/disk2/zhangsan/a  bs=10M  count=1
记录了 1+0 的读入
记录了 1+0 的写出
10485760 字节（10 MB）已复制，0.754827 s，13.9 MB/s
[zhangsan@rhel7 ~]$ dd if=/dev/zero  of=/disk2/zhangsan/b  bs=2M  count=1
记录了 1+0 的读入
记录了 1+0 的写出
2097152 字节（2.1 MB）已复制，0.00283242 s，740 MB/s
[zhangsan@rhel7 ~]$ dd if=/dev/zero  of=/disk2/zhangsan/c  bs=1M  count=1
记录了 1+0 的读入
记录了 1+0 的写出
1048576 字节（1.0 MB）已复制，0.025492 s，41.1 MB/s
[zhangsan@rhel7 ~]$ dd if=/dev/zero  of=/disk2/zhangsan/d  bs=1M  count=1
dd: 打开"/disk2/zhangsan/d" 失败: 超出磁盘限额       //达到磁盘配额硬限制，无法创建文件了！！
[zhangsan@rhel7 ~]$ ls   -lh   /disk2/zhangsan/
总用量 13M
-rw-rw-r--. 1 zhangsan zhangsan   10M 6月    5 16:08 a
-rw-rw-r--. 1 zhangsan zhangsan  2.0M 6月   5 16:09 b
-rw-rw-r--. 1 zhangsan zhangsan  1.0M 6月   5 16:09 c
```

```
[zhangsan@rhel7 ~]$ exit
登出
[root@rhel7 ~]# xfs_quota -x -c 'report'   /disk2/
User quota on /disk2 (/dev/sdb1)
```

	Blocks				
User ID	Used	Soft	Hard	Warn/Grace	
root	0	0	0	00 [--------]	
zhangsan	13312	10240	13312	00	[6 days]

```
Group quota on /disk2 (/dev/sdb1)
                        Blocks
Group ID        Used    Soft    Hard    Warn/Grace
----------      -----------------------------------
root            0       0       0       00 [--------]
zhangsan        13312   0       0       00 [--------]
```

注意：在 Linux 系统下，当对用户和组同时设置磁盘配额时，哪个设置的配额小哪个就优先，以配额小的为准，读者可以自行测试。

6.3.2 子任务 2 磁盘配额的其他操作

1. 使用 edquota 修改磁盘配额

edquota 命令用于编辑指定用户或工作组磁盘配额。edquota 预设会使用 vi 来编辑使用者或群组的 quota 设置。格式是："edquota [选项][参数]"。

选项 -u：设置用户的 quota，这是预设的参数。-g：设置群组的 quota。-p <源用户名称>：将源用户的 quota 设置套用至其他用户或群组。-t：设置宽限期限。

```
[root@rhel7 ~]# edquota  -u  zhangsan
Disk quotas for user zhangsan (uid 1001):
     Filesystem        blocks      soft      hard     inodes    soft    hard
     /dev/sdb1         11264      10240     13312         5       0       0
~
:wq    [Enter]

[root@rhel7 ~]# edquota  -p  zhangsan  wangwu       //zhangsan 是用户
[root@rhel7 ~]# edquota  -gp  zhangsan  wangwu      //zhangsan 是用户组
[root@rhel7 ~]# edquota  -g  wangwu
Disk quotas for group wangwu (gid 1003):
     Filesystem        blocks      soft      hard     inodes    soft    hard
     /dev/sdb1            0          0         0         0       0       0
~
~
```

2. 使用 quota 显示磁盘限额和使用

quota 命令用于显示用户或工作组的磁盘配额信息。输出信息包括磁盘使用和配额限制。语法为："quota [-u [User]] [-g [Group]] [-v | -q] [用户|群组]"。各选项及作用如表 6-7 所示。

表 6-7　quota 的主要选项及作用

选项	作用
-u	显示用户限额。该标志是默认选项
-g	查看群组的限额
-v	显示没有已分配存储器的文件系统上的限额
-q	显示摘要消息，只包含关于使用超过限额的文件系统的信息。注：-q 标志优先于 -v 标志
-s	以 MB、GB 等方式显示
-p	显示宽限时间

root 用户可以使用带有可选 User 参数的-u 标志查看其他用户的限制。没有 root 用户权限的用户可以通过使用带有可选 Group 参数的-g 标志来查看它们所属的组的限制。

注意： 如果某个特定用户在对他有限额的文件系统上没有文件，该命令为那个用户显示 quota: none。当用户在文件系统中有文件时，显示用户的实际限额。

3．使用 repquota 检查磁盘限额和状态

执行 repquota 指令，可报告磁盘空间限制的状况，清楚得知每位用户或每个群组已使用多少空间。repquota 命令以报表的格式输出指定分区，或者文件系统的磁盘配额信息。语法："repquota [-aguv][文件系统|挂载点]"。各选项及作用如表 6-8 所示。

表 6-8　repquota 的主要选项及作用

选项	作用
-a	列出在/etc/fstab 文件里，加入 quota 设置的分区的使用状况，包括用户和群组
-g	列出所有群组的磁盘空间限制
-u	列出所有用户的磁盘空间限制
-v	显示该用户或群组的所有空间限制
-s	以 MB、GB 等方式显示
-p	显示宽限时间

```
[lisi@rhel7 ~]$ cp /disk2/zhangsan/a    /disk2/lisi/  -v
"/disk2/zhangsan/a" -> "/disk2/lisi/a"
[lisi@rhel7 ~]$ quota    -u
Disk quotas for user lisi (uid 1002):
     Filesystem  blocks   quota   limit   grace   files   quota   limit   grace
     /dev/sdb1    7168   10240   13312            2       0       0
[lisi@rhel7 ~]$ cp /disk2/zhangsan/a   /disk2/lisi/aa  -v
"/disk2/zhangsan/a" -> "/disk2/lisi/aa"
cp: 写入"/disk2/lisi/aa" 出错: 超出磁盘限额
cp: 扩展"/disk2/lisi/aa" 失败: 超出磁盘限额
[lisi@rhel7 ~]$ quota    -u
Disk quotas for user lisi (uid 1002):
     Filesystem  blocks   quota   limit   grace   files   quota   limit   grace
```

```
             /dev/sdb1    13312*   10240    13312   7days           3        0       0
[lisi@rhel7 ~]$ ls /disk2/lisi/
a   aa
[lisi@rhel7 ~]$ exit
登出
[root@rhel7 ~]# repquota -sap                   //查看所有启用配额的文件系统的配额摘要
*** Report for user quotas on device /dev/sdb1
Block grace time: 7days; Inode grace time: 7days
                        Space limits              File limits
User              used   soft    hard   grace   used   soft   hard   grace
----------------------------------------------------------------
root        --    0K     0K      0K     0       3      0      0      0
zhangsan    +-    11264K 10240K  13312K 1497318556  5  0      0      0
lisi        +-    13312K 10240K  13312K 1497318556  3  0      0      0


[root@rhel7 ~]# repquota   /disk2/              //查看/disk2 所在文件系统的配额摘要
*** Report for user quotas on device /dev/sdb1
Block grace time: 7days; Inode grace time: 7days
                        Block limits              File limits
User              used   soft   hard   grace   used   soft   hard   grace
----------------------------------------------------------------
root        --    0      0      0              3      0      0
zhangsan    +-    11264  10240  13312  6days   5      0      0
lisi        +-    13312  10240  13312  6days   3      0      0
```

显示在每个用户后面的 "--" 用于判断用户是否超出其 block 限制和 inode 限制。如果任何一个软限制被超出，相应的行的 "-" 就会被 "+" 代替。第一个 "-" 代表 block 限制，第二个 "-" 代表 inode 限制。

grace 列默认是空白。如果某个软限制被超出，这一列就会包含过渡中的剩余时间。如果过渡期已超过了，其中就会显示 none。

4. 启动与关闭磁盘配额功能

quotaon 命令用于开启磁盘空间限制，语法为："quotaon [-aguv][文件系统...]"。quotaoff 命令用于关闭磁盘空间限制，语法为："quotaoff [-aguv][文件系统|挂载点]"。这两个命令的下列选项作用相同，如表 6-9 所示。

表 6-9 quotaon 和 quotaoff 的主要选项及作用

选项	作用
-a	打开/关闭/etc/fstab 文件里加入了 quota 设置的分区的配额限制
-g	打开/关闭群组的磁盘空间限制
-u	打开/关闭用户的磁盘空间限制
-v	显示指令执行过程

```
[root@rhel7 ~]# quotaoff   -ugv        /disk2/
Disabling group quota enforcement on /dev/sdb1
/dev/sdb1: group quotas turned off
Disabling user quota enforcement on /dev/sdb1
/dev/sdb1: user quotas turned off
[root@rhel7 ~]# quotaon   -ugv        /dev/sdb1
Enabling group quota enforcement on /dev/sdb1
/dev/sdb1: group quotas turned on
Enabling user quota enforcement on /dev/sdb1
/dev/sdb1: user quotas turned on
```

```
[root@rhel7 ~]# quotaoff   -a
[root@rhel7 ~]# quotaon    -av
[root@rhel7 ~]# quotaon    -fvug     /disk2            //注：quotaon 的-f 选项用来关闭磁盘配额
Disabling group quota enforcement on /dev/sdb1
/dev/sdb1: group quotas turned off
Disabling user quota enforcement on /dev/sdb1
/dev/sdb1: user quotas turned off
```

6.4 思考与练习

一、填空题

1．Linux 系统使用_____来访问所有的硬件设备，包括磁盘及磁盘上的分区。这些设备文件存储在_____目录下。

2．Linux 系统下也可以使用光盘和软盘，光盘对应的设备文件是_____，软盘对应的设备文件是_____。

3．swap 文件系统在 Linux 系统中作为交换分区使用，交换分区用于实现_____，类似 Windows 系统下的页面文件。

4．在命令行界面下，可用命令_____来查看磁盘分区及磁盘空间的使用情况。

5．挂载和卸载文件系统的命令分别是_____和_____。

6．在 RHEL 7 及以上版本的系统中默认采用_____文件系统替换在 RHEL 6 中使用的 ext4。xfs 支持元数据日志，可加快崩溃后的恢复过程，还可在挂载且活跃的情况下进行碎片清理和扩展操作。

二、判断题

1．如果分区的类型是 fat32，则在 Linux 系统下无法打开分区上的文件。（   ）

2．Red Hat Linux 系统中提供了 fdisk 和 parted 两个命令对硬盘进行分区。相对来说，后者简单易用，适合初学者使用。（   ）

3. 在 Linux 系统中，使用命令 cp 可以直接制作光盘的 ISO 镜像文件。（   ）
4. 对磁盘进行格式化就是进行分区。（   ）
5. 使用命令 e2fsck 修复已经挂载的文件系统是不安全的。（   ）
6. 在 Linux 系统下，当对用户和组同时设置磁盘配额时，哪个设置的配额小哪个就优先，以配额小的为准。（   ）

三、选择题

1. 下面的选项中可以让命令 e2fsck 自动修复文件系统中错误的是（   ）。
   A．-n   B．-c
   C．-p   D．-r
2. 下面的命令中可以对硬盘进行格式化的是（   ）。
   A．fdisk   B．parted
   C．format   D．mke2fs
3. 以下挂载光盘的方法中，不正确的是（   ）。
   A．mount /mnt/cdrom   B．mount /dev/cdrom /mnt/cdrom
   C．mount /dev/cdrom   D．umount /mnt/cdrom /dev/cdrom
4. 为了统计文件系统中未用的磁盘空间，可以使用（   ）命令。
   A．du   B．df
   C．mount   D．ln
5. 在 Linux 系统中，硬件设备对应的设备文件大部分是安装在（   ）目录下的。
   A．/mnt   B．/dev
   C．/proc   D．/swap
6. 使用 fdisk 分区工具的 p 选项观察分区表情况时，为标记可引导分区，使用（   ）标志。
   A．a   B．*
   C．@   D．+
7. 存储设备的接口类型多种多样，下面不属于接口类型的是（   ）。
   A．SATA   B．SCSI
   C．SAS   D．SAN
8. RHEL 7 交换分区必须使用的文件系统类型是（   ），根分区默认使用的文件系统类型是（   ）。
   A．xfs   B．ext3
   C．vfat   D．swap

四、简答题

1. 某一主机系统硬盘空间不够了,如何在新增的硬盘上建立分区,并在系统中挂载使用？
2. 写出在命令行方式下，挂载和浏览 U 盘中文件的命令？
3. 简述外部存储设备的命名规则。
4. 简述 swap 文件系统的作用。
5. 简述主分区、扩展分区和逻辑分区的区别与联系。

第 7 章▶▶

Linux 系统逻辑卷管理与磁盘容错

📖 学习目标

- ◆ 理解逻辑卷管理的基本概念
- ◆ 掌握 Linux 系统磁盘配额的使用方法
- ◆ 理解不同 RAID 级别的工作原理和特点
- ◆ 掌握 Linux 系统中逻辑卷管理基本操作
- ◆ 掌握 Linux 系统中 RAID 技术的实现方法

📖 任务引导

逻辑卷管理 LVM（Logical Volume Manager）和磁盘阵列 RAID（Redundant Array of Inexpensive Disks）是 Linux 系统中非常重要的两种磁盘管理机制。LVM 类似于 Windows 中的动态磁盘，可以在磁盘不重新分区的情况下动态调整文件系统的大小，并且可以跨越物理磁盘扩展文件系统的大小，因此 LVM 是一种非常灵活、高效的磁盘管理方式。RAID 为廉价磁盘冗余阵列，是由美国加州大学伯克利分校 D. A. Patterson 教授在 1988 年提出的，该技术将一个个单独的磁盘以不同的组合方式形成一个逻辑硬盘，从而提高了磁盘读取的性能和数据的安全性，因此作为高性能、高可靠的存储技术应用广泛。本章主要介绍在 Linux 系统中如何根据工作实际需要实现 LVM 和 RAID，帮助 Linux 系统管理员构建安全、高效和灵活的数据存储系统等知识和技能。

📖 任务实施

7.1 任务 1 使用逻辑卷管理器 LVM

7.1.1 子任务 1 理解逻辑卷的基本概念

早期，硬盘驱动器（Device Driver）呈现给操作系统的是一组连续的物理块。整个硬盘驱动器都分配给文件系统或其他数据体，由操作系统或应用程序使用。这样做的缺点是缺乏灵活性：当一个硬盘驱动器的空间使用完时，很难扩展文件系统的大小。而当硬盘驱动器存储容量增加时，把整个硬盘驱动器分配给文件系统通常会导致存储空间不能充分利用。以下是 3 种改进方式。

1. 磁盘分区

磁盘分区（Disk Partitioning）的引入就是为了改善硬盘驱动器的灵活性和使用率。在分区时，硬盘驱动器被划分为几个逻辑卷（Logical Volume）。例如，一个大的物理磁盘，可以根据文件系统和应用程序的数据管理要求划分为若干个小的逻辑卷。当硬盘在主机上进行初始分区时，将一组连续的柱面分配给一个分区。主机的文件系统在访问分区时，完全不需要知道磁盘的物理结构和分区信息。

2. 磁盘串联

磁盘串联（Concatenation）是一个把若干小的物理磁盘组合起来的过程，并呈现给主机一个更大的、完整的逻辑盘。磁盘串联可以将多个小的物理磁盘串联成一个大的逻辑卷供操作系统使用。

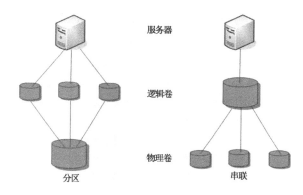

图 7-1　磁盘的分区和串联

3. 逻辑卷管理器

逻辑卷管理器 LVM 的发展使得文件系统容量的动态扩展及高效的存储管理成为可能。LVM 是一个运行在物理机器上的管理逻辑和物理存储设备的软件。LVM 也是一个介于文件系统和物理磁盘之间可选的中间层次。它可以把几个小的磁盘组合成一个大的虚拟磁盘，或反过来把一个大容量物理磁盘划分成若干小的虚拟磁盘，提供给应用程序使用。下面讨论几个 LVM 术语。

物理存储介质（The Physical Media）：这里指系统的存储设备——硬盘，如/dev/hda1、/dev/sd 等，是存储系统最低层的存储单元。

物理卷（Physical Volume）：物理卷就是硬盘分区或从逻辑上与磁盘分区具有同样功能的设备（如 RAID），是 LVM 的基本存储逻辑块，但和基本的物理存储介质（如分区、磁盘等）比较，却包含了与 LVM 相关的管理参数。

卷组（Volume Group）：LVM 卷组类似于非 LVM 系统中的物理硬盘，其由一个或多个物理卷组成。可以在卷组上创建一个或多个"LVM 分区"（逻辑卷）。

逻辑卷（Logical Volume）：LVM 的逻辑卷类似于非 LVM 系统中的硬盘分区，在逻辑卷之上可以建立文件系统（如/home 或/usr 等）。

PE（Physical Extent，物理块）：每个物理卷被划分为称为 PE 的基本单元，具有唯一编号的 PE 是可以被 LVM 寻址的最小单元。PE 的大小是可配置的，默认为 4MB。

LE（Logical Extent，逻辑块）：逻辑卷划分为称为 LE 的可被寻址的基本单位。在同一个卷组中，LE 的大小和 PE 是相同的，并且一一对应。

首先可以看到，物理卷（PV）由大小等同的基本单元 PE 组成。一个卷组由一个或多个物理卷组成，PE 和 LE 有着一一对应的关系。逻辑卷建立在卷组上。逻辑卷就相当于非 LVM 系统的磁盘分区，可以在其上创建文件系统。

和非 LVM 系统将包含分区信息的元数据保存在位于分区的起始位置的分区表中一样，逻辑卷及卷组相关的元数据保存在位于物理卷起始处的 VGDA（卷组描述符区域）中。VGDA 包括以下内容：PV 描述符、VG 描述符、LV 描述符和一些 PE 描述符。

系统启动 LVM 时激活 VG，并将 VGDA 加载至内存，来识别 LV 的实际物理存储位置。当系统进行 I/O 操作时，就会根据 VGDA 建立的映射机制来访问实际的物理位置。LVM 提供了优化的存储访问，简化了存储资源的管理。它隐藏了物理磁盘细节和数据在磁盘上的分布。同时，它也允许管理员改变存储的分配而不改变硬件，就算应用程序还在运行着也没有关系。

图 7-2 展示了将用户文件映射到磁盘存储子系统的过程。

（1）用户和应用程序产生和使用文件。
（2）将文件存储在文件系统上。
（3）文件系统把它们映射到数据单元或文件系统块上。
（4）文件系统块又被映射到逻辑区域上。
（5）通过操作系统或 LVM 把逻辑区域映射到磁盘的物理区域上。
（6）这些物理区域最终被映射到物理存储子系统上。

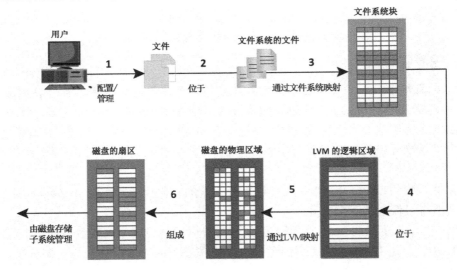

图 7-2　将用户文件映射到磁盘存储子系统

逻辑卷管理器是在 Linux 2.4 内核中被集成到内核中去的，它的出现改变了传统的磁盘空间管理理念。Linux 系统下创建 LVM 逻辑卷分三步来完成。首先，需要选择用于 LVM 的物理存储器资源。这些通常是标准分区、物理硬盘或已经创建好的 Linux Software RAID 卷。这些资源在 LVM 术语中统称为"物理卷"。设置 LVM 的第一步是正确初始化这些分区以使它们可以被 LVM 系统识别。如果添加物理分区，它还包括设置正确的分区类型，以及运行 pvcreate 命令。

在初始化 LVM 使用的一个或多个物理卷后，可以继续进行第二步——创建卷组。可以把卷组看作由一个或多个物理卷所组成的存储器池。在 LVM 运行时，可以向卷组添加物理卷，甚至从中除去它们。在卷组中不能直接安装或创建文件系统，需要在卷组上创建逻辑卷，逻辑卷可以作为操作系统的虚拟磁盘分区被文件系统格式化和挂载。

图 7-3 显示在两个物理卷上创建卷组，图 7-4 显示在卷组中创建两个逻辑卷。LVM 系统以大小相等的"块"（也称为"范围"）为单位分配存储量。可以在创建卷组时指定"块"的大小。块的大小默认为 4MB，可以满足大多数应用环境的使用。LVM 的一个好处是在已经安装了逻辑卷并在使用逻辑卷的情况下，可以动态地改变逻辑卷的物理存储位置，换句话说就是存储它们所在的磁盘。LVM 系统确保逻辑卷在管理员物理地改变存储位置的同时能够继续正常操作。

图 7-3　在物理卷上创建卷组

图 7-4　在卷组中创建逻辑卷

7.1.2　子任务 2　建立物理卷、卷组和逻辑卷

1．创建 LVM 类型磁盘分区

在创建物理卷之前必须先对磁盘进行分区，并且将磁盘分区的类型设置为 8e，之后才能将分区初始化为物理卷。

在磁盘上创建/dev/sdb5、/dev/sdb6 和/dev/sdb7，每个分区容量都是 10GB，文件系统类型为 8e，也就是 Linux LVM。

```
[root@rhel7 ~]# fdisk    /dev/sdb    -l

磁盘 /dev/sdb：85.9 GB, 85899345920 字节，167772160 个扇区
Units = 扇区 of 1 * 512 = 512 bytes
扇区大小（逻辑/物理）：512 字节 / 512 字节
I/O 大小（最小/最佳）：512 字节 / 512 字节
磁盘标签类型：dos
磁盘标识符：0x6a1c9b3d

   设备 Boot      Start         End      Blocks   Id  System
/dev/sdb1            2048    20973567    10485760   8e  Linux LVM
/dev/sdb2        20973568    41945087    10485760   8e  Linux LVM
/dev/sdb3        41945088    62916607    10485760   8e  Linux LVM
/dev/sdb4        62916608   167772159    52427776    5  Extended
/dev/sdb5        62918656    83890175    10485760   8e  Linux LVM
```

/dev/sdb6	83892224	104863743	10485760	8e	Linux LVM
/dev/sdb7	104865792	125837311	10485760	8e	Linux LVM
/dev/sdb8	125839360	167772159	20966400	83	Linux

2. 创建物理卷 PV

pvcreate 指令用于将物理硬盘分区初始化为物理卷，以便被 LVM 使用。语法："pvcreate [选项] [参数]"。各选项及作用如表 7-1 所示。

表 7-1 pvcreate 的主要选项及作用

选项	作用
-f	强制创建物理卷，不需要用户确认
-u	指定设备的 UUID
-y	所有的问题都回答"yes"
-Z	是否利用前 4 个扇区

```
[root@rhel7 ~]# pvcreate    /dev/sdb1
  Physical volume "/dev/sdb1" successfully created
[root@rhel7 ~]# pvdisplay    /dev/sdb1
  "/dev/sdb1" is a new physical volume of "10.00 GiB"
  --- NEW Physical volume ---
  PV Name                   /dev/sdb1
  VG Name
  PV Size                   10.00 GiB
  Allocatable               NO
  PE Size                   0
  Total PE                  0
  Free PE                   0
  Allocated PE              0
  PV UUID                   wP8ZBm-FK3t-R25C-4Mdp-wX3U-QUAl-vzA3Ey
```

使用同样的方法创建/dev/sdb2 和/dev/sdb3。物理卷直接建立在物理硬盘或硬盘分区上，所以物理卷的设备文件名和其所在的物理设备名字相同。

3. 创建卷组 VG

卷组设备文件在创建卷组时自动生成，在/dev/目录下，与卷组同名。卷组中的所有逻辑设备文件都保存在该目录下。卷组中可以包含一个或多个物理卷。vgcreate 命令用于创建 LVM 卷组。语法："vgcreate [选项] 卷组名 物理卷名 [物理卷名...]"。各选项及作用如表 7-2 所示。

表 7-2　vgcreate 的主要选项及作用

选项	作　用
-l	卷组上允许创建的最大逻辑卷数
-p	卷组中允许添加的最大物理卷数
-s	卷组上的物理卷的 PE 大小，默认值为 4MB

```
[root@rhel7 ~]# vgcreate vg1    /dev/sdb1    /dev/sdb2
  Volume group "vg1" successfully created
[root@rhel7 ~]# vgcreate vg1    /dev/sdb1    /dev/sdb2
  A volume group called vg1 already exists.
```

4．创建逻辑卷 LV

lvcreate 命令用于创建 LVM 的逻辑卷。逻辑卷是创建在卷组之上的。逻辑卷对应的设备文件保存在卷组目录下，例如：在卷组"vg1000"上创建一个逻辑卷"lvol0"，则此逻辑卷对应的设备文件为"/dev/vg1000/lvol0"。语法："lvcreate [选项] [参数]"。各选项及作用如表 7-3 所示。

表 7-3　lvcreate 的主要选项及作用

选　项	作　用
-L	指定逻辑卷的大小，单位为"kKmMgGtT"字节
-l	指定逻辑卷的大小（LE 数）
-n	后面跟逻辑卷名
-s	创建快照

```
[root@rhel7 ~]# lvcreate -L    25G    -n    lv1    vg1
  Volume group "vg1" has insufficient free space (5118 extents): 6400 required.    //没有足够的空间
[root@rhel7 ~]# lvcreate -L    18G    -n    lv1    vg1
  Logical volume "lv1" created
[root@rhel7 ~]# lvcreate -L    0.5G    -n    lv2    vg1
  Logical volume "lv2" created                              //同一个卷组上可以建立多个逻辑卷
```

5．挂载和使用逻辑卷

```
[root@rhel7 ~]# lvscan                          //查看可以使用的逻辑卷
  ACTIVE        '/dev/vg1/lv1' [18.00 GiB] inherit
  ACTIVE        '/dev/vg1/lv2' [512.00 MiB] inherit
  ACTIVE        '/dev/rhel/swap' [2.00 GiB] inherit
  ACTIVE        '/dev/rhel/root' [17.51 GiB] inherit
[root@rhel7 ~]# ls    /dev/vg1/    -l
总用量 0
lrwxrwxrwx. 1 root root 7 6 月      6 14:32 lv1 -> ../dm-2
```

```
lrwxrwxrwx. 1 root root 7 6月    6 14:35 lv2 -> ../dm-3
[root@rhel7 ~]# mkfs.xfs    /dev/vg1/lv2                    //逻辑卷在挂载和使用前要先格式化
meta-data=/dev/vg1/lv2              isize=256    agcount=4, agsize=32768 blks
         =                          sectsz=512   attr=2, projid32bit=1
         =                          crc=0
data     =                          bsize=4096   blocks=131072, imaxpct=25
         =                          sunit=0      swidth=0 blks
naming   =version 2                 bsize=4096   ascii-ci=0 ftype=0
log      =internal log              bsize=4096   blocks=853, version=2
         =                          sectsz=512   sunit=0 blks, lazy-count=1
realtime =none                      extsz=4096   blocks=0, rtextents=0
[root@rhel7 ~]# mkdir    /mnt/lv2
[root@rhel7 ~]# mount    /dev/vg1/lv2    /mnt/lv2           //挂载逻辑卷
[root@rhel7 ~]# touch    /mnt/lv2/lihua.txt
[root@rhel7 ~]# df -Th
文件系统              类型       容量    已用    可用   已用%    挂载点
/dev/mapper/rhel-root xfs        18G    4.6G    13G    27%     /
……                   ……
/dev/sda1             xfs        497M   122M    376M   25%     /boot
/dev/sr0              iso9660    3.5G   3.5G    0      100%    /run/media/root/RHEL-7.0 Server.x86_64
/dev/mapper/vg1-lv2   xfs        509M   26M     483M   6%      /mnt/lv2
```

7.1.3 子任务 3 查看物理卷、卷组和逻辑卷

1. 扫描找出物理卷

pvscan 命令用于扫描系统中连接的所有硬盘，列出找到的物理卷列表。语法："pvscan [选项]"。各选项及作用如表 7-4 所示。

表 7-4 pvscan 的主要选项及作用

选 项	作 用
-d	调试模式
-n	仅显示不属于任何卷组的物理卷
-s	短格式输出
-u	显示 UUID
-e	仅显示属于输出卷组的物理卷

```
[root@rhel7 ~]# pvscan
  PV /dev/sdb1    VG vg1        lvm2 [10.00 GiB / 0       free]
  PV /dev/sdb2    VG vg1        lvm2 [10.00 GiB / 1.49 GiB free]
  PV /dev/sda2    VG rhel       lvm2 [19.51 GiB / 0       free]
  PV /dev/sdb3                  lvm2 [10.00 GiB]
```

```
Total: 4 [49.50 GiB] / in use: 3 [39.50 GiB] / in no VG: 1 [10.00 GiB]
[root@rhel7 ~]# pvscan -n
   WARNING: only considering physical volumes in no volume group
   PV /dev/sdb3                        lvm2 [10.00 GiB]
   Total: 1 [10.00 GiB]  / in use: 0 [0    ] / in no  VG: 1  [10.00 GiB]
```

2. 显示物理卷的属性

pvdisplay 命令用于显示物理卷的属性。pvdisplay 命令显示的物理卷信息更加详细，包括物理卷名称、所属的卷组、物理卷大小、PE 大小、总 PE 数、可用 PE 数、已分配的 PE 数和 UUID。语法："pvdisplay [选项][物理卷路径]"。各选项及作用如表 7-5 所示。

表 7-5 pvdisplay 的主要选项及作用

选项	作用
-s|--short	以短格式输出
-m	显示 PE 到 LE 的映射
--columns|-C	以列的形式显示
-h|--help	显示帮助

```
[root@rhel7 ~]# pvdisplay
   --- Physical volume ---
   PV Name               /dev/sda2
   VG Name               rhel
   PV Size               19.51 GiB / not usable 3.00 MiB
   Allocatable           yes (but full)
   PE Size               4.00 MiB
   Total PE              4994
   Free PE               0
   Allocated PE          4994
   PV UUID               oB21Db-Ix0i-ggQB-PnZc-dF9u-Z12p-sBX0f0

   --- Physical volume ---
   PV Name               /dev/sdb1
   VG Name               vg1
   PV Size               10.00 GiB / not usable 4.00 MiB
   Allocatable           yes (but full)
   PE Size               4.00 MiB
   Total PE              2559
   Free PE               0
   Allocated PE          2559
   PV UUID               wP8ZBm-FK3t-R25C-4Mdp-wX3U-QUAl-vzA3Ey
```

```
--- Physical volume ---
PV Name               /dev/sdb2
VG Name               vg1
PV Size               10.00 GiB / not usable 4.00 MiB
Allocatable           yes
PE Size               4.00 MiB
Total PE              2559
Free PE               382
Allocated PE          2177
PV UUID               wQ0KzN-FFNC-c838-H7Kg-WFEC-m0zS-1XfKtr

"/dev/sdb3" is a new physical volume of "10.00 GiB"
--- NEW Physical volume ---
PV Name               /dev/sdb3
VG Name               
PV Size               10.00 GiB
Allocatable           NO
PE Size               0
Total PE              0
Free PE               0
Allocated PE          0
PV UUID               8RfSZV-ajvo-cITi-6zSA-WYiy-3rh2-e3ipkj
[root@rhel7 ~]# pvdisplay  -s
  Device "/dev/sda2" has a capacity of 0
  Device "/dev/sdb1" has a capacity of 0
  Device "/dev/sdb2" has a capacity of 1.49 GiB
  Device "/dev/sdb3" has a capacity of 10.00 GiB
```

3. 扫描找出卷组

vgscan 命令作用查找系统中存在的 LVM 卷组，并显示找到的卷组列表。语法："vgscan [选项]"。各选项及作用如表 7-6 所示。

表 7-6 vgscan 的主要选项及作用

选项	作用
-d	调试模式
--cache	指示 lvmetad 守护进程更新其缓存状态
--ignorelockingfailure	忽略锁定失败的错误

```
[root@rhel7 ~]# vgscan
  Reading all physical volumes.  This may take a while...
  Found volume group "vg1" using metadata type lvm2
  Found volume group "rhel" using metadata type lvm2
```

4. 显示卷组的属性

vgdisplay 命令用于显示 LVM 卷组的信息。如果不指定 "卷组" 参数，则分别显示所有卷组的属性。语法："vgdisplay [选项] [卷组]"。vgdisplay 选项及作用如表 7-7 所示。

表 7-7 vgdisplay 的主要选项及作用

选项	作用
-A	仅显示活动卷组的属性
-s	使用短格式输出的信息

```
[root@rhel7 ~]# vgdisplay
  --- Volume group ---
  VG Name               vg1
  System ID
  Format                lvm2
  Metadata Areas        2
  Metadata Sequence No  3
  VG Access             read/write
  VG Status             resizable
  MAX LV                0
  Cur LV                2
  Open LV               0
  Max PV                0
  Cur PV                2
  Act PV                2
  VG Size               19.99 GiB
  PE Size               4.00 MiB
  Total PE              5118
  Alloc PE / Size       4736 / 18.50 GiB
  Free  PE / Size       382 / 1.49 GiB
  VG UUID               Bm3AP1-Nsyl-AedJ-tmAV-yHeg-G6fO-HyZPHv

  --- Volume group ---
  VG Name               rhel
  System ID
  Format                lvm2
  Metadata Areas        1
  Metadata Sequence No  3
  VG Access             read/write
  VG Status             resizable
  MAX LV                0
  Cur LV                2
```

```
Open LV                    2
Max PV                     0
Cur PV                     1
Act PV                     1
VG Size                    19.51 GiB
PE Size                    4.00 MiB
Total PE                   4994
Alloc PE / Size            4994 / 19.51 GiB
Free  PE / Size            0 / 0
VG UUID                    Uw71oW-LJdU-NlpH-EACC-Laiq-xJ3A-aivPg6

[root@rhel7 ~]# vgdisplay  -s
  "vg1" 19.99 GiB [18.50 GiB used / 1.49 GiB free]
  "rhel" 19.51 GiB [19.51 GiB used / 0      free]
```

5．扫描找出逻辑卷

lvscan 命令用于扫描当前系统中存在的所有 LVM 逻辑卷。使用 lvscan 指令可以发现系统中的所有逻辑卷及其对应的设备文件。语法："lvscan [-b]"。各选项及作用如表 7-8 所示。

表 7-8　lvscan 的主要选项及作用

选项	作用
-h	显示命令的帮助
-d	调试模式
--ignorelockingfailure	忽略锁定失败的错误

```
[root@rhel7 ~]# lvscan
  ACTIVE        '/dev/vg1/lv1' [18.00 GiB] inherit
  ACTIVE        '/dev/vg1/lv2' [512.00 MiB] inherit
  ACTIVE        '/dev/rhel/swap' [2.00 GiB] inherit
  ACTIVE        '/dev/rhel/root' [17.51 GiB] inherit
```

6．显示逻辑卷的属性

lvdisplay 命令用于显示 LVM 逻辑卷空间大小、读写状态和快照信息等属性。如果省略"逻辑卷"参数，则 lvdisplay 命令显示所有的逻辑卷属性；否则，仅显示指定的逻辑卷属性。语法："lvdisplay [逻辑卷]"。各选项及作用如表 7-9 所示。

表 7-9　lvdisplay 的主要选项及作用

选项	作用
--columns|-C	以列的形式显示
-h|--help	显示帮助

```
[root@rhel7 ~]# lvdisplay        /dev/vg1/lv2
  --- Logical volume ---
  LV Path                /dev/vg1/lv2
  LV Name                lv2
  VG Name                vg1
  LV UUID                SyVhyU-l0gc-pq6c-XFvL-sJKp-3rxI-ZU7XXp
  LV Write Access        read/write
  LV Creation host, time rhel7, 2017-06-06 14:35:01 +0800
  LV Status              available
  # open                 0
  LV Size                512.00 MiB
  Current LE             128
  Segments               1
  Allocation             inherit
  Read ahead sectors     auto
  - currently set to     8192
  Block device           253:3
[root@rhel7 ~]# lvdisplay -C
  LV    VG   Attr      LSize   Pool Origin Data%  Move Log Cpy%Sync Convert
  root  rhel -wi-ao----  17.51g
  swap  rhel -wi-ao----   2.00g
  lv1   vg1  -wi-a-----  18.00g
  lv2   vg1  -wi-a-----  512.00m
```

7.1.4 子任务 4 动态调整卷组、逻辑卷的容量

1．增加新的物理卷到卷组

vgextend 命令用于动态扩展 LVM 卷组，它通过向卷组中添加物理卷来增加卷组的容量。LVM 卷组中的物理卷可以在使用 vgcreate 命令创建卷组时添加，也可以使用 vgextend 命令动态添加。语法："vgextend [选项] [卷组名] [物理卷路径]"。各选项及作用如表 7-10 所示。

表 7-10　vgextend 的主要选项及作用

选　　项	作　　用
-h	显示命令的帮助
-d	调试模式
-f	强制扩展卷组
-v	显示详细信息

```
[root@rhel7 ~]# pvscan
  PV /dev/sdb1    VG vg1          lvm2 [10.00 GiB / 0      free]
  PV /dev/sdb2    VG vg1          lvm2 [10.00 GiB / 1.49 GiB free]
```

```
    PV /dev/sda2         VG rhel              lvm2 [19.51 GiB / 0       free]
    PV /dev/sdb3                              lvm2 [10.00 GiB]
    Total: 4 [49.50 GiB] / in use: 3 [39.50 GiB] / in no VG: 1 [10.00 GiB]
[root@rhel7 ~]# vgextend vg1    /dev/sdb3
    Volume group "vg1" successfully extended
[root@rhel7 ~]# pvscan
    PV /dev/sdb1         VG vg1      lvm2 [10.00 GiB / 0       free]
    PV /dev/sdb2         VG vg1      lvm2 [10.00 GiB / 1.49 GiB free]
    PV /dev/sdb3         VG vg1      lvm2 [10.00 GiB / 10.00 GiB free]
    PV /dev/sda2         VG rhel     lvm2 [19.51 GiB / 0       free]
    Total: 4 [49.50 GiB] / in use: 4 [49.50 GiB] / in no VG: 0 [0    ]    //增加了 10G 的 sdb3 到卷组 vg1
```

2. 从卷组中移除物理卷

vgreduce 指令通过删除 LVM 卷组中的物理卷来减少卷组容量。语法："vgreduce [选项] [卷组名] [物理卷路径]"。其常用选项及作用如表 7-11 所示。

表 7-11 vgreduce 的主要选项及作用

选项	作用
-a	如果命令行中没有指定要删除的物理卷，那么删除所有空的物理卷
--removemissing	卷组中删除所有丢失的物理卷，使卷组恢复正常状态

```
[root@rhel7 ~]# vgreduce    vg1     /dev/sdb3
    Removed "/dev/sdb3" from volume group "vg1"
```

3. 减少空间到逻辑卷

减少 lv 空间的操作是有风险的，操作之前一定要做好备份，以免数据丢失。要减少一个 lv 的空间，必须先减小其上的文件系统的大小。具体操作顺序是：检查文件系统，减少文件系统大小，减小 lv 大小。使用 lvextend 命令可以为逻辑卷进行扩容，完成后需要执行使 resize2fs 命令更新系统识别的文件系统大小。

举例，将 testlv 减小到 10GB，命令依次为："e2fsck -f /dev/vg/testlv"、"resize2fs /dev/vg/testlv 10G"、"lvreduce －L 10G /dev/vg/lv"。也可以用一条命令完成"lvreduce -L 10G -f -r /dev/vg/testlv"。

```
[root@rhel7 ~]# lvreduce －L 15G -f -r /dev/vg1/lv1
fsadm: Xfs filesystem shrinking is unsupported //r 选项只支持 ext2/ext3/ext4，不支持 xfs 文件系统！！
    fsadm failed: 1
    Filesystem resize failed.
[root@rhel7 ~]# lvreduce -L 15G -f /dev/vg1/lv1    //r 选项不支持 xfs 文件系统！！
    WARNING: Reducing active and open logical volume to 15.00 GiB
    THIS MAY DESTROY YOUR DATA (filesystem etc.)
    Reducing logical volume lv1 to 15.00 GiB
    Logical volume lv1 successfully resized
```

```
[root@rhel7 ~]# df    /mnt/lv1    -h
文件系统              容量   已用   可用  已用%  挂载点
/dev/mapper/vg1-lv1   19G   33M   19G   1%   /mnt/lv1
[root@rhel7 ~]# mount   |grep lv
/dev/mapper/vg1-lv1 on /mnt/lv1 type xfs (rw,relatime,seclabel,attr2,inode64,noquota)
[root@rhel7 ~]# lvreduce -L 11G   -f    /dev/vg1/lv1
    WARNING: Reducing active and open logical volume to 11.00 GiB
    THIS MAY DESTROY YOUR DATA (filesystem etc.)
    Reducing logical volume lv1 to 11.00 GiB
    Logical volume lv1 successfully resized
[root@rhel7 ~]# df    /mnt/lv1    -h         //逻辑卷使用的实际空间和执行 lvreduce 前比没有变化
文件系统              容量   已用   可用  已用%  挂载点
/dev/mapper/vg1-lv1   19G   33M   19G   1%   /mnt/lv1
[root@rhel7 ~]#
```

4．增加空间到逻辑卷

lvextend 命令用于动态在线扩展逻辑卷的空间大小，而不中断应用程序对逻辑卷的访问。语法："lvextend [选项][逻辑卷路径]"。各选项及作用如表 7-12 所示。

表 7-12　lvextend 的主要选项及作用

选　　项	作　　用
-h	显示命令的帮助
-L ＜+大小＞	指定逻辑卷的大小，单位为"kKmMgGtT"字节
-f|--force	强制扩展
-l	指定逻辑卷的大小（LE 数）
-r|--resizefs ＜大小＞	重置文件系统使用的空间，单位为"kKmMgGtT"字节

LVM 是一种灵活性很强的磁盘空间管理方式，可以方便地增大、减小文件系统，这里说一下增大、减小 lv 及文件系统大小的操作过程。修改 lv 及文件系统的大小，必须先将 lv 及文件系统卸载，然后才可以操作。

增大空间有两种方法：一个是指定在现有的空间上增加的大小，另一个是指定将现有空间增大到多少。举例，如果 testlv 目前的大小是 20GB，在 testlv 现有空间的基础上再增加 10GB。执行"lvextend -L +10G -f －r /dev/testvg/testlv"，此时 testlv 的大小是 30GB。若将 testlv 的空间扩大到 100GB，执行"lvextend -L 100G -f －r /dev/testvg/testlv"，此时 testlv 的大小是 100GB。也可以分步操作，先增大 lv 的大小，再修改文件系统的大小，还以增加 10GB 为例，先执行命令"lvextend -L +10G /dev/testvg/testlv"，再执行"resize2fs -f /dev/testvg/testlv 30G"。

```
[root@rhel7 ~]# lvextend   -L   +1G  -f   -r   /dev/vg1/lv1      //要扩展的逻辑卷必须先格式化
fsadm: Cannot get FSTYPE of "/dev/mapper/vg1-lv1"
    Filesystem check failed.
[root@rhel7 ~]# mkfs.xfs      /dev/vg1/lv1         //先要格式化
```

```
meta-data=/dev/vg1/lv1           isize=256      agcount=4, agsize=1179648 blks
……                               ……
realtime =none                   extsz=4096     blocks=0, rtextents=0
[root@rhel7 ~]# vgchange  -a  y  vg1                    //要扩展的逻辑卷必须处于活跃状态
  1 logical volume(s) in volume group "vg1" now active
[root@rhel7 ~]# lvextend -L +1G  -f   -r  /dev/vg1/lv1
Phase 1 - find and verify superblock...
Phase 2 - using internal log
        - scan filesystem freespace and inode maps...
        - found root inode chunk
Phase 3 - for each AG...
        - scan (but don't clear) agi unlinked lists...
        - process known inodes and perform inode discovery...
        - agno = 0
        - agno = 1
        - agno = 2
        - agno = 3
        - process newly discovered inodes...
Phase 4 - check for duplicate blocks...
        - setting up duplicate extent list...
        - check for inodes claiming duplicate blocks...
        - agno = 0
        - agno = 1
        - agno = 2
        - agno = 3
No modify flag set, skipping phase 5
Phase 6 - check inode connectivity...
        - traversing filesystem ...
        - traversal finished ...
        - moving disconnected inodes to lost+found ...
Phase 7 - verify link counts...
No modify flag set, skipping filesystem flush and exiting.
  Extending logical volume lv1 to 19.00 GiB
  Logical volume lv1 successfully resized
meta-data=/dev/mapper/vg1-lv1    isize=256      agcount=4, agsize=1179648 blks
         =                       sectsz=512     attr=2, projid32bit=1
         =                       crc=0
data     =                       bsize=4096     blocks=4718592, imaxpct=25
         =                       sunit=0        swidth=0 blks
naming   =version 2               bsize=4096     ascii-ci=0 ftype=0
log      =internal                bsize=4096     blocks=2560, version=2
```

```
              =                      sectsz=512    sunit=0 blks, lazy-count=1
realtime =none                        extsz=4096    blocks=0, rtextents=0
data blocks changed from 4718592 to 4980736            //动态在线增加了 1GB 容量
```

增加 xfs 文件系统的容量使用命令 xfs_growfs，只能扩展。xfs 是一个开源的（GPL）日志文件系统，最初由硅谷图形（SGI）开发，现在大多数 Linux 系统发行版都支持。事实上，XFS 已被最新的 CentOS/RHEL 7 采用，成为其默认的文件系统。在其众多的特性中，包含了"在线调整大小"这一特性，使得现存的 xfs 文件系统在已经挂载的情况下可以进行扩展。然而，对于 xfs 文件系统的缩减还没有支持。语法："xfs_growfs [选项][挂载点]"。各选项及作用如表 7-13 所示。

表 7-13 xfs_growfs 的主要选项及作用

选 项	作 用
-d	自动扩展 xfs 文件系统的容量到最大的可用大小
-D <size>	使 xfs 文件系统的容量增加到指定大小，单位为数据块

```
[root@rhel7 ~]# xfs_info    /mnt/lv1
meta-data=/dev/mapper/vg1-lv1      isize=256      agcount=5, agsize=1179648 blks
         =                          sectsz=512    attr=2, projid32bit=1
         =                          crc=0
data     =                          bsize=4096    blocks=4980736, imaxpct=25
         =                          sunit=0       swidth=0 blks
naming   =version 2                 bsize=4096    ascii-ci=0 ftype=0
log      =internal                  bsize=4096    blocks=2560, version=2
         =                          sectsz=512    sunit=0 blks, lazy-count=1
realtime =none                      extsz=4096    blocks=0, rtextents=0
[root@rhel7 ~]# xfs_growfs     /mnt/lv1    -D  5111808
meta-data=/dev/mapper/vg1-lv1      isize=256      agcount=5, agsize=1179648 blks
……                                 ……
realtime =none                      extsz=4096    blocks=0, rtextents=0
data size 5111808 too large, maximum is 2097152
```

如果不使用"-D"选项来指定大小，xfs_growfs 将自动扩展 xfs 文件系统的容量到最大的可用大小。

注意： 当扩展一个现存的 xfs 文件系统时，必须事先准备好用于扩展的空间。如果所在的分区或磁盘卷上没有空闲空间，xfs_growfs 就没有办法实现扩展。同时，如果尝试扩展 xfs 文件系统的容量超过磁盘分区或卷的大小，xfs_growfs 扩展也将会失败。

7.1.5 子任务 5 删除逻辑卷、卷组和物理卷

当需要删除 LVM 时，首先要删除逻辑卷，然后删除卷组，最后删除物理卷。在删除卷组之前，首先要把其设置为非活动状态。

1. 更改卷组的属性

vgchange 命令用于修改卷组的属性，经常用来设置卷组处于活动状态或非活动状态。语法："vgchange [选项][卷组名]"。各选项及作用如表 7-14 所示。

表 7-14　vgchange 的主要选项及作用

选 项	作 用
-a　<y|n>	设置卷组中的逻辑卷的可用性
-u	为指定的卷组随机生成新的 UUID
-l　<最大逻辑卷数>	更改现有不活动卷组的最大逻辑卷数量
-L　<最大物理卷数>	更改现有不活动卷组的最大物理卷数量
-s　<PE 大小>	更改该卷组的物理卷上的 PE 的大小
-noudevsync	禁用 udev 同步
-x　<y|n>	启用或禁用在此卷组上扩展/减少物理卷

```
[root@rhel7 ~]# vgchange -a y   vg1
    1 logical volume(s) in volume group "vg1" now active
[root@rhel7 ~]# vgchange -a n   vg1                         //将 vg1 设置为不活动状态
    0 logical volume(s) in volume group "vg1" now active
```

2. 删除逻辑卷

lvremove 命令用于删除指定的 LVM 逻辑卷。语法："lvremove [选项][逻辑卷路径]"。各选项及作用如表 7-15 所示。

表 7-15　lvremove 的主要选项及其作用

选 项	作 用
-f|--force	强制删除
-noudevsync	禁用 udev 同步

```
[root@rhel7 ~]# lvremove /dev/vg1/lv2
    Logical volume vg1/lv2 contains a filesystem in use.
[root@rhel7 ~]# umount    /dev/vg1/lv2           //必须使用 umount 命令卸载后，逻辑卷方可被删除
[root@rhel7 ~]# lvremove /dev/vg1/lv2
Do you really want to remove active logical volume lv2? [y/n]: y
    Logical volume "lv2" successfully removed
[root@rhel7 ~]#
```

3. 删除卷组

vgremove 命令用于删除指定的卷组。语法："vgremove [选项][卷组]"。各选项及作用如表 7-16 所示。

表 7-16　vgremove 的主要选项及作用

选　　项	作　　用
-f|--force	强制删除
-v	显示详细信息

```
[root@rhel7 ~]# vgremove    /dev/vg1
Do you really want to remove volume group "vg1" containing 1 logical volumes? [y/n]: y
  Logical volume vg1/lv1 contains a filesystem in use.
```

4．删除物理卷

pvremove 命令用于删除指定的物理卷。语法："pvremove [选项][物理卷]"。各选项及作用如表 7-17 所示。

表 7-17　pvremove 的主要选项及作用

选　　项	作　　用
-f|--force	强制删除
-y	所有问题都回答 yes

```
[root@rhel7 ~]# pvremove    /dev/sdb1
  Labels on physical volume "/dev/sdb1" successfully wiped
[root@rhel7 ~]# pvremove /dev/sdb2    /dev/sdb3
  Labels on physical volume "/dev/sdb2" successfully wiped
  Labels on physical volume "/dev/sdb3" successfully wiped
```

7.2　任务 2　使用 RAID 实现磁盘容错

7.2.1　子任务 1　理解 RAID 的基本原理

1．RAID 级别及适用

RAID 技术是一种工业标准，不同的组合方式用 RAID 级别来标识。RAID 技术经过不断的发展，现在已拥有了从 RAID 0～5 等 6 种明确标准级别的 RAID 级别。另外，其他还有 6、7、10（RAID 1 与 RAID 0 的组合）、01（RAID 0 与 RAID 1 的组合）、30（RAID 3 与 RAID 0 的组合）、50（RAID 0 与 RAID 5 的组合）等。不同 RAID 级别代表着不同的存储性能、数据安全性和存储成本，下面介绍如下 RAID 级别：0、1、2、3、4、5、6、01、10。

1）RAID 0

RAID 0 也称为条带化（stripe），将数据分成一定的大小顺序地写到阵列的磁盘里。RAID 0 可以并行地执行读写操作，可以充分利用总线的带宽。理论上讲，一个由 N 个磁盘组成的

RAID 0 系统，它的读写性能将是单个磁盘读取性能的 N 倍。且磁盘空间的存储效率最大（100%）。RAID 0 有一个明显的缺点：不提供数据冗余保护，一旦数据损坏，将无法恢复。

如图 7-5 所示，系统向 RAID 0 系统（四个磁盘组成）发出的 I/O 数据请求被转化为 4 项操作，其中的每一项操作都对应于一块物理硬盘。通过建立 RAID 0，原先顺序的数据请求被分散到四块硬盘中同时执行。

从理论上讲，四块硬盘的并行操作使同一时间内磁盘读写速度提升了 4 倍。但由于总线带宽等多种因素的影响，实际提升速率会低于理论值，但是，大量数据并行传输与串行传输比较，性能必然大幅提高。RAID 0 应用于对读取性能要求较高但所存储的数据为非重要数据的情况下。

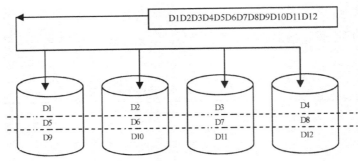

图 7-5　RAID 0 原理图

2）RAID 1

RAID 1 称为镜像（mirror），它将数据完全一致的分别写到工作磁盘和镜像磁盘，如图 7-6 所示。因此它的磁盘空间利用率为 50%，在数据写入时时间会有影响，但是读的时候没有任何影响。

RAID 1 提供了最佳的数据保护，一旦工作磁盘发生故障，系统自动从镜像磁盘读取数据，不会影响用户工作。

RAID 1 适用于对数据保护极为重视的应用。

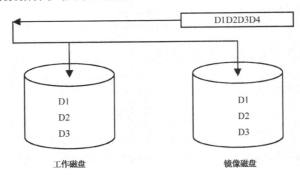

图 7-6　RAID 1 原理图

3）RAID 2

RAID 2 称为纠错海明码磁盘阵列，阵列中序号为 $2N$ 的磁盘（第 1、2、4、6、…）作为校验盘，其余的磁盘用于存放数据，磁盘数目越多，校验盘所占比例越少。RAID 2 在大数据存储额情况下性能很高，RAID 2 的实际应用很少。

4）RAID 3

RAID 3 采用一个硬盘作为校验盘，其余的磁盘作为数据盘，数据按位或字节的方式交叉存取到各个数据盘中，如图 7-7 所示。不同磁盘上同一带区的数据做异或校验，并把校验值写入校验盘。

RAID 3 在完整的情况下读取时没有任何性能上的影响，读性能与 RAID 0 一致，却提供了数据容错能力，但是，在写时性能大为下降，因为每一次写操作，即使改动某个数据盘上的一个数据块，也必须根据所有同一带区的数据来重新计算校验值并写入校验盘中，一个写操作包含写入数据块、读取同一带区的数据块、计算校验值、写入校验值等操作，系统开销大为增加。

当 RAID 3 中有数据盘出现损坏时，不会影响用户读取数据，如果读取的数据块正好在损坏的磁盘上，则系统需要读取所有同一带区的数据块，然后根据校验值重新构建数据，系统性能受到影响。

RAID 3 的校验盘在系统接受大量的写操作时容易形成性能瓶颈，因而适用于有大量读操作（如 Web 系统及信息查询等应用）或持续大块数据流（如非线性编辑）的应用。

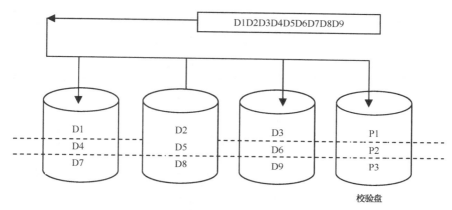

图 7-7　RAID 3 原理图

5）RAID 4

RAID 4 与 RAID 3 基本一致，区别在于条带化的方式不一样，RAID 4 按照块的方式存放数据，所以在写操作时只涉及两块磁盘：数据盘和校验盘，提高了系统的 I/O 性能。但面对随机的、分散的写操作，单一的校验盘往往成为性能瓶颈。

6）RAID 5

RAID 5 与 RAID 3 的机制相似，但是数据校验的信息被均匀地分散到的阵列的各个磁盘上，这样就不存在并发写操作时的校验盘性能瓶颈，如图 7-8 所示。阵列的磁盘上既有数据，也有数据校验信息，数据块和对应的校验信息会存储于不同的磁盘上，当一个数据盘损坏时，系统可以根据同一带区的其他数据块和对应的校验信息来重构损坏的数据。

RAID 5 可以理解为 RAID 0 和 RAID 1 的折中方案。RAID 5 可以为系统提供数据安全保障，但保障程度要比 RAID 1 低而磁盘空间利用率要比 RAID 1 高。RAID 5 具有和 RAID 0 近似的数据读取速度，只是多了一个奇偶校验信息，写入数据的速度比对单个磁盘进行写入操作稍慢。同时由于多个数据对应一个奇偶校验信息，RAID 5 的磁盘空间利用率要比 RAID 1 高，存储成本相对较低。

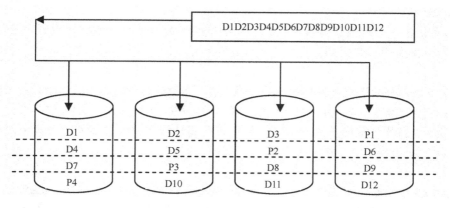

图 7-8　RAID 5 原理图

RAID 5 在数据盘损坏时的情况和 RAID 3 相似，由于需要重构数据，性能会受到影响。

7）RAID 6

RAID 6 提供两级冗余，即阵列中的两个驱动器失败时，阵列仍然能够继续工作。

一般而言，RAID 6 的实现代价最高，因为 RAID 6 不仅要支持数据的恢复，还要支持校验的恢复，这使得 RAID 6 控制器比其他级 RAID 更复杂、更昂贵。

（1）RAID 6 的校验数据。

当对每个数据块执行写操作时，RAID 6 做两个独立的校验计算，因此，它能够支持两个磁盘的失败。为了实现这个思想，目前基本有两个已经接受的方法：

- 使用多种算法，如 XOR 和某种其他函数。
- 在不同的数据分条或磁盘上使用排列的数据。

（2）RAID 6 的一维冗余。

RAID 6 的第一种方法是用两种不同的方法计算校验数据。实现这个思想最容易的方法之一是用两个校验磁盘支持数据磁盘，第一个校验磁盘支持一种校验算法，而第二个磁盘支持另一种校验算法，使用两种算法称为 P+Q 校验。一维冗余是指使用另一个校验磁盘，但所包含的分块数据是相同的。例如，P 校验值可能由 XOR 函数产生，这样，Q 校验函数需要是其他的某种操作，一个很有力的候选者是 Reed Solomon 误差修正编码的变体，这个误差修正编码一般用于磁盘和磁带驱动器。假如两个磁盘失败，那么通过求解带有两个变量的方程，可以恢复两个磁盘上的数据，这是一个代数方法，可以由硬件辅助处理器加速求解。

8）RAID 10

RAID 10 是 RAID 1 和 RAID 0 的结合，也称为 RAID（0+1），如图 7-9 所示。RAID 10 先做镜像然后做条带化，既提高了系统的读/写性能，又提供了数据冗余保护，RAID 10 的磁盘空间利用率和 RAID1 是一样的，为 50%。RAID10 适用于既有大量的数据需要存储又对数据安全性有严格要求的领域，如金融、证券等。

9）RAID 01

RAID 01 也是 RAID 0 和 RAID 1 的结合，但它对条带化后的数据进行镜像，如图 7-10 所示。但与 RAID 10 不同，一个磁盘的丢失等同于整个镜像条带的丢失，所以一旦镜像盘工作失败，则存储系统成为一个 RAID 0 系统（只有条带化）。RAID 01 的实际应用非常少。

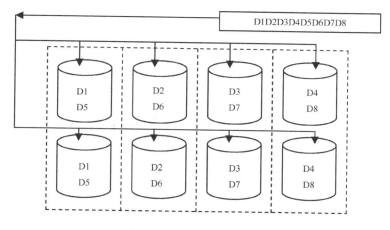

图 7-9　RAID 10 原理图

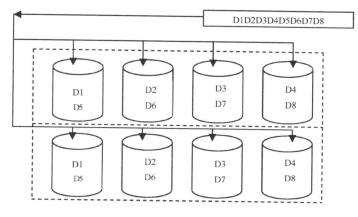

图 7-10　RAID 01 原理图

10）JBOD

JBOD（Just Bundle Of Disks，简单磁盘捆绑）通常又称 Span。JBOD 不是标准的 RAID 级别，它只是在近几年才被一些厂家提出的，并被广泛采用。

Span 在逻辑上把几个物理磁盘一个接一个串联到一起，从而提供一个大的逻辑磁盘。Span 上的数据简单地从第一个磁盘开始存储，当第一个磁盘的存储空间用完后，再依次从后面的磁盘开始存储数据。

Span 的存取性能完全等同于对单一磁盘的存取操作。Span 也不提供数据安全保障。它只是简单地提供一种利用磁盘空间的方法，Span 的存储容量等于组成 Span 的所有磁盘的容量的总和。

2．不同 RAID 级别对比

各 RAID 级别具有的共同特性是：RAID 由若干个物理磁盘组成，但对操作系统而言仍是一个逻辑盘；数据分布在阵列中的多个物理磁盘中；冗余的磁盘容量用以保存容错信息，以便在磁盘失效时进行恢复（RAID 0 不支持该特性）。

使用 RAID 有以下好处。

（1）多个磁盘组合成一个逻辑磁盘，满足海量存储的需要。

（2）RAID 将多个磁盘组合成一个逻辑磁盘，多个磁盘同时传输数据，达到单个磁盘若干倍的传输速率。

（3）采用磁盘冗余方式，通过镜像或校验技术来保证数据安全和系统安全，提高计算机的可用性。

（4）与同等容量的磁盘相比，RAID 系统价格要低得多。但当具体实现磁盘阵列时，加上磁盘阵列柜和 RAID 卡的价格，整个系统还是比较昂贵的。

基于 RAID 的优点，RAID 主要用在网络服务器、高性能桌面系统和工作站中。当然它也是网络存储的基本技术，用于 SAS（服务器连接存储设备）、NAS（网络连接存储设备）、SAN（存储区域网络）等网络存储方案中。

表 7-18 对上述 RAID 级别的性能进行了一个系统的比较。在各个 RAID 级别中，使用最广泛的是 RAID 0、RAID 1、RAID 10 和 RAID 5。

RAID 0：striping（条带模式），至少需要两块磁盘，RAID 分区的大小最好是相同的（可以充分发挥并发优势）；数据分散存储于不同的磁盘上，在读写的时候可以实现并发，所以相对来说其读写性能最好；但是没有容错功能，任何一个磁盘的损坏都将损坏全部数据；磁盘利用率为 100%。

RAID 1：mirroring（镜像卷），至少需要两块硬盘，RAID 大小等于两个 RAID 分区中最小的容量（最好将分区分为一样大小），数据有冗余，在存储时同时写入两块硬盘，实现了数据备份；磁盘利用率为 50%，即两块 100GB 的磁盘构成。RAID 1 只能提供 100GB 的可用空间。

RAID 1/0，即 RAID 1 与 RAID 0 的结合，既做镜像又做条带化，数据先镜像再做条带化。这样数据存储既保证了可靠性，又极大地提高了吞吐性能。

RAID 0/1 也是 RAID 0 与 RAID 1 的结合，但它是对条带化后的数据进行镜像。与 RAID 10 不同，一个磁盘的丢失等同于整个镜像条带的丢失，所以一旦镜像盘失败，则存储系统成为一个 RAID 0 系统（即只有条带化）。

RAID 5 将数据校验循环分散到各个磁盘中，它像 RAID 0 一样将数据条带化分散写到一组磁盘中，但同时它生成校验数据，作为冗余和容错使用。校验磁盘包含了所有条带数据的校验信息。RAID 5 将校验信息轮流地写入条带磁盘组的各个磁盘中，即每个磁盘上既有数据信息又有校验信息。RAID 5 的性能得益于数据的条带化，但是某个磁盘的失败将引起整个系统性能的下降，这是因为系统将在承担读写任务的同时重新构建失败磁盘上的数据，此时要使用备用磁盘对失败磁盘的数据重建，恢复整个系统。RAID 5 需要 3 块或 3 块以上硬盘，可以提供热备盘，实现故障的恢复；只损坏一块磁盘，没有问题。但如果同时损坏两块磁盘，则数据将都会损坏。

表 7-18　RAID 级别的性能比较

级别	RAID 0	RAID 1	RAID 3	RAID 5	RAID 10	RAID 30	RAID 50
别称	条带	镜像	专用校验条带	分布校验条带	镜像阵列跨越	专用校验阵列跨越	分布校验阵列跨越
容错性	无	有	有	有	有	有	有
冗余类型	无	复制	校验	校验	复制	校验	校验
全局热备	不支持	支持	支持	支持	支持	支持	支持
所需磁盘数	≥2	≥2	≥3	≥3	≥4	≥6	≥6
可用容量	最大	最小	中等	中等	最小	中等	中等

续表

级别	RAID 0	RAID 1	RAID 3	RAID 5	RAID 10	RAID 30	RAID 50
减少的容量	0	50%	一个磁盘	一个磁盘	50%	每个 RAID 3 盘组减少一个磁盘	每个 RAID 5 盘组减少一个磁盘
读性能	快	中等	快	快	中等	快	快
随机写性能	最快	中等	最慢	慢	中等	最慢	慢
连续写性能	最快	中等	慢	最慢	中等	慢	最慢
典型应用	无容错快速读/写	需要容错的小文件、随机数据写入	需要容错的大文件、连续数据传输	需要容错的小文件、随机数据传输	需要容错和提高速度的小文件、随机数据写入	需要容错和提高速度的大文件、连续数据传输	需要容错和提速的小文件、随机数据传输

一般根据安全性（数据冗余与容错）、性能（读写速度）和价格成本等因素来选择 RAID 级别。如果只考虑性能，不考虑安全性，就应该选择 RAID 0。如果安全性和性能很重要，价格因素并不重要，就应该选择 RAID 1，磁盘多的情况下可选择 RAID10。如果要权衡多种因素，应该选择 RAID 3 或 RAID 5，磁盘多的情况下选择 RAID 30 或 RAID 50。图 7-11 画出了选择 RAID 级别的决策树。

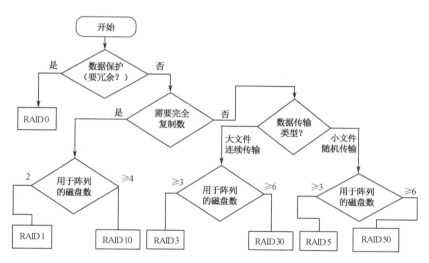

图 7-11 选择 RAID 级别的决策树

从一个普通应用来讲，要求存储系统具有良好的 I/O 性能的同时要求对数据安全做好保护工作，所以 RAID 10 和 RAID 5 应该成为重点关注对象。下面从 I/O 性能、数据重构及对系统性能的影响、数据安全保护等方面，结合磁盘现状来分析两种技术的差异。

I/O 的性能：读操作上 RAID 10 和 RAID 5 是相当的，RAID 5 在一些很小数据的写操作（如比每个条带还小的小数据）需要 2 个读、2 个写，还有 2 个 XOR 操作。对于单个用户的写操作，在新数据应用之前必须将老的数据从校验盘中移除，整个执行过程是这样的：读出旧数据，旧数据与新数据做 XOR，并创建一个即时值，读出旧数据的校验信息，将即时值与校验数据进行 XOR，最后写下新的校验信息。为了减少对系统的影响，大多数 RAID 5 都读出并将整个条带（包括校验条带）写入缓存，执行 2 个 XOR 操作，然后发出并行写操作（通常对整个条带)。即便进行了上述优化,系统仍然需要为这种写操作进行额外的读和 XOR 操作。小量写操作困难使得 RAID 5 技术很少应用于密集写操作的场合,如回滚字段及重做日志。当然,也可以将存储系统的条带大小定义为经常读写动作的数据大小,使之匹配,但这样会限制系统的灵活性,也不适用于企业中的其他应用。对于 RAID 10,由于不存在数据校验,每次写操作只是单纯地执行写操作。因此在写性能上 RAID 10 要好于 RAID 5。

数据重构:对于 RAID 10,当一块磁盘失效时,进行数据重构的操作只是复制一个新磁盘,假定磁盘的容量为 250GB,那么复制的数据量为 250GB。对于 RAID 5 的存储阵列,则需要从每块磁盘中读取数据,经过重新计算得到一块硬盘的数据量,如果 RAID 5 是以 4+1 的方式组建的,每块磁盘的容量也为 250GB,那么需要在剩余的 4 个磁盘中读出总共 1000GB 的数据量,计算得出 250GB 的数据。从这点来看,RAID 5 在数据重构上的工作负荷和花费的时间应该远大于 RAID 10,负荷变大将影响重构期间的性能,时间长意味再次出现数据损坏的可能性变大。

数据安全保护:RAID 10 系统在已有一块磁盘失效的情况下,只有该失效盘的对应镜像盘也失效,才会导致数据丢失。其他磁盘失效不会出现数据丢失情况。RAID 5 系统在已有一块磁盘失效的情况下,只要再出现任意一块磁盘失效,都将导致数据丢失。综合来看,RAID 10 和 RAID 5 系统在出现一块磁盘失效后,进行数据重构时,RAID 5 需耗费的时间要比 RAID10 长,同时重构期间系统负荷上 RAID 5 要比 RAID 10 大,同时 RAID 5 出现数据丢失的可能性要比 RAID 10 高,因此,数据重构期间,RAID 5 系统的可靠性远比 RAID 10 来得低。

空间率用率:RAID 5 在磁盘空间利用率上比 RAID 10 高,RAID 5 的空间利用率是 (N–1)/N(N 为阵列的磁盘数目),而 RAID 10 的磁盘空间利用率仅为 50%。但是结合磁盘来考虑,今天的硬盘厂商所生产的 ATA 或 SATA 硬盘的质量已经可以承担企业级的应用,并且容量的增加幅度相当大,目前已经可以实现单个磁盘 400GB 的存储容量。SCSI 硬盘由于要求高转速而使用小直径盘片,容量的增加相对缓慢。ATA 磁盘相对于 SCSI 磁盘拥有成本也要小很多。应此,在采用价格昂贵的 FC 或 SCSI 硬盘的存储系统中,对于预算有限同时对数据安全性要求不高的场合可以采用 RAID 5 方式来折中;其他应用中采用大容量的 ATA 或 SATA 硬盘结合 RAID 10,既降低了 RAID 10 为获得一定的存储空间必须采用双倍磁盘空间的拥有成本,又避免了 RAID 5 相对于 RAID 10 的各种缺点。在企业应用中,RAID 10 结合 SATA 磁盘意味着更好的选择。

3. RAID 的实现方式

RAID 的实现可以有硬件和软件两种不同的方式:硬件方式就是通过 RAID 控制器实现;软件方式则是通过软件把服务器中的多个磁盘组合起来,实现条带化快速数据存储和安全冗余。

硬件 RAID 通常是利用服务器主板上所集成的 RAID 控制器,或者单独购买 RAID 控制卡,连接多个独立磁盘实现的。现在几乎所有的服务器主板都集成了 RAID 控制器,可以实现诸如 RAID 0/1 之类的基本 RAID 模式。如果需要连接更多的磁盘,实现更高速的数据存储和冗余,则需另外配置 RAID 控制卡。总地来说,硬件 RAID 性能较好,应用也较广,特别适合于需要高速数据存储和安全冗余的环境,但价格较高。

软件 RAID 是利用操作系统和第三方存储软件开发商的软件来实现 RAID 的。Windows 及 Linux 都实现软件 RAID 功能。无须另外购买 RAID 控制卡,也可在无 RAID 控制器的主板上实现。这种软件 RAID 的实现方式成本较低,但配置复杂,同时性能较低,仅适合小规模的数据存储网络使用。

随着 RAID 技术的发展，现在的 RAID 控制卡不再局限于提供 SCSI 一种磁盘接口，在个人计算机中常用的 IDE 和 SATA 接口也可全面支持 RAID 技术了，而且在中低档磁盘阵列中应用非常广，特别是新兴的 SATA 接口的 RAID 控制卡。

提供 SCSI RAID 适配器的厂家主要有 Adaptec、Intel、HP、IBM 等。提供 IDE RAID 适配器的厂家主要有 3ware、Adaptec、HighPoint、Promise 及国内的天扬、AMI、Iwill、Abit 等。图 7-12 是 3ware 命名为 Escalade 7500-4 的一款 RAID 卡。

在现在生产环境中的服务器一般都配备 RAID 阵列卡，价格也越来越低，但没有必要为了做一个实验而单独去买一台服务器，mdadm 命令能够在 Linux 系统中创建和管理软件 RAID 磁盘阵列组，其中的理论知识和操作过程是与生产环境保持一致的。

图 7-12　RAID 卡 Escalade 7500-4

7.2.2　子任务 2　创建与挂载 RAID 设备

mdadm 命令用于管理系统软件 RAID 硬盘阵列，格式为："mdadm [模式] <RAID 设备名称> [选项] [成员设备名称]"。各选项及作用如表 7-19 所示。

表 7-19　mdadm 的主要选项及作用

选项	作用
-a, --auto=yes	代表自动创建设备文件
-n, --raid-devices=	指定磁盘的数量
-x, --spare-devices=	指定备用磁盘数量
-Z, --array-size=	指定阵列的大小
-N, --name=	指定阵列的名字
-l, --level=	指定 raid 级别
-C, --create	创建一个 RAID 阵列卡
-v	显示执行过程
-f, --fail	将损坏的设备标记为失效
-r, --remove	移除设备
-Q, --query	查看摘要信息
-D, --detail	查看详细信息
-S, --stop	停止阵列

1. 在 Linux 系统中添加虚拟硬盘

```
[root@rehel7 ~]# fdisk  -l  |grep  sd
磁盘 /dev/sda：21.5 GB, 21474836480 字节，41943040 个扇区
/dev/sda1    *          2048       1026047       512000    83  Linux
/dev/sda2              1026048    41943039     20458496    8e  Linux LVM
磁盘 /dev/sdb：21.5 GB, 21474836480 字节，41943040 个扇区
磁盘 /dev/sdc：21.5 GB, 21474836480 字节，41943040 个扇区
磁盘 /dev/sdd：21.5 GB, 21474836480 字节，41943040 个扇区
磁盘 /dev/sde：21.5 GB, 21474836480 字节，41943040 个扇区
磁盘 /dev/sdf：21.5 GB, 21474836480 字节，41943040 个扇区
```

2. 创建 RAID 10 磁盘阵列组

```
[root@rehel7 ~]# mdadm -Cv /dev/md0 -a yes -n 4 -l 10  /dev/sd[b-e]
mdadm: layout defaults to n2
mdadm: layout defaults to n2
mdadm: chunk size defaults to 512K
mdadm: size set to 20954624K
mdadm: Defaulting to version 1.2 metadata
mdadm: array /dev/md0 started.
```

3. 格式化制作好的磁盘阵列

```
[root@rehel7 ~]# mkfs.ext4     /dev/md0
mke2fs 1.42.9 (28-Dec-2013)
文件系统标签=
OS type: Linux
块大小=4096（log=2）
分块大小=4096（log=2）
Stride=128 blocks, Stripe width=256 blocks
2621440 inodes, 10477312 blocks
523865 blocks (5.00%) reserved for the super user
第一个数据块=0
Maximum filesystem blocks=2157969408
320 block groups
32768 blocks per group, 32768 fragments per group
8192 inodes per group
Superblock backups stored on blocks:
  32768, 98304, 163840, 229376, 294912, 819200, 884736, 1605632, 2654208,
  4096000, 7962624

Allocating group tables: 完成
```

正在写入 inode 表: 完成
Creating journal (32768 blocks): 完成
Writing superblocks and filesystem accounting information: 完成

4．创建挂载点并挂载磁盘阵列

```
[root@rehel7 ~]# mkdir    /mnt/raid10
[root@rehel7 ~]# mount    /dev/md0    /mnt/raid10/
[root@rehel7 ~]# df   -hT
文件系统              类型        容量    已用    可用    已用%  挂载点
/dev/mapper/rhel-root  xfs        18G    4.6G    13G     27%    /
……                              ……
/dev/md0              ext4        40G    49M     38G     1%    /mnt/raid10    //挂载成功后可看到可用空间为 40GB
```

5．查看阵列信息并实现自动挂载

```
[root@rehel7 ~]# mdadm    -D    /dev/md0
/dev/md0:
          Version : 1.2
    Creation Time : Wed Jun    7 14:55:47 2017
       Raid Level : raid10
       Array Size : 41909248 (39.97 GiB 42.92 GB)
    Used Dev Size : 20954624 (19.98 GiB 21.46 GB)
     Raid Devices : 4
    Total Devices : 4
      Persistence : Superblock is persistent

      Update Time : Wed Jun    7 14:59:47 2017
            State : clean
   Active Devices : 4
  Working Devices : 4
   Failed Devices : 0
    Spare Devices : 0

           Layout : near=2
       Chunk Size : 512K

             Name : rehel7:0    (local to host rehel7)
             UUID : 257c9fd2:d661b2d1:28d1653e:17263acb
           Events : 19

   Number   Major   Minor   RaidDevice State
```

	0	8	16	0	active sync	/dev/sdb
	1	8	32	1	active sync	/dev/sdc
	2	8	48	2	active sync	/dev/sdd
	3	8	64	3	active sync	/dev/sde
[root@rehel7 ~]# echo "/dev/md0 /mnt/raid10　　ext4 defaults 0 0">>/etc/fstab							

7.2.3　子任务 3　损坏磁盘阵列和修复

首先确认有一块物理硬盘设备出现损坏不能继续正常使用，应该使用 mdadm 命令来予以移除，再查看下 RAID 磁盘阵列组的状态已经被改变。

1．损坏一块物理硬盘

```
[root@rehel7 ~]# mdadm    /dev/md0   -f  /dev/sdc               //使一块磁盘 sdc 失效
mdadm: set /dev/sdc faulty in /dev/md0
[root@rehel7 ~]# mdadm    -D /dev/md0
/dev/md0:
          Version : 1.2
    Creation Time : Wed Jun    7    14:55:47 2017
       Raid Level : raid10
       Array Size : 41909248 (39.97 GiB 42.92 GB)
    Used Dev Size : 20954624 (19.98 GiB 21.46 GB)
     Raid Devices : 4
    Total Devices : 4
      Persistence : Superblock is persistent

      Update Time : Wed Jun    7    15:35:33 2017
            State : clean, degraded
   Active Devices : 3
  Working Devices : 3
   Failed Devices : 1                              //有 1 块不能用了
    Spare Devices : 0

           Layout : near=2
       Chunk Size : 512K


             Name : rehel7:0    (local to host rehel7)
             UUID : 257c9fd2:d661b2d1:28d1653e:17263acb
           Events : 21

      Number   Major   Minor   RaidDevice State
         0       8       16        0      active sync   /dev/sdb
```

1	0	0	1		removed	
2	8	48	2		active sync	/dev/sdd
3	8	64	3		active sync	/dev/sde
1	8	32	-		*faulty*	*/dev/sdc*

```
[root@rehel7 ~]# mkdir -v   /mnt/raid10/lihua
mkdir: 已创建目录 "/mnt/raid10/lihua"        //RAID10 硬盘组中存在一个故障盘，不影响使用
```

因为 RAID 10 级别的磁盘阵列组允许一组 RAID 1 硬盘组中存在一个故障盘而不影响使用，所以此时可以尝试在/RAID 目录中正常地创建或删除文件，都是不受影响的。当购买了新的硬盘存储设备后再使用 mdadm 命令来予以恢复即可，但因为虚拟机模拟硬盘，需要重启后才把新的硬盘添加到 RAID 磁盘阵列组中。

2．热移除故障盘

```
[root@rehel7 ~]# mdadm /dev/md0 -r /dev/sdc
mdadm: hot removed /dev/sdc from /dev/md0          //不需要关机
[root@rehel7 ~]# mdadm   -D /dev/md0
/dev/md0:
            Version : 1.2
      Creation Time : Wed Jun    7   14:55:47 2017
         Raid Level : raid10
         Array Size : 41909248 (39.97 GiB 42.92 GB)
      Used Dev Size : 20954624 (19.98 GiB 21.46 GB)
       Raid Devices : 4
      Total Devices : 3
        Persistence : Superblock is persistent

        Update Time : Wed Jun    7 15:51:23 2017
              State : clean, degraded
     Active Devices : 3
    Working Devices : 3
     Failed Devices : 0
      Spare Devices : 0

             Layout : near=2
         Chunk Size : 512K


               Name : rehel7:0   (local to host rehel7)
               UUID : 257c9fd2:d661b2d1:28d1653e:17263acb
             Events : 58
```

Number	Major	Minor	RaidDevice	State	
0	8	16	0	active sync	/dev/sdb
1	0	0	1	removed	
2	8	48	2	active sync	/dev/sdd
3	*8*	*64*	*3*	*active sync*	*/dev/sde*

3. 换上新的硬盘

```
[root@rehel7 ~]# mdadm   /dev/md0   -a   /dev/sdf
mdadm: added /dev/sdf
[root@rehel7 ~]# mdadm   -D   /dev/md0
……            ……
            State : clean, degraded, recovering
   Active Devices : 3
  Working Devices : 4
   Failed Devices : 0
    Spare Devices : 1

           Layout : near=2
       Chunk Size : 512K

   Rebuild Status : 14% complete                    //新磁盘正在自动重建损坏丢失的数据

             Name : rehel7:0    (local to host rehel7)
             UUID : 257c9fd2:d661b2d1:28d1653e:17263acb
           Events : 64
```

Number	Major	Minor	RaidDevice	State	
0	8	16	0	active sync	/dev/sdb
4	*8*	*80*	*1*	*spare rebuilding*	*/dev/sdf*
2	8	48	2	active sync	/dev/sdd
3	8	64	3	active sync	/dev/sde

4. 磁盘阵列组+备份盘

一种极端情况，RAID 10 最多允许损坏 50%的硬盘设备，但如果同一组中的设备同时全部损坏也会导致数据丢失，换句话说，如果 RAID 10 磁盘阵列组中的某一块硬盘出现了故障，而我们正在前往修复它的路上，恰巧此时同 RAID 1 组中的另一块硬盘设备也出现故障，那么数据就被彻底损坏了。RAID 5 也存在类似的问题。

其实可以使用 RAID 备份盘技术来预防这类事故，顾名思义，就是另外准备一块硬盘，这块硬盘设备平时处于闲置状态不用工作，一旦 RAID 磁盘阵列组中有硬盘出现故障，则会马上自动顶替上去。

例如，RAID 5 磁盘阵列组技术至少需要 3 块盘，加上 1 块备份盘，总共需要向虚拟机中模拟 4 块硬盘设备。

```
[root@rehel7 ~]# mdadm -Cv /dev/md0 -n 3 -l 5 -x 1 /dev/sdb /dev/sdc /dev/sdd /dev/sde
```

"-n 3"参数代表创建这个 RAID 5 所需的硬盘个数，"-l 5"参数代表 RAID 磁盘阵列的级别，而"-x 1"参数则代表有 1 块备份盘，当查看/dev/md0 磁盘阵列组时就能看到有一块备份盘在等待中了。

把制作完成的 RAID 5 磁盘阵列组格式化为 ext4 文件格式后挂载到目录上，这样就可以使用了。再次把硬盘设备/dev/sdb 移出磁盘阵列组，快速看下/dev/md0 磁盘阵列组的状态，就会发现备份盘已经被自动顶替上去了，这是非常实用的，在 RAID 磁盘阵列组数据安全保证的基础上进一步提高了数据可靠性，所以建议再买一块磁盘作为备份盘。

7.3 思考与练习

一、填空题

1. _____也是一个介于文件系统和物理磁盘之间可选的中间层次，它可以把几个小的磁盘组合成一个大的虚拟磁盘，或反过来把一个大容量物理磁盘划分成若干小的虚拟磁盘，提供给应用程序使用。

2. _____就是指硬盘分区或从逻辑上与磁盘分区具有相同功能的设备，如 RAID，是 LVM 的基本存储逻辑块。

3. LVM 卷组类似于非 LVM 系统中的物理硬盘，其由一个或多个_____组成，可以在卷组上可以创建一个或多个"LVM 分区"，即_____。

4. _____类似于非 LVM 系统中的硬盘分区，其上可以建立文件系统，如/home 或/usr 等。

5. 在创建物理卷之前必须先对磁盘进行分区，并将磁盘分区的类型设置为_____，之后才能将分区初始化为物理卷。

6. _____将一个个单独的磁盘以不同的组合方式形成一个逻辑硬盘，从而提高了磁盘读取的性能和数据的安全性。

二、判断题

1. 硬件 RAID 通常只能通过单独购买 RAID 控制卡并连接多个独立磁盘实现。（   ）

2. LVM 提供了优化的存储访问，简化了存储资源的管理。它隐藏了物理磁盘细节和数据在磁盘上的分布。同时，它也允许管理员改变存储的分配而不改变硬件，就算应用程序还在运行着也没有关系。（   ）

3. 一个卷组由一个或多个物理卷组成，PE 和 LE 有着一一对应的关系。逻辑卷建立在卷组上。（   ）

4. 可以在创建卷组时指定"块"的大小，块的大小默认为 4MB，可以满足大多数应用环境的使用。（   ）

5. 现在的 RAID 控制卡不再局限提供 SCSI 一种磁盘接口，在个人计算机中常用的 IDE

和 SATA 接口也可以全面支持 RAID 技术了，而且在中低档磁盘阵列中应用非常广，特别是新兴的采用 SATA 接口的 RAID 控制卡。（   ）

三、简答题

1. 什么是 LVM？解释 PV、VG、LV、PE 和 LE 的含义。
2. 什么是 RAID？有哪些常用的 RAID 级别？
3. RAID 10、RAID 3 和 RAID 5 分别具有什么特点？

四、综合题

假设系统上有 3 个硬盘，分别为/dev/sda、/dev/sdb 和/dev/sdc，现在需要分别在 3 个磁盘上创建 LVM，实验步骤如下。将主要操作步骤截屏并保存生成 Word 文档。

1. 使用 fdisk 分别对/dev/sda、/dev/sdb 和/dev/sdc 进行分区，每块磁盘上仅有一个分区，分区后的名称为 /dev/sda1、/dev/sdb1 和/dev/sdc1，将分区类型设置为"Linux LVM"。
2. 在/dev/sda1 和/dev/sdb1 上创建物理卷。
3. 创建卷组 vg0。
4. 在 vg0 上创建一个大小为 1000MB 的逻辑卷 data，并格式化为 ext4 文件系统。
5. 将逻辑卷 data 挂载到/mnt 下面，并进行文件的存取测试。
6. 使用分区/dev/sdc1 扩展卷组 vg0。
7. 将/dev/sdb1 从卷组中移除。
8. 在/dev/sdb1 上创建 PE 为 8MB 的卷组 vg1。
9. 显示卷组 vg1 的属性。

第 8 章

Linux 系统软件包的安装与管理

学习目标

- 了解 Linux 系统中软件的安装方式
- 理解 YUM 安装方式的工作原理
- 掌握使用 YUM 对软件进行管理的方法
- 掌握使用 RPM 对软件进行管理的方法
- 掌握 Linux 系统中使用源码包安装软件的方法

任务引导

在操作系统的使用和维护过程中，安装和卸载软件是必须掌握的技能。软件资源丰富且安装便捷是 Windows 系统的重大优势，只需要用鼠标双击安装程序即可，相比 Linux 下的软件安装，简单得多。Linux 系统虽然没有 Windows 系统那样的注册表，但也要考虑软件之间的依赖问题，对于初学者这是个不小的挑战。随着 Linux 系统的快速发展和普及，其软件安装工具不断改进，从最原始的源代码编译安装，到最高级的在线自动安装和更新，提供了越来越多的软件安装方式，使得在 Linux 系统上对软件的管理已经变得非常便捷。本章主要介绍 Linux 系统中软件安装的 3 种方式，即 RPM 软件包安装、源码包安装和 YUM 源安装。

任务实施

8.1 任务 1 了解 Linux 系统软件管理的基本知识

8.1.1 子任务 1 了解软件包传统管理方法

1. 使用源代码安装软件

不是所有的软件包都能通过 rpm 命令来安装，文件以.rpm 后缀结尾的才行。tar 源码包也是在 Linux 系统环境下经常使用的一种以源码方式发布的软件安装包。这类软件包为了能够在多种操作系统中使用，通常需要在安装时进行本地编译，然后产生可用的二进制文件。

一般的 tar 源码包，都会再做一次压缩，为的是更小、更容易下载，常见的是用 gzip 或 bzip2 压缩，因此 tar 源码包都是以".tar.gz"或".tar.bz2"作为扩展名。tar 源码包的命名格式一般遵循：软件名称-版本及修正版本号.类型。例如，文件名 bind-9.3.2-P2.tar.gz 中，软件名称是 bind，版本号是 9.3.2，修正版本是 P2，类型是 tar.gz，说明是一个使用 gzip 压缩的 tar 包。

选择 tar 包，需要针对用户的系统版本和所在的硬件平台。只有选择与用户的系统版本和硬件平台相对应的软件版本，才可以正常运行该软件。通常情况下，tar 源码包的安装要经过以下 7 个步骤，下面是这些步骤的详细说明。

（1）获得软件。tar 源码最主要的获得途径是从网络上下载。选择 tar 源码包，需要针对用户的系统版本和所在的硬件平台，只有选择与用户的系统版本和硬件平台相对应的软件版本才可以正常运行该软件。

（2）释放软件包。对于后缀是 tar.gz 的源码包，使用命令"tar -zxvf 软件名称.tar.gz"；而后缀是 tar.bz2 的源码包，则使用命令"tar -jxvf 软件名称.tar.bz2"。如果要将源码包释放到指定的位置，可以增加使用选项"-C 路径名"。

（3）查看安装说明文件。通常在 tar 源码包中会包含名为 INSTALL 和 README 的文件，提示用户安装及编译过程中应该注意的问题。

（4）执行./configure。该步骤通常用来设置编译器，以及确定其他相关的系统参数，为编程序的译源代码做好准备。

（5）执行 make。经过./configure 步骤后，将会产生用于编译用的 MakeFile，这时运行 make 命令，真正开始编译，根据软件的规模及计算机性能的不同，编译所需的时间也不相同。

（6）执行 make install。该步骤将会把编译产生的可执行文件复制到正确的位置，通常产生的可执行文件会被安装到/user/local/bin 目录下。安装后的命令如何执行，一般在 INSTALL 和 README 文件中会有说明。

（7）执行 make clean。在编译、安装结束后，通常也需要运行 make clean 命令，清除编译过程中产生的临时文件。

通过上述几个步骤，用户可以将获得的源码软件包安装到系统中。安装 tar 源码软件包，用户可以自己编译安装源程序，配置灵活，但对于比较复杂的软件，运行 configure 命令前还需要设置很多系统变量，configure 命令本身也会要求提供复杂的参数。在安装前，必须自己检查文件的依赖关系，这对于初学者是比较困难的。因此，这种软件安装方法适合使用 Linux 有一定经验的用户。

2. 使用 RPM 软件包安装软件

RPM 是 Red Hat Package Manager 的缩写，本意是 Red Hat 软件包管理，顾名思义是 Red Hat 贡献出来的软件包管理软件。RPM 是一个开放的软件包管理系统，它在 Fedora、Mandriva、SuSE、Yellow Dog 等主流 Linux 发行版本及 UNIX 中被广泛采用。

在红帽软件包管理器（RPM）公布之前要想在 Linux 系统中安装软件只能采取"源码包"的方式安装，早期在 Linux 系统中安装程序是一件非常困难、耗费耐心的事情，因为大多数的服务程序仅仅提供编译源码，需要运维人员自行编译代码并解决许多的依赖关系，源码安装需要运维人员有很多的知识、高超的技能、甚至很好的耐心才能安装好一个程序，而且在安装、升级、卸载时还要考虑到其他程序、库的依赖关系，所以管理员在校验、安装、卸载、查询、升级等管理软件操作时难度非常大。

RPM 会建立统一的数据库文件，详细地记录软件信息并能够自动分析依赖关系，颇有一些"软件控制面板"的感觉。RPM 包是已经预先编译过的可直接安装的文件。对于最终用户来说，RPM 所提供的众多功能使得安装、卸载和升级 RPM 软件包变成很简单的操作。

对于用户而言，只要系统支持 rpm 命令，即可直接进行安装。RPM 软件的安装、删除、更新只有具有 root 权限的用户才能使用；对于查询功能任何用户都可以操作；如果普通用户拥有安装目录的权限，也可以进行安装。

RPM 包里面都包含什么？RPM 包里面包含可执行的二进制程序，这个程序和 Windows 系统的软件包中的.exe 文件类似；RPM 包中还包括程序运行时所需要的文件，这也和 Windows 系统的软件包类似，Windows 系统程序的运行，除了.exe 文件以外，也有其他的文件；一个 RPM 包中的应用程序，有时除了自身所带的附加文件保证其正常以外，还需要其他特定版本文件，这种软件包的依赖关系并不是 Linux 系统特有的，Windows 系统中也是同样存在的，如在 Windows 系统中运行 3D 游戏，在安装的时候，系统可能会提示"要安装 DirectX 9"。

RPM 包的名称有其特有的格式，典型的 RPM 软件名称类似于"liubing-1.0-1.i386.rpm"，该名字中包括软件名称"liubing"、版本号"1.0-1"，其中包括主版本号、修正版本号和发行号，"i386"是软件所运行的硬件平台，最后"rpm"做为文件的扩展名，代表文件的类型为软件 RPM 包。

8.1.2 子任务 2 了解软件包高级管理方法

1. YUM 的概念

YUM（Yellow dog Updater，Modified）是杜克大学为了提高 RPM 软件包的安装性而开发的一种软件包管理器。YUM 主要功能是更方便地添加/删除/更新 RPM 包，自动解决包的倚赖性问题，便于管理大量系统的更新问题。YUM 的关键之处是要有可靠的软件仓库（repository），它可以是 http 或 ftp 站点，也可以是本地软件池，但必须包含 rpm 的 header。header 包括了 RPM 包的各种信息，包括描述、功能、提供的文件和依赖性等。

YUM 正是收集了这些 header 并加以分析，根据计算出来的软件依赖关系进行相关的升级、安装、删除等操作，减少了 Linux 系统用户一直头痛的 dependencies 问题。在这一点上，yum 和 apt 相同。apt 原为 debian 的 deb 类型软件管理所使用，但是现在也能用到 Red Hat 门下的 rpm 了。

YUM 可以同时配置多个资源库，简洁的配置文件（/etc/yum.conf）自动解决增加或删除 RPM 包时遇到的依赖性问题，保持与 RPM 数据库的一致性。

2. YUM 的工作原理

YUM 的工作原理并不复杂，每一个 RPM 软件的头（header）里面都会纪录该软件的依赖关系，那么如果可以将该头的内容纪录下来并且进行分析，可以知道每个软件在安装之前需要额外安装哪些基础软件。也就是说，在服务器上面先用分析工具将所有的 RPM 档案进行分析，然后将该分析纪录下来，只要在进行安装或升级时先查询该纪录文件，就可以知道所有相关联的软件。所以 YUM 的基本工作流程如下。

服务器端：在服务器上面存放了所有的 RPM 软件包，然后以相关的功能去分析每个 RPM 文件的依赖关系，将这些数据记录成文件存放在服务器的某特定目录内。

客户端：如果需要安装某个软件，先下载服务器上面记录的依赖关系文件（可通过 WWW 或 FTP 方式），通过对服务器端下载的纪录数据进行分析，然后取得所有相关的软件，一次全部下载并进行安装。

8.2 任务 2 使用 RPM 命令管理软件包

8.2.1 子任务 1 查询 RPM 软件包

查询 RPM 软件包使用-q 选项，要进一步查询软件包中其他方面的信息，可进一步结合使用一些其他相关选项。

1．查询已安装的全部软件包

若要查看系统中已安装了哪些 RPM 软件包，可使用"rpm -qa"命令来实现，其中选项 a 代表全部（all）。一般系统安装的软件包较多，可结合管道操作符和 less 或 more 命令来实现分屏浏览。如果要查询包含某关键字的软件包是否已经安装，可结合管道操作符和 grep 命令来实现。

```
[root@rhel7 ~]# rpm -qa |more
perl-Git-1.8.3.1-4.el7.noarch
ibutils-1.5.7-9.el7.x86_64
cryptsetup-libs-1.6.3-2.el7.x86_64
kdf-4.10.5-3.el7.x86_64
--More--
[root@rhel7 ~]# rpm -qa    |grep ftp
vsftpd-3.0.2-9.el7.x86_64
```

2．查询指定的软件包

命令用法："rpm -q 软件包名称列表"，该命令可同时查询多个软件包，各软件包名称之间用空格分隔，若指定的软件包已安装，将显示该软件包的完整名称（包含版本号信息），若没有安装，则会提示该软件包没有安装。

```
[root@rhel7 ~]# rpm -q vsftpd    telnet-server
vsftpd-3.0.2-9.el7.x86_64
未安装软件包 telnet-server
```

3．查询软件包的描述信息

命令用法："rpm -qi 软件包名称"，该命令中的 i 选项是 information 的缩写。

```
[root@rhel7 ~]# rpm -qi    vsftpd
Name            : vsftpd
Version         : 3.0.2
Release         : 9.el7
...             ...
Description :
```

> vsftpd is a Very Secure FTP daemon. It was written completely from
> scratch.

4. 查询软件包中的文件列表

命令用法："rpm -ql 软件包名称"，该命令中的选项 l 是 list 的缩写，可用于查询显示已安装软件包中所包含文件的文件名及安装位置。

```
[root@rhel7 ~]# rpm    -ql vsftpd
/etc/logrotate.d/vsftpd
/etc/pam.d/vsftpd
...              ...
/usr/share/man/man8/vsftpd.8.gz
/var/ftp
/var/ftp/pub
```

5. 查询某文件所属的软件包

命令用法："rpm -qf 文件或目录的全路径名"，利用该命令可以查询显示某个文件或目录是通过安装哪一个软件包产生的，但要注意并不是系统中的每一个文件都一定属于某个软件包，如用户自己创建的文件就不属于任何一个软件包。

```
[root@rhel7 ~]# rpm    -qf   /var/ftp/
vsftpd-3.0.2-9.el7.x86_64
```

6. 查询未安装的软件包信息

在安装一个软件包前，通常需要了解一下有关该软件包的相关信息，如该软件包的描述信息、文件列表等，此时可增加使用 p 参数来实现。查询软件包的描述信息，命令用法："rpm -qpi 软件包文件全路径名"。查询软件包的文件列表，命令用法："rpm -qpl 软件包文件全路径名"。

```
[root@rhel7 ~]# rpm   -qpi    /root/telnet/telnet-server-0.17-59.el7.x86_64.rpm
警告:/root/telnet/telnet-server-0.17-59.el7.x86_64.rpm: 头 V3 RSA/SHA256 Signature, 密钥 ID fd431d51: NOKEY
    Name            : telnet-server
    Epoch           : 1
    Version         : 0.17
    Release         : 59.el7
    Architecture: x86_64
    Install Date: (not installed)
    Group           : System Environment/Daemons
    Size            : 56249
```

```
License         : BSD
Signature       : RSA/SHA256, 2014 年 04 月 03 日 星期四 05 时 01 分 31 秒, Key ID 199e2f91fd431d51
Source RPM      : telnet-0.17-59.el7.src.rpm
Build Date      : 2014 年 01 月 28 日 星期二 00 时 16 分 31 秒
Build Host      : x86-020.build.eng.bos.redhat.com
Relocations     : (not relocatable)
Packager        : Red Hat, Inc. <http://bugzilla.redhat.com/bugzilla>
Vendor          : Red Hat, Inc.
URL             :
http://web.archive.org/web/20070819111735/www.hcs.harvard.edu/~dholland/computers/old-netkit.html
Summary         : The server program for the Telnet remote login protocol
Description     :
Telnet is a popular protocol for logging into remote systems over the
Internet. The package includes a daemon that supports Telnet remote
logins into the host machine. The daemon is disabled by default.
You may enable the daemon by editing /etc/xinetd.d/telnet
[root@rhel7 ~]# rpm   -qpl    /root/telnet/telnet-server-0.17-59.el7.x86_64.rpm
警告:/root/telnet/telnet-server-0.17-59.el7.x86_64.rpm: 头 V3 RSA/SHA256 Signature, 密钥 ID fd431d51:
NOKEY
/usr/lib/systemd/system/telnet.socket
/usr/lib/systemd/system/telnet@.service
/usr/sbin/in.telnetd
/usr/share/man/man5/issue.net.5.gz
/usr/share/man/man8/in.telnetd.8.gz
/usr/share/man/man8/telnetd.8.gz
```

8.2.2 子任务 2 安装/删除 RPM 软件包

1. 安装/升级 RPM 软件包

安装 RPM 软件使用的命令格式："rpm －i RPM 包的全路径文件名"。如果想安装 RPM 包并显示安装进度信息可使用命令格式："rpm －ivh RPM 包的全路径文件名"，其中 i 代表安装；v 代表 verbose，设置在安装过程中将显示详细信息；h 代表 hash，设置在安装过程中将显示"#"来表示安装的进度。升级 RPM 包的命令格式是："rpm －Uvh RPM 包的全路径文件名"，若指定的 RPM 包未安装，则系统直接进行安装。

```
root@rhel7 ~]# rpm   -ivh   /root/telnet/telnet-server-0.17-59.el7.x86_64.rpm
警告:/root/telnet/telnet-server-0.17-59.el7.x86_64.rpm: 头 V3 RSA/SHA256 Signature, 密钥 ID fd431d51:
NOKEY
准备中...                          ################################# [100%]
正在升级/安装...
   1:telnet-server-1:0.17-59.el7      ################################# [100%]
```

2. 删除 RPM 软件包

命令格式:"rpm -e RPM 包名称",用于从当前系统中删除已安装的软件包,需要在命令中指定要删除的软件包的名称而不是安装命令中的软件包安装文件名。

```
[root@rhel7 ~]# rpm -e telnet-server
```

8.2.3 子任务 3 校验 RPM 软件包

校验软件包是通过比较从软件包中安装的文件和软件包中原始文件的信息来进行的,主要是比较文件的大小、MD5 校验码、文件权限、类型、属主和用户组等。若验证通过,将不会产生任何输出,若验证未通过,将显示相关信息,此时应考虑删除或重新安装。

1. 校验已经安装的软件包

验证软件包使用-V 参数,要校验指定的已经安装的软件包使用"rpm -Va RPM 包名称",要验证所有已安装的软件包,使用命令"rpm -Va"。

```
[root@rhel7 ~]# rpm -V vsftpd
[root@rhel7 ~]# rpm -Va
S.5....T.    /usr/share/pki/etc/pki.conf
遗漏    /var/run/pcp
.......T.   c /etc/kdump.conf
...
....L....   c /etc/pam.d/fingerprint-auth
```

2. 校验未安装的软件包

若要根据 RPM 文件来校验未安装的软件包,则命令用法为"rpm -Vp RPM 包的全路径文件名"。

```
[root@rhel7 ~]# rpm -Vp /root/telnet/telnet-server-0.17-59.el7.x86_64.rpm
警告:/root/telnet/telnet-server-0.17-59.el7.x86_64.rpm: 头 V3 RSA/SHA256 Signature, 密钥 ID fd431d51: NOKEY
遗漏    /usr/lib/systemd/system/telnet.socket
遗漏    /usr/lib/systemd/system/telnet@.service
……
遗漏    d /usr/share/man/man8/telnetd.8.gz
```

8.3 任务 3 使用 yum 命令管理软件包

8.3.1 子任务 1 理解 yum 的配置文件

yum 的配置一般有两种方式：一种是直接配置/etc 目录下的 yum.conf 文件；另一种是在 /etc/yum.repos.d 目录下增加.repo 文件。

1. /etc/yum.conf

该文件是 yum 的主配置文件，在 Red Hat Enterprise Linux 7 系统中默认的内容如下。

```
[root@rehel7 ~]# more   /etc/yum.conf   |grep  -v  "#"
[main]
cachedir=/var/cache/yum/$basearch/$releasever      //指定使用 yum 下载文件的保存路径
keepcache=0              //0 表示不保存下载的文件，1 表示保存下载的文件，默认为不保存
debuglevel=2             //调试级别（0～10），默认为 2
logfile=/var/log/yum.log //yum 日志文件的名称
exactarch=1              //是否只升级和安装软件包的 CPU 体系一致的包，如果设置为 1，那么如
果安装了一个 i386 的 rpm，则 yum 不会用 i686 的包来升级
obsoletes=1              //是否允许更新陈旧的 RPM 包，1 表示允许，0 表示不允许
gpgcheck=1               //是否执行 GPG 签名检查，1 表示执行检查
plugins=1                //是否允许使用插件，1 表示允许
installonly_limit=3      //允许保留多少个内核包
exclude=selinux*         //屏蔽不想更新的 RPM 包，可用通配符，多个 RPM 包之间使用空格分离
```

2. /etc/yum.repos.d/repo

在 RedHat 系列的 Linux 发行版，如 RedHat Enterprise Linux（RHEL）、Fedora、CentOS、Oracel Enterprise Linux（后两个发行版都是 RHEL 的源代码去掉商标重新编译的，与 RHEL 完全兼容）中的/etc/yum.repos.d/目录下会看到扩展名为.repo 的文件。

repo 文件是 yum 源（软件仓库）的配置文件，repo 文件中的设置内容将被 yum 读取和应用。通常一个 repo 文件定义了一个或多个软件仓库的细节，如从哪里下载需要安装或升级的软件包。

```
[rhel-soure]       #是软件仓库的名称，方括号必须有，不能有两个相同的名称，否则 yum 会不知道该
到哪里去找软件仓库相关软件的清单文件
name= Red Hat Enterprise Linux $releasever - $basearch    #只是描述一下这个软件仓库的意义，通常是
为了方便阅读配置文件，一般没什么作用
    $releasever 变量定义了发行版本，通常是 8、9、10 等数字，$basearch 变量定义了系统的架构，可以是
i386、x86_64、ppc 等值，这两个变量根据当前系统的版本架构不同而有不同的取值，这可以方便 yum 升
级的时候选择适合当前系统的软件包
failovermethod=priority   #有两个值可以选择，priority 是默认值，表示从列出的 baseurl 中顺序选择镜
```

像服务器地址,roundrobin 表示在列出的服务器中随机选择

  exclude=compiz* *compiz* fusion-icon* #exclude 这个选项是后来我自己加上去的,用来禁止这个软件仓库中的某些软件包的安装和更新,可以使用通配符,并以空格分隔,可以视情况需要自行添加

  baseurl=ftp://ftp.redhat.com/pub/redhat/linux/enterprise/$releasever/en/os/SRPMS/ #这个最重要,指定软件仓库的镜像服务器地址,支持的协议有 http(Web 网站)、ftp(Ftp 网站)和 file(本地源)三种

  mirrorlist=http://mirrors.fedoraproject.org/mirrorlist?repo=fedora-$releasever&arch=$basearch #列出软件仓库可以使用的映射站点,如果不想用,可以注释点这行。可以试试将$releasever 和$basearch 替换成自己对应的版本和架构,如 10 和 i386,在浏览器中打开就能看到一长串可用的镜像服务器地址列表。选择自己访问速度较快的镜像服务器地址复制并粘贴到 repo 文件 baseurl=后面,就能获得较快的更新速度了

  enabled=1 #这个软件仓库中定义的源是否启用,0 表示禁用,1 表示启用

  gpgcheck=1 #指定是否需要查阅 rpm 软件包内的数字签名,以确定是否有效和安全,1 表示检查

  gpgkey=file:///etc/pki/rpm-gpg/RPM-GPG-KEY-redhata-release #数字签名所用公钥的所在位置,使用默认值即可

8.3.2 子任务 2 以光驱为源创建 yum 仓库

  使用本地的 DVD iso 来创建 yum 仓库,这样在安装时速度快,而且可以保证所有软件包都能顺利安装。

1. 确保已经安装 createrepo

```
[root@rehel7 ~]# rpm -qa |grep createrepo
createrepo-0.9.9-23.el7.noarch
```

2. 挂载光盘镜像文件到 Linux 系统

```
[root@rehel7 ~]# mount /dev/cdrom /mnt/
mount: /dev/sr0 写保护,将以只读方式挂载
[root@rhel7 ~]#mkdir /root/rhel7-dvd/
[root@rhel7 ~]# cp /mnt/Packages/ /root/rhel7-dvd/ -r
```

3. 创建软件仓库配置文件

```
[root@rhel7 ~]# vim /etc/yum.repos.d/dvdiso.repo
[rhel7-iso]
name=RHEL7 DVD ISO
baseurl=file:///root/rhel7-dvd
enabled=1
gpgcheck=0
~
:wq                              //注意:":"号必须是在英文状态下输入
```

4. 创建软件仓库

```
[root@rhel7 ~]# createrepo    /root/rhel7-dvd/
Spawning worker 0 with 4305 pkgs
Workers Finished
Saving Primary metadata
Saving file lists metadata
Saving other metadata
Generating sqlite DBs
Sqlite DBs complete
```

5. 清除 yum 缓存

```
[root@rhel7 ~]# yum   clean   all
已加载插件：fastestmirror, product-id, subscription-manager
This system is not registered to Red Hat Subscription Management. You can use subscription-manager to register.
正在清理软件源： rhel7-iso
Cleaning up everything
```

强烈建议执行"yum clean all"命令，将所有 yum metadata 等信息清空，再重新获取最新的仓库信息。如果修改了系统默认的配置文件，如修改了网址却没有修改软件仓库名字（中括号中的文字），可能造成本机的清单与 yum 服务器的清单不同步，此时就无法进行升级。

6. 测试 yum 仓库

```
[root@rhel7 ~]# yum   list   |more
已加载插件：langpacks, product-id, subscription-manager
This system is not registered to Red Hat Subscription Management. You can use subscription-manager to register.
已安装的软件包
389-ds-base.x86_64                1.3.1.6-25.el7          @anaconda/7.0
389-ds-base-libs.x86_64           1.3.1.6-25.el7          @anaconda/7.0
……                                ……
zlib.x86_64                       1.2.7-13.el7            @anaconda/7.0
Available Packages
389-ds-base.x86_64                1.3.6.1-16.el7          rhel7.4-iso
389-ds-base-libs.x86_64           1.3.6.1-16.el7          rhel7.4-iso
ElectricFence.i686                2.2.2-39.el7            rhel7.4-iso
--More—
```

8.3.3 子任务 3 使用 yum 命令

yum 的命令形式一般如下：yum [options] [command] [package ...]。其中，[options]是可选的，选项包括-h（帮助）、-y（当安装过程提示选择全部为"yes"）、-q（不显示安装的过程）、-c <配置文件>（指定配置文件路径）、-x <软件包>（排除指定的软件包）、--nogpgcheck（禁用PGP 签名检查）、--installroot=<路径>（指定安装根目录路径）等。[command]为所要进行的操作，[package ...]是操作的对象。

1. 查询和显示

yum info package1	显示安装包信息 package1
yum list	显示所有已经安装和可以安装的程序包
yum list package1	显示指定程序包安装情况 package1
yum groupinfo group1	显示程序组 group1 信息
yum search string	根据关键字 string 查找安装包
yum grouplist	查看可能批量安装的列表
yum provides flie	查询文件 file 属于哪个软件包
yum deplist package1	查看程序 package1 依赖情况

```
[root@rhel7 ~]# yum    info    httpd            //显示软件包的详细信息
已加载插件：langpacks, product-id, subscription-manager
This system is not registered to Red Hat Subscription Management. You can use subscription-manager to register.
已安装的软件包
名称      : httpd
架构      : x86_64
版本      : 2.4.6
发布      : 17.el7
大小      : 3.7 M
源        : installed
来自源：anaconda
简介      :    Apache HTTP Server
网址      :    http://httpd.apache.org/
协议      :    ASL 2.0
描述      :    The Apache HTTP Server is a powerful, efficient, and extensible
            : web server.
[root@rhel7 ~]# yum list    [TAB][TAB]
all         available   extras     installed  obsoletes  recent     updates
[root@rhel7 ~]# yum    list    available    |more        //列出可安装的软件包
已加载插件：langpacks, product-id, subscription-manager
This system is not registered to Red Hat Subscription Management. You can use subscription-manager to register.
```

```
可安装的软件包
    ElectricFence.i686                    2.2.2-39.el7                    rhel7-iso
    ElectricFence.x86_64                  2.2.2-39.el7                    rhel7-iso
    GConf2.i686                           3.2.6-8.el7                     rhel7-iso
    GeoIP.i686                            1.5.0-9.el7                     rhel7-iso
--More—
[root@rhel7 ~]# yum    search   raid              //搜索与 raid 有关的软件
已加载插件：langpacks, product-id, subscription-manager
This system is not registered to Red Hat Subscription Management. You can use subscription-manager to register.
============================= N/S matched: raid =============================
dmraid.i686 : dmraid (Device-mapper RAID tool and library)
dmraid.x86_64 : dmraid (Device-mapper RAID tool and library)
dmraid-events.x86_64 : dmevent_tool (Device-mapper event tool) and DSO
iprutils.x86_64 : Utilities for the IBM Power Linux RAID adapters
mdadm.x86_64 : The mdadm program controls Linux md devices (software RAID arrays)

    名称和简介匹配 only，使用"search   all"试试。
[root@rhel7 ~]# yum    list   pam        //列出名为 pam 的软件
已加载插件：langpacks, product-id, subscription-manager
This system is not registered to Red Hat Subscription Management. You can use subscription-manager to register.
已安装的软件包
    pam.x86_64                            1.1.8-9.el7                     @anaconda/7.0
可安装的软件包
    pam.i686                              1.1.8-9.el7                     rhel7-iso
[root@rhel7 ~]# yum    list   pam*       //列出以 pam 开头的所有软件
已加载插件：langpacks, product-id, subscription-manager
This system is not registered to Red Hat Subscription Management. You can use subscription-manager to register.
已安装的软件包
    pam.x86_64                            1.1.8-9.el7                     @anaconda/7.0
    pam_krb5.x86_64                       2.4.8-4.el7                     @anaconda/7.0
    pam_pkcs11.x86_64                     0.6.2-17.el7                    @anaconda/7.0
可安装的软件包
    pam.i686                              1.1.8-9.el7                     rhel7-iso
    pam-devel.i686                        1.1.8-9.el7                     rhel7-iso
    pam-devel.x86_64                      1.1.8-9.el7                     rhel7-iso
    pam_krb5.i686                         2.4.8-4.el7                     rhel7-iso
    pam_pkcs11.i686                       0.6.2-17.el7                    rhel7-iso
[root@rhel7 ~]# yum    provides   /var/www/       //查询文件/var/www/是哪个软件包安装时产生的
```

```
已加载插件：langpacks, product-id, subscription-manager
This system is not registered to Red Hat Subscription Management. You can use subscription-manager to register.
    rhel7-iso/filelists_db                                                   | 2.9 MB   00:00:00
    httpd-2.4.6-17.el7.x86_64 : Apache HTTP Server
    源        : rhel7-iso
    匹配来源：
    文件名     : /var/www/

    httpd-2.4.6-17.el7.x86_64 : Apache HTTP Server
    源        : @anaconda/7.0
    匹配来源：
    文件名     : /var/www/
[root@rhel7 ~]# yum deplist vsftpd              //查询软件包 vsftpd 的依赖关系
已加载插件：langpacks, product-id, subscription-manager
This system is not registered to Red Hat Subscription Management. You can use subscription-manager to register.
    软件包：vsftpd.x86_64 3.0.2-9.el7
      依赖：/bin/bash
……                         ……
      依赖：rtld(GNU_HASH)
      provider: glibc.x86_64 2.17-55.el7
      provider: glibc.i686 2.17-55.el7
```

2. 安装

yum install	全部安装
yum install package1	安装指定的安装包 package1
yum groupinsall group1	安装程序组 group1
yum install yumex	安装 yum 图形窗口插件
yum install yum-fastestmirror	安装插件实现自动搜索最快镜像

例如，要安装游戏程序组，首先进行查找：#：yum grouplist。发现可安装的游戏程序包名字是"Games and Entertainment"，这样就可以进行安装：# yum groupinstall "Games and Entertainment"。所有的游戏程序包就自动安装了。在这里 Games and Entertainment 的名字必须用双引号选定，因为 Linux 系统遇到空格会认为文件名结束了，必须告诉系统安装的程序包名字是"Games and Entertainment"而不是"Games"。

```
[root@rhel7 ~]# rpm   -qa |grep  gcc
libgcc-4.8.2-16.el7.x86_64
[root@rhel7 ~]# yum   install   gcc                        //安装单个软件包
已加载插件：fastestmirror, product-id, subscription-manager
This system is not registered to Red Hat Subscription Management. You can use subscription-manager to
```

第 8 章　Linux 系统软件包的安装与管理

register.

Loading mirror speeds from cached hostfile

正在解决依赖关系

--> 正在检查事务

---> 软件包 gcc.x86_64.0.4.8.2-16.el7 将被安装

--> 正在处理依赖关系 cpp = 4.8.2-16.el7，它被软件包 gcc-4.8.2-16.el7.x86_64 需要

……   ……

--> 解决依赖关系完成

依赖关系解决

Package	架构	版本	源	大小
正在安装：				
gcc	x86_64	4.8.2-16.el7	rhel7-iso	16 M
为依赖而安装：				
cpp	x86_64	4.8.2-16.el7	rhel7-iso	5.9 M
glibc-devel	x86_64	2.17-55.el7	rhel7-iso	1.0 M
glibc-headers	x86_64	2.17-55.el7	rhel7-iso	650 k
kernel-headers	x86_64	3.10.0-123.el7	rhel7-iso	1.4 M
libmpc	x86_64	1.0.1-3.el7	rhel7-iso	51 k
mpfr	x86_64	3.1.1-4.el7	rhel7-iso	203 k

事务概要

安装   1 软件包 (+6 依赖软件包)

总下载量：25 M

安装大小：59 M

Is this ok [y/d/N]:   y   //需要输入 y 或 n 予以确认

Downloading packages:

总计   27 MB/s | 25 MB   00:00:00

Running transaction check

Running transaction test

Transaction test succeeded

Running transaction

警告：RPM 数据库已被非 yum 程序修改

** 发现 3 个已存在的 RPM 数据库问题，'yum check' 输出如下：

PackageKit-0.8.9-11.el7.x86_64 有缺少的需求 PackageKit-backend

```
anaconda-19.31.79-1.el7.x86_64 有缺少的需求 yum-utils >= ('0', '1.1.11', '3')
rhn-check-2.0.2-5.el7.noarch 有缺少的需求 yum-rhn-plugin >= ('0', '1.6.4', '1')
  正在安装      : mpfr-3.1.1-4.el7.x86_64                                    1/7
  正在安装      : libmpc-1.0.1-3.el7.x86_64                                  2/7
  ……            ……
  验证中        : cpp-4.8.2-16.el7.x86_64                                    7/7

已安装:
  gcc.x86_64 0:4.8.2-16.el7

作为依赖被安装:
  cpp.x86_64 0:4.8.2-16.el7              glibc-devel.x86_64 0:2.17-55.el7
  glibc-headers.x86_64 0:2.17-55.el7     kernel-headers.x86_64 0:3.10.0-123.el7
  libmpc.x86_64 0:1.0.1-3.el7            mpfr.x86_64 0:3.1.1-4.el7

完毕!
[root@rhel7 ~]# yum  -y  install  bind*        //无须确认直接安装以 bind 开头的所有软件包
```

3. 更新/升级

```
yum update                    全部更新
yum update package1           更新指定程序包 package1
yum check-update              检查可更新的程序
yum upgrade package1          升级指定程序包 package1
yum groupupdate group1        升级程序组 group1
```

```
[root@rhel7 ~]# yum  update  vsftpd
已加载插件：langpacks, product-id, subscription-manager
This system is not registered to Red Hat Subscription Management. You can use subscription-manager to register.
Package(s) vsftpd available, but not installed.
No packages marked for update
```

4. 删除

```
yum remove | erase package1       删除程序包 package1
yum groupremove group1            删除程序组 group1
```

```
[root@rhel7 ~]# yum  remove  vsftpd.x86_64
已加载插件：langpacks, product-id, subscription-manager
This system is not registered to Red Hat Subscription Management. You can use subscription-manager to register.
```

正在解决依赖关系
--> 正在检查事务
---> 软件包 vsftpd.x86_64.0.3.0.2-9.el7 将被删除
--> 解决依赖关系完成

依赖关系解决

Package	架构	版本	源	大小
正在删除:				
vsftpd	x86_64	3.0.2-9.el7	@anaconda/7.0	343 k

事务概要

移除 1 软件包

安装大小：343 k
是否继续？[y/N]：y
是否继续？[y/N]：y
Downloading packages:
Running transaction check
Running transaction test
Transaction test succeeded
Running transaction
 正在删除: vsftpd-3.0.2-9.el7.x86_64   1/1
 验证中: vsftpd-3.0.2-9.el7.x86_64   1/1

删除：
 vsftpd.x86_64 0:3.0.2-9.el7

完毕！

5. 清除缓存

yum clean packages   清除缓存目录下的软件包
yum clean headers   清除缓存目录下的 headers
yum clean oldheaders   清除缓存目录下旧的 headers
yum clean, yum clean all   清除缓存目录下的软件包及旧的 headers

[root@rhel7 ~]# yum   clean   packages
已加载插件：langpacks, product-id, subscription-manager

```
This system is not registered to Red Hat Subscription Management. You can use subscription-manager to
register.
正在清理软件源：   InstallMedia rhel7-iso
0 package 文件已移除
[root@rhel7 ~]# ls    /var/cache/yum/x86_64/7Server/rhel7-iso/packages/
```

8.3.4　子任务 4　解决 yum 报错

安装 RHEL7 后登录系统，执行命令"yum update"更新系统。提示："This system is not registered to Red Hat Subscription Management. You can use subscription-manager to register.无法更新"。

RHEL 是商用版系统，默认自带的 yum 程序需要付费和注册才能使用更新软件的功能。如果想不花钱也可以使用 yum 更新，需要自己动手用 CentOS 的 yum 程序替换掉 RHEL 的 yum。CentOS 和 RedHat 几乎是一样的，所以无须担心软件包是否可安装，安装之后是否有问题。

1. 检查并删除 redhat 自带的 yum 包

```
[root@rhel7 ~]# rpm   -qa   |grep yum
yum-langpacks-0.4.2-3.el7.noarch
**yum-metadata-parser-1.1.4-10.el7.x86_64**
yum-rhn-plugin-2.0.1-4.el7.noarch
**yum-3.4.3-118.el7.noarch**
yum-utils-1.1.31-24.el7.noarch
PackageKit-yum-0.8.9-11.el7.x86_64
[root@rhel7 ~]# rpm   -qa |grep   yum |xargs   rpm -e --nodeps    //不检查依赖，直接删除 rpm 包。
[root@rhel7 ~]# rpm    -qa |grep    python-iniparse|xargs   rpm -e --nodeps
[root@rhel7 ~]# rpm   -qa   |grep yum
```

2. 判断操作系统和 Yum 版本

```
[root@rhel7 ~]# uname   -a
Linux  rehel7  3.10.0-123.el7.x86_64  #1  SMP Mon May  5  11:16:57 EDT 2014 x86_64 x86_64 x86_64 GNU/Linux
[root@rhel7 ~]# cat /etc/redhat-release
Red Hat Enterprise Linux Server release 7.0 (Maipo)
```

到路径"http://mirrors.163.com/centos/7/os/x86_64/Packages/"下载对应系统版本的 yum 安装包，下载以下 rpm 包：yum-3.4.3-150.el7.centos.noarch.rpm、yum-metadata-parser-1.1.4- 10.el7.x86_64.rpm 和 yum-plugin-fastestmirror-1.1.31-40.el7.noarch.rpm、python-iniparse-0.4-9.el7.noarch.rpm、python-urlgrabber-3.10-8.el7.noarch.rpm 和 RPM-GPG-KEY-CentOS-7，如图 8-1 所示。

图 8-1 yum 软件包的下载路径

3．下载对应版本的 Yum 程序并安装

使用 wget 命令，分别下载并安装上面提到的几个软件，此问题就解决了。

```
[root@rhel7 ~]# wget   http://mirrors.163.com/centos/7/os/x86_64/Packages/yum-3.4.3-150.el7.centos.noarch.rpm
--2017-06-29 23:11:14--  http://mirrors.163.com/centos/7/os/x86_64/Packages/yum-3.4.3-150.el7.centos.noarch.rpm
正在解析主机 mirrors.163.com (mirrors.163.com)... 123.58.173.186, 123.58.173.185
正在连接 mirrors.163.com (mirrors.163.com)|123.58.173.186|:80... 已连接。
已发出 HTTP 请求，正在等待回应... 200 OK
长度：1283988 (1.2M) [application/x-redhat-package-manager]
正在保存至: "yum-3.4.3-150.el7.centos.noarch.rpm"

100%[===================================>] 1,283,988    366KB/s 用时 3.4s

2017-06-29 23:11:23 (366 KB/s) - 已保存 "yum-3.4.3-150.el7.centos.noarch.rpm" [1283988/1283988])
……                              ……
```

```
[root@rhel7 centos-yum]# ls   -l
总用量 1468
-rw-r--r--. 1 root root     39800 6 月  29 21:24 python-iniparse-0.4-9.el7.noarch.rpm
-rw-r--r--. 1 root root    110540 6 月  29 21:16 python-urlgrabber-3.10-8.el7.noarch.rpm
-rw-r--r--. 1 root root      1690 6 月  29 20:54 RPM-GPG-KEY-CentOS-7
-rw-r--r--. 1 root root   1283988 6 月  29 20:52 yum-3.4.3-150.el7.centos.noarch.rpm
-rw-r--r--. 1 root root     28348 6 月  29 20:58 yum-metadata-parser-1.1.4-10.el7.x86_64.rpm
-rw-r--r--. 1 root root     32424 6 月  29 20:53 yum-plugin-fastestmirror-1.1.31-40.el7.noarch.rpm
[root@rhel7 centos-yum]# rpm   -ivh   *.rpm
警告：python-iniparse-0.4-9.el7.noarch.rpm: 头 V3 RSA/SHA256 Signature, 密钥 ID f4a80eb5: NOKEY
准备中...                          ################################# [100%]
    软件包 python-urlgrabber-3.10-8.el7.noarch 已经安装
[root@rhel7 centos-yum]# rpm   -ivh   python-iniparse-0.4-9.el7.noarch.rpm
```

```
警告：python-iniparse-0.4-9.el7.noarch.rpm: 头 V3 RSA/SHA256 Signature, 密钥 ID f4a80eb5: NOKEY
准备中...                          ################################# [100%]
正在升级/安装...
   1:python-iniparse-0.4-9.el7      ################################# [100%]
[root@rhel7 centos-yum]# rpm   -ivh   yum-*
警告：yum-3.4.3-150.el7.centos.noarch.rpm: 头 V3 RSA/SHA256 Signature, 密钥 ID f4a80eb5: NOKEY
准备中...                          ################################# [100%]
正在升级/安装...
   1:yum-metadata-parser-1.1.4-10.el7 ################################# [ 33%]
   2:yum-plugin-fastestmirror-1.1.31-4################################# [ 67%]
   3:yum-3.4.3-150.el7.centos       ################################# [100%]
```

4．使用 yum-fastestmirror 插件

对 RHEL/Centos 系统管理员来说，yum 绝对是个好东西，只可惜官方 yum 源的速度实在让人不敢恭维，而非官方的 yum 源又五花八门，让人难以取舍。幸运的是，yum-fastestmirror 插件弥补了这一缺陷，可以自动选择最快的 yum 源。安装之后，生成配置文件/etc/yum/pluginconf.d/fastestmirror.conf。

配置文件中的 hostfilepath 字段，用于定义 yum 源的配置文件（通常是/var/cache/yum/timedhosts.txt），然后就可以将所知道的 yum 源统统写入这个 txt 文件，如 ftp.nsysu.edu.tw、mirror01.idc.hinet.net、mirror.khlug.org、centos.vr-zone.com、ftp.stu.edu.tw、ftp.cse.yzu.edu.tw、mirror.yongbok.net，mirrors.btte.net，mirrors.sin1.sg.voxel.net、ftp.daum.net，ftp.isu.edu.tw、mirrors.163.com、mirror.neu.edu.cn、mirrors.ta139.com、ftp.oss.eznetsols.org、centos.mirror.cdnetworks.com、centos.tt.co.kr，ftp.tc.edu.tw 等。

如果 yum 版本比较高，系统会自动将常用的 yum 源写入此文件。这样，在用 yum 安装 rpm 包时，就可以让 yum 自己去选择 yum 源了。目前公认较快的 yum 源是网易的 mirrors.163.com。

8.4 任务 4 使用源代码方式安装软件包

8.4.1 子任务 1 安装源码包 httpd

Httpd 服务器的安装可以选用 RPM、源码包编译安装两种方式，前者相对比较简单、快速，但是在功能上存在一定的局限性。本小节将以 httpd-2.2.17.tar.gz 为例，介绍 http 服务的定制和安装过程。

1．准备

为了避免端口冲突、程序冲突等现象，建议先卸载使用 RPM 方式安装的 httpd。

```
[root@rhel7 ~]# wget   http://mirrors.shuosc.org/apache//httpd/httpd-2.4.29.tar.gz
--2017-11-11 21:40:49--  http://mirrors.shuosc.org/apache//httpd/httpd-2.4.29.tar.gz
正在解析主机 mirrors.shuosc.org (mirrors.shuosc.org)... 202.121.199.235, 2001:da8:8006: 11:225: 90ff:
```

```
fee1: 813e
        正在连接 mirrors.shuosc.org (mirrors.shuosc.org)|202.121.199.235|:80... 已连接。
        已发出 HTTP 请求，正在等待回应... 200 OK
        ......              ......
        2017-11-11 21:40:51 (5.07 MB/s) -  已保存 "httpd-2.4.29.tar.gz"  [8638793/8638793])
        [root@rhel7 ~]# yum       remove       httpd
        已加载插件：langpacks, product-id, subscription-manager
        ......              ......
        正在删除：
          httpd                    x86_64          2.4.6-17.el7         @anaconda/7.0         3.7 M
        为依赖而移除：
          ipa-server               x86_64          3.3.3-28.el7         @anaconda/7.0         4.1 M
          mod_auth_kerb            x86_64          5.4-28.el7           @anaconda/7.0         66 k
          mod_nss                  x86_64          1.0.8-32.el7         @anaconda/7.0         262 k
          mod_wsgi                 x86_64          3.4-11.el7           @anaconda/7.0         197 k

        事务概要
        ==================================================================
        移除   1 软件包 (+4 依赖软件包)
        ......              ......
        完毕！
```

2. 解包

将下载获得的httpd源码包解压并释放到/usr/src目录下，且切换到展开后的源码包目录中。

```
[root@rhel7 ~]# tar   -zxf    httpd-2.4.29.tar.gz    -C  /usr/src/
[root@rhel7 ~]# cd    /usr/src/httpd-2.4.29/
[root@rhel7 httpd-2.4.29]# ls
ABOUT_APACHE    BuildAll.dsp    configure.in    include     LICENSE          README            test
acinclude.m4    BuildBin.dsp    docs            INSTALL     Makefile.in      README.cmake      VERSIONING
Apache-apr2.dsw buildconf       emacs-style     InstallBin.dsp Makefile.win  README.platforms
Apache.dsw      CHANGES         httpd.dep       LAYOUT      modules          ROADMAP
apache_probes.d CMakeLists.txt  httpd.dsp       libhttpd.dep NOTICE          server
ap.d            config.layout   httpd.mak       libhttpd.dsp NWGNUmakefile   srclib
build           configure       httpd.spec      libhttpd.mak os              support
```

3. 配置

根据服务器的实际需要，可以灵活设置不同的定制选项。要获知可用的各种配置选项及其含义，可执行"./configure --help"命令。

```
[root@rhel7 httpd-2.2.17]# ./configure    --prefix=/usr/local/httpd    --enable-so    --enable-rewrite
--enable-chareset-lite    --enable-cgi
        checking for chosen layout... Apache
        checking for working mkdir -p... yes
        checking build system type... x86_64-unknown-linux-gnu
        checking host system type... x86_64-unknown-linux-gnu
        ……                    ……
        config.status: creating include/ap_config_auto.h
        config.status: executing default commands
```

4．编译

完成配置以后，执行 make 命令进行编译，将源代码转换成可执行程序，该过程可能将花费很长的时间。

```
[root@rhel7 httpd-2.2.17]# make
Making all in srclib
make[1]：进入目录 "/usr/src/httpd-2.2.17/srclib"
Making all in apr
make[2]：进入目录 "/usr/src/httpd-2.2.17/srclib/apr"
make[3]：进入目录 "/usr/src/httpd-2.2.17/srclib/apr"
/bin/sh /usr/src/httpd-2.2.17/srclib/apr/libtool --silent --mode=compile gcc -g -O2 -pthread
……          ……
/usr/src/httpd-2.2.17/srclib/apr/libapr-1.la -lrt -lcrypt -lpthread -ldl
make[1]：离开目录 "/usr/src/httpd-2.2.17"
```

5．安装

由于指定的安装目录是/usr/local/httpd，因此 httpd 的各种程序、模块、帮助文件等都将被复制到该目录下面。

```
[root@rhel7 httpd-2.2.17]# make install
Making install in srclib
make[1]：进入目录 "/usr/src/httpd-2.2.17/srclib"
Making install in apr
make[2]：进入目录 "/usr/src/httpd-2.2.17/srclib/apr"
make[3]：进入目录 "/usr/src/httpd-2.2.17/srclib/apr"
make[3]：对 "local-all" 无须做任何事
……        ……
Installing man pages and online manual
make[1]：离开目录 "/usr/src/httpd-2.2.17"
```

```
[root@rhel7 httpd-2.2.17]# ls    /usr/local/httpd/
bin  build  cgi-bin  conf  error  htdocs  icons  include  lib  logs  man  manual  modules
```

8.4.2 子任务 2 优化和启/停 httpd

1．优化命令执行路径

通过源码方式安装的 httpd 服务，程序的路径并不在默认的搜索路径中，为了使该服务在使用时更加方便，可以为相关程序添加符号链接。

```
[root@rhel7 httpd-2.2.17]# httpd   -v
bash: httpd: 未找到命令...
[root@rhel7 httpd-2.2.17]# ls    /usr/local/httpd/bin/
ab            apu-1-config   dbmmanage      htcacheclean   htpasswd       logresolve
apachectl     apxs           envvars        htdbm          httpd          rotatelogs
apr-1-config  checkgid       envvars-std    htdigest       httxt2dbm
[root@rhel7 httpd-2.2.17]# ls    /usr/local/bin/
[root@rhel7 httpd-2.2.17]# ln   -s    /usr/local/httpd/bin/*    /usr/local/bin/
[root@rhel7 httpd-2.2.17]# ls    /usr/local/bin/   -l
总用量 0
lrwxrwxrwx. 1 root root 23 10 月  16 21:35 ab -> /usr/local/httpd/bin/ab
lrwxrwxrwx. 1 root root 30 10 月  16 21:35 apachectl -> /usr/local/httpd/bin/apachectl
……                ……
lrwxrwxrwx. 1 root root 26 10 月  16 21:35 httpd -> /usr/local/httpd/bin/httpd
lrwxrwxrwx. 1 root root 30 10 月  16 21:35 httxt2dbm -> /usr/local/httpd/bin/httxt2dbm
lrwxrwxrwx. 1 root root 31 10 月  16 21:35 logresolve -> /usr/local/httpd/bin/logresolve
lrwxrwxrwx. 1 root root 31 10 月  16 21:35 rotatelogs -> /usr/local/httpd/bin/rotatelogs
[root@rhel7 httpd-2.2.17]# httpd   -v
Server version: Apache/2.2.17 (Unix)
Server built:   Oct 16 2017 21:08:33
```

2．启动/停止 httpd 服务

通过源码方式安装的 httpd 服务，其配置文件并没有在/etc 的下面，而是在指定的安装目录/usr/local/httpd/下面。可以执行"vim /usr/local/httpd/conf/httpd.conf"命令将其打开，根据需要修改配置。默认情况下，执行 apachectl 命令会有两行提示错误。

```
[root@rhel7 ~]# /usr/local/httpd/bin/apachectl   -t
httpd: apr_sockaddr_info_get() failed for rhel7
httpd: Could not reliably determine the server's fully qualified domain name, using 127.0.0.1 for ServerName
Syntax OK
```

这个问题应该是没有在 httpd.conf 中设定 ServerName。所以 Apache 会用 Linux 系统主机

上的名称来取代，首先会去找/etc/hosts中有没有主机的定义。解决办法有以下两个。

（1）设定 httpd.conf 文件中的 ServerName，如"ServerName localhost: 80"。
（2）在/etc/hosts 中填入自己的主机名称 rhel7，如"127.0.0.1 rhel7"。

```
[root@rhel7 ~]# vim   /etc/hosts
127.0.0.1    localhost localhost.localdomain localhost4 localhost4.localdomain4    rhel7
::1          localhost localhost.localdomain localhost6 localhost6.localdomain6
:wq
```

```
[root@rhel7 ~]# /usr/local/httpd/bin/apachectl   start
[root@rhel7 ~]# ss  -antp   |column   -t |grep  http
LISTEN      0         128             :::80                                      :::*
users:(("httpd",69301,4),("httpd",69300,4),("httpd",69299,4),("httpd",69298,4),("httpd",69297,4),("httpd",69295,4))
[root@rhel7 ~]# /usr/local/httpd/bin/apachectl   stop
[root@rhel7 ~]# ss  -antp   |column   -t |grep  http
```

8.5 思考与练习

一、填空题

1．若要查看系统中已安装了哪些 RPM 软件包，可使用_____命令来实现，其中选项 a 代表全部（all）。一般系统安装的软件包较多，可结合_____操作符和_____命令来实现分屏浏览。

2．通常在 tar 源码包中会包含名为_____和_____的文件，提示用户安装及编译过程中应该注意的问题。

3．在编译、安装结束后，通常也需要运行_____命令，清除编译过程中产生的临时文件。

4．_____插件能够自动选择最快的 yum 源，安装之后生成配置文件/etc/yum/pluginconf.d/fastestmirror.conf。

5．在目录/tmp 下有一个 rpm 格式的软件 zhcon-0.2.3-1.i386.rpm，请写出能将其安装到系统的完整命令_____。

二、判断题

1．不是所有的 Linux 系统软件包都能通过 rpm 命令来安装。（   ）

2．验证软件包是通过比较从软件包中安装的文件和软件包中原始文件的信息来进行的，主要是比较文件的大小、MD5 校验码、文件权限、类型、属主和用户组等信息。（   ）

3．要查看 httpd 软件包的描述信息，可以使用命令 rpm -i httpd 来实现。（   ）

4．Linux 系统中.tar 格式的软件包是已经被压缩过的。（   ）

5．repo 文件是 yum 源（软件仓库）的配置文件，repo 文件中的设置内容将被 yum 读取和应用。（   ）

三、选择题

1. 在 Red Hat Linux 系统中，使用 rpm 包安装一个软件的正确命令是（　　）。
   A．rpm -e 软件包   B．rpm -v 软件包
   C．rpm -i 软件包   D．rpm -U 软件包
2. 在 Red Hat Linux 系统中，使用 rpm 包升级一个软件的正确命令是（　　）。
   A．rpm -e 软件包   B．rpm -v 软件包
   C．rpm -i 软件包   D．rpm -U 软件包
3. 在 Red Hat Linux 系统中，使用 rpm 包卸载一个软件的正确命令是（　　）。
   A．rpm －e 软件包   B．rpm -v 软件包
   C．rpm -i 软件包   D．rpm -U 软件包
4. 下面的选项中用来设置 YUM 源不适用校验的是（　　）。
   A．enable=0   B．enable=1
   C．gpgcheck=0   D．gpgcheck=1

四、综合题

1. zhcon 是工作在 Linux 系统字符界面下的高效双字节中/日/韩(CJK)语言平台，其作用就像 DOS 环境中的 UCDOS 一样，为字符界面提供完整的双字节语言环境。请从 zhcon 官方网站下载 zhcon 安装程序，并将其安装到 Linux 系统中。
2. 如何查询当前系统中已经安装的包含 ftp 关键字的所有软件包？
3. 简述 Linux 系统中.tar.gz 源码包的安装过程。
4. 下载 kchmviewer 源码包，并将其安装到 Linux 系统下，使用其阅读 chm 文件。

第 9 章

Linux 系统的任务计划与管理

学习目标

- ◆ 掌握使用 at 实现任务计划的方法
- ◆ 掌握使用 cron 实现任务计划的方法
- ◆ 掌握使用 anacron 实现任务计划的方法
- ◆ 理解 anacron 与 cron 的区别与联系
- ◆ 掌握任务计划的安全控制方法

任务引导

有经验的系统运维工程师能够让系统自动化运行,这样无须人工的干预就可以让各个服务、命令在指定的时间段运行或停止。实际上,这些操作都是由系统的计划任务功能实现的。计划任务有"一次性"与"长期性"之分。例如,一次性计划任务:今晚 11 点 30 分开启网站服务,用于新网站的公测;长期性计划任务:每周 1、3、5 的凌晨 3 点 25 分将/home/webroot 目录打包备份为 backup.tar.gz。本章主要介绍 Linux 系统中三个定时工具 at、cron 和 anacron 的选择和使用,以及它们的安全控制等知识和技能。

任务实施

9.1 任务 1 使用 at 实现任务计划

9.1.1 子任务 1 安装与管理 at 服务

cron 服务被用来调度重复的任务,而 at 被用来在指定时间调度一次性的任务。在使用 at 服务之前必须安装 at 软件包,并启动 atd 守护进程。

1. 安装 at 软件包

```
[root@rhel7 ~]# rpm   -q   at
at-3.1.13-17.el7.x86_64
```

2. 管理控制 atd 服务

```
[root@rhel7 ~]# systemctl status atd.service
atd.service - Job spooling tools
   Loaded: loaded (/usr/lib/systemd/system/atd.service; enabled)
   Active: active (running) since 三 2017-08-23 13:24:10 CST; 1 years 0 months ago
 Main PID: 1079 (atd)
   CGroup: /system.slice/atd.service
           └─1079 /usr/sbin/atd -f

8月 23 13:24:10 rhel7 systemd[1]: Started Job spooling tools.
[root@rhel7 ~]# systemctl enable atd.servicee
[root@rhel7 ~]# systemctl is-enabled atd.service
enabled
```

9.1.2 子任务 2 配置与管理 at 作业

1. at 命令的语法和功能

atd 计划的管理操作可以使用 at 命令完成，该命令的格式和作用如表 9-1 所示。

表 9-1 常见的 at 命令格式和作用

命令 at	作　　用
at <时间>	安排一次性任务
at -f <脚本文件>	以脚本的方式执行计划任务
atq 或 at -l	查看任务列表
at -c 序号	预览任务与设置环境
atrm 序号	删除任务

常用的 at 命令的时间格式如表 9-2 所示。

表 9-2 常见的 at 命令的时间格式

时间格式	描　　述
now + 时间	时间以 minutes、hours、days 或 weeks 为单位
HH:MM	24 小时制度，如果时间已过，就会在第二天的这一时间执行
midnight	表示 00:00
noon	表示 12:00
teatime	表示 16:00

2. at 计划的创建与提交

一般用 at 命令创建计划任务有交互式与非交互式两种方法，先来看看交互式的方法，输入完成后按"Ctrl+D"组合键来保存退出。

```
[root@rhel7 ~]# at    23:30
at > systemctl start httpd
at >
job 3 at Mon Apr 27 23:30:00 2015
[root@rhel7 ~]# atq
3 Mon Apr 27 23:30:00 2015 a root
```

直接用 echo 语句将要执行的命令传送给 at 命令。

```
[root@rhel7 ~]# echo "systemctl start httpd" | at 23:30
job 4 at Mon Apr 27 23:30:00 2015
[root@rhel7 ~]# atq
3 Mon Apr 27 23:30:00 2015 a root
4 Mon Apr 27 23:30:00 2015 a root
```

3．at 计划的查看与删除

删除时只需要用 atrm 命令与任务编号就可以。

```
[root@rhel7 ~]# atrm 3
[root@rhel7 ~]# atrm 4
[root@rhel7 ~]# atq
```

4．at 计划的安全控制

root 用户可以使用/etc/at.allow 和/etc/at.deny 文件来控制哪些普通用户可以使用 at 命令。这两个文件的格式都是每行一个用户，都不允许空格。这两个控制文件被修改后，不需要重启 atd 守护进程，控制文件在每次用户添加或修改一项任务时都会被读取。

默认情况下，etc/at.allow 文件不存在。如果/etc/at.allow 存在，只有其中列出的用户才被允许使用 at，/etc/at.deny 文件会被忽略。如果/etc/at.allow 不存在，/etc/at.deny 文件中列出的用户会被禁止使用 at。

```
[root@rhel7 ~]# ls      /etc/    |grep  ^at
at.deny
at-spi2
[root@rhel7 ~]# more    /etc/at.deny
lihh
[root@rhel7 ~]# su    -    lihh
上一次登录：四  8 月  23 20:58:07 CST 2018pts/2  上
[lihh@rhel7 ~]$ at   now +5 days
You do not have permission to use at.
```

9.2 任务 2 使用 cron 实现任务计划

使用 cron 实现任务计划，可以通过直接修改/etc/crontab 文件或使用 crontab 命令来实现，其结果是一样的。

9.2.1 子任务 1 利用/etc/crontab 文件实现任务计划

root 用户通过修改/etc/crontab 文件可以实现任务计划，而普通用户则不行。crond 守护进程可以在无须人工干预的情况下，根据时间与日期的组合调度执行重复任务。

1. 管理与控制 crond 服务

```
[root@rhel7 ~]# systemctl start crond.service
[root@rhel7 ~]# systemctl status crond.service
crond.service - Command Scheduler
   Loaded: loaded (/usr/lib/systemd/system/crond.service; enabled)
   Active: active (running) since 三 2017-08-23 13:24:10 CST; 11 months 30 days ago
 Main PID: 1076 (crond)
   CGroup: /system.slice/crond.service
           └─1076 /usr/sbin/crond -n

8月 23 13:24:10 rhel7 systemd[1]: Started Command Scheduler.
8月 23 13:24:10 rhel7 crond[1076]: (CRON) INFO (RANDOM_DELAY will be scale....)
8月 23 13:24:09 rhel7 crond[1076]: (CRON) INFO (running with inotify support)
Hint: Some lines were ellipsized, use -l to show in full.
[root@rhel7 ~]# systemctl enable crond.service
```

2. /etc/crontab 文件详解

cron 服务每分钟不仅要读一次/var/spool/cron/内的所有文件，还需要读一次/etc/crontab，因此配置 crontab 这个文件也能运用 cron 服务做一些事情。用 crontab 命令配置的是针对某个用户的任务，而编辑/etc/crontab 是针对系统的任务。

```
[root@rhel7 ~]# more    /etc/crontab
SHELL=/bin/bash
PATH=/sbin:/bin:/usr/sbin:/usr/bin
MAILTO=root


# For details see man 4 crontabs

# Example of job definition:
# .---------------- minute (0 - 59)
# |  .------------- hour (0 - 23)
```

```
#| |   .---------- day of month (1 - 31)
#| |   |  .------- month (1 - 12) OR jan,feb,mar,apr ...
#| |   |  |  .---- day of week (0 - 6) (Sunday=0 or 7) OR sun,mon,tue,wed,thu,fri,sat
#| |   |  |  |
# *  *  *  *  *  user-name    command to be executed
```

前三行用来定义 cron 任务运行的环境变量。Shell 告诉系统使用哪个 Shell 环境，这里是 /bin/bash。PATH 定义用来执行命令的路径，这里是/sbin:/bin:/usr/sbin:/usr/bin。MAILTO 变量定义任务的输出被作为邮件发送给哪个用户，如果定义为空白字符串，电子邮件就不会被发出。

/etc/crontab 文件中的每一行都代表一个任务，它的格式如下，文件内容描述如表 9-3 所示。

```
 *    *    *    *    *    user-name      command
 分   时   日   月   周    执行命令的用户    命令
```

表 9-3 crontab 文件内容描述

字 段	描 述
第 1 列	表示分钟 1~59
第 2 列	表示小时 1~23（0 表示 0 点）
第 3 列	表示日期 1~31，必须是该月份的有效日期
第 4 列	表示月份 1~12，或者使用月份的英文简写，如 jan、feb 等
第 5 列	标识号星期 0~6（0 表示星期天），或者使用星期的英文简写，如 sun、mon 等
第 6 列	执行命令的用户，如果不使用的话，就是表示设定自己的时程表
第 7 列	要运行的命令或自己编写的脚本

/etc/crontab 文件中可用的时间格式如表 9-4 所示。

表 9-4 可用的时间格式

时 间 格 式	描 述
*	可用来表示所有的有效值
-	表达一个整数范围。例如，"1-4"表示 1、2、3、4
,	表达多个值的列表。例如，"3,4,6,7"表明整个 4 个指定的整数
/	用来指定时间间隔。例如，"0-59/3"表示在分钟字段上定义时间间隔是 3 min，*/4 可用在月份字段中表示每 3 个月运行一次

3. /etc/crontab 文件配置举例

（1）*/2   *   *   *   *   curl -o /home/index.html www.baidu.com //每隔两分钟使用 curl 访问 www.baidu.com 并将结果写入/home/index.html 文件。

（2）30   21   *   *   *   /usr/local/etc/rc.d/lighttpd restart   //每晚的 21:30 重启 apache。

（3）45   4   1,10,22   *   *   /usr/local/etc/rc.d/lighttpd restart   //每月 1、10、22 日的 4:45 重启 apache。

（4）10   1   *   *   6,0   /usr/local/etc/rc.d/lighttpd restart   //每周六、周日的 1:10

重启 apache。

（5）0,30　　　18-23　　　*　　*　　*　　/usr/local/etc/rc.d/lighttpd restart //在每天 18：00 至 23：00 之间每隔 30 分钟重启 apache。

（6）0　　　　23　　　*　　*　　6　　/usr/local/etc/rc.d/lighttpd restart //每周六的 11：00 重启 apache。

（7）*　　　　23-7/1　　*　　*　　*　　/usr/local/etc/rc.d/lighttpd restart//晚上 11 点到早上 7 点之间，每隔一小时重启 apache。

4．使用/etc/cron.d 目录

除了通过修改/etc/crontab 文件实现计划之外，还可以在/etc/cron.d 目录中创建文件来实现，该目录中的所有文件和/etc/crontab 文件使用一样的配置语法。

```
[root@rhel7 ~]# ls  /etc/cron.d
0hourly   pcp-pmie   pcp-pmlogger   raid-check   sa-update   sysstat   unbound-anchor
[root@rhel7 ~]# more /etc/cron.d/0hourly
# Run the hourly jobs
SHELL=/bin/bash
PATH=/sbin:/bin:/usr/sbin:/usr/bin
MAILTO=root
01 * * * * root run-parts /etc/cron.hourly
[root@rhel7 ~]# more /etc/cron.d/sysstat
# Run system activity accounting tool every 10 minutes
*/10 * * * * root /usr/lib64/sa/sa1 1 1
# 0 * * * * root /usr/lib64/sa/sa1 600 6 &
# Generate a daily summary of process accounting at 23:53
53 23 * * * root /usr/lib64/sa/sa2 -A
```

9.2.2　子任务 2 使用 crontab 命令实现任务计划

at 命令用于安排运行一次的作业比较方便，但如果要重复性的定时执行程序，如每周三凌晨 1 点进行数据备份，则要用 crond 服务实现。

1．crontab 命令的功能和语法

crond 计划的管理操作可以使用 crontab 命令完成，该命令的具体使用方法如表 9-5 所示。

表 9-5　常见的 cron 命令格式和作用

命令 crontab	作　用
crontab -e [-u 用户名]	创建、编辑计划任务
crontab -l [-u 用户名]	查看计划任务
crontab -r [-u 用户名]	删除计划任务

2．crontab 计划的创建

新创建的 crontab 需要提交给守护进程 crond，该进程每隔 1 分钟"醒"来一次，检查作

业队列中是否有命令要执行,从而实现周期性定时执行,同时新创建的 crontab 的一个副本已经被自动放在/var/spool/cron 目录下,文件名就是用户名。

```
[root@rhel7 ~]# su    - lihh
上一次登录:三 10 月  18 21:42:10 CST 2017pts/0 上
[lihh@rhel7 ~]$ crontab    -e
no crontab for lihh - using an empty one
crontab: installing new crontab
[lihh@rhel7 ~]$ exit
登出
[root@rhel7 ~]# more    /var/spool/cron/lihh
40  *  *  *  *  lihh   touch /home/lihh/tt
[root@rhel7 ~]# ll    /var/spool/cron/lihh
-rw-------. 1 lihh lihh 42 10 月  18 21:48 /var/spool/cron/lihh
```

3. crontab 计划的查看与备份

```
[root@rhel7 ~]# crontab   -u   lihh  -l
40  *  *  *  *  lihh   touch /home/lihh/tt
[root@rhel7 ~]# su   -   lihh
上一次登录:三 10 月  18 21:47:20 CST 2017pts/0 上
[lihh@rhel7 ~]$ crontab   -l
40  *  *  *  *  lihh   touch /home/lihh/tt
[lihh@rhel7 ~]$ crontab   -l >/home/lihh/li_cron        //将/var/spool/cron/lihh 文件进行备份。
```

4. crontab 计划的删除与恢复

```
[lihh@rhel7 ~]$ crontab   -r
[lihh@rhel7 ~]$ crontab   -l
no crontab for lihh
[lihh@rhel7 ~]$ crontab   /home/lihh/li_cron
[lihh@rhel7 ~]$ crontab   -l
40  *  *  *  *  lihh   touch /home/lihh/tt
```

5. crontab 计划的安全控制

root 用户可以使用/etc/cron.allow 和/etc/cron.deny 文件来控制哪些普通用户可以使用 crontab 命令。这两个文件的格式都是每行一个用户,都不允许空格。这两个控制文件被修改后,不需要重启 crond 守护进程,控制文件在每次用户添加或修改一项任务时都会被读取。

在默认情况下,etc/cron.allow 文件不存在。如果/etc/cron.allow 存在,只有其中列出的用户才被允许使用 crontab,/etc/crontab.deny 文件会被忽略。如果/etc/cron.allow 不存在,/etc/cron.deny 文件中列出的用户会被禁止使用 crontab 命令。

```
[root@rhel7 ~]# more    /etc/cron.deny
```

```
lihh
[root@rhel7 ~]# su      -   lihh
上一次登录：三 10 月 18 21:51:15 CST 2017pts/0 上
[lihh@rhel7 ~]$ crontab   -e
You (lihh) are not allowed to use this program (crontab)
See crontab(1) for more information
```

9.3 任务 3 使用 anacron 实现任务计划

9.3.1 子任务 1 了解 anacron 与 cron 的区别与联系

如果 Linux 系统主机是 24 小时全天全年都处于开机状态，只要 atd 与 crond 这两个服务即可，如果服务器并非 24 小时无间断地启动，那么就需要 anacron 的帮助了。

假设你有一个计划任务（如备份脚本）要使用 cron 在每天半夜运行，也许你已经睡着了，那时你的桌面/笔记本电脑已经关机，你的备份脚本就不会被运行。然而，如果使用 anacron，你可以确保在你下次开启桌面/笔记本电脑时，备份脚本会被执行。

anacron 并不能取代 cron 去运行某项任务，而是在系统启动后指定的时间立刻进行 anacron 的动作，它会去侦测停机期间应该执行但并没有执行的 crontab 任务，将这些任务运行一遍后，anacron 就会自动停止。anacron 会以一天、七天、一个月为周期去侦测系统中未进行的 crontab 任务。

anacron 会去分析现在的时间与时间记录文件所记载的上次运行 cron 的时间，两者比较若发现有差异，也就是在某些时刻没有运行 crontab，那么 anacron 就会开始执行未运行的 crontab 了。所以 anacron 也是通过 crontab 来运行的。

9.3.2 子任务 2 详解配置文件/etc/anacrontab

anacron 任务被列在/etc/anacrontab 中，任务可以使用下面的格式安排，anacron 文件中的注释必须以#号开始。除了前面的注释和环境变量的设置，文件中的每一个任务被定义为一行，由以下 4 个部分组成。

（1）period：这是任务的频率，以天来指定，或者是@daily、@weekly、@monthly 代表每天、每周、每月一次。你也可以使用数字：1 -每天、7 -每周、30 -每月，或者 N -几天。

（2）delay：这是在执行一个任务前等待的分钟数。

（3）job-id：这是写在日志文件中任务的独特名字。

（4）command：要执行的命令或 shell 脚本。

```
[root@rhel7 ~]# more      /etc/anacrontab
# /etc/anacrontab: configuration file for anacron

# See anacron(8) and anacrontab(5) for details.
```

```
SHELL=/bin/sh
PATH=/sbin:/bin:/usr/sbin:/usr/bin
MAILTO=root
# the maximal random delay added to the base delay of the jobs
RANDOM_DELAY=45                    //用户定义的任务延迟的最大随机延迟，单位是分钟
# the jobs will be started during the following hours only
START_HOURS_RANGE=3-22             //设置任务只在这几个小时内运行

#period in days    delay in minutes    job-identifier    command
1       5        cron.daily              nice run-parts /etc/cron.daily
//每天开机后 5 分钟就检查/etc/cron.daily 目录内的文件是否被执行，如果今天没有被执行就执行
7       25       cron.weekly             nice run-parts /etc/cron.weekly
//每隔 7 天开机后 25 分钟检查/etc/cron.weekly 目录内的文件是否被执行，如果 7 天内没有被执行就执行
@monthly 45      cron.monthly            nice run-parts /etc/cron.monthly
//每隔一个月开机后 45 min 检查/etc/cron.monthly 目录内的文件是否被执行，如果一个月内没有被执行就执行
```

anacron 会检查任务是否已经在 period 字段指定的时间被执行了。如果没有，则在等待 delay 字段中指定的分钟数后，执行 command 字段中指定的命令。

```
[root@rhel7 ~]# ll  /etc/cron.hourly/
总用量 8
-rwxr-xr-x. 1 root root 392 1 月    28 2014 0anacron
-rwxr-xr-x. 1 root root 362 4 月    15 2014 0yum-hourly.cron
[root@rhel7 ~]# ll  /etc/cron.daily/
总用量 20
-rwxr-xr-x. 1 root root 332 4 月    15 2014 0yum-daily.cron
-rwx------. 1 root root 180 7 月    31 2013 logrotate
-rwxr-xr-x. 1 root root 618 3 月    18 2014 man-db.cron
-rwxr-x---. 1 root root 192 1 月    27 2014 mlocate
-rwx------. 1 root root 256 3 月    26 2014 rhsmd
[root@rhel7 ~]# ll  /etc/cron.weekly/
总用量 0
[root@rhel7 ~]# ll  /etc/cron.monthly/
总用量 0
```

一旦任务被执行了，它会使用 job-id（时间戳文件名）字段中指定的名称将日期记录在 /var/spool/anacron 目录中的时间戳文件中。默认的时间戳文件有 3 个。

```
[root@rhel7 ~]# ls  /var/spool/anacron/
cron.daily  cron.monthly  cron.weekly
[root@rhel7 ~]# more   /var/spool/anacron/cron.daily
20180823                          //显示执行 anacron 的日期
[root@rhel7 ~]# more   /var/spool/anacron/cron.weekly
20180823
```

```
[root@rhel7 ~]# more    /var/spool/anacron/cron.monthly
20180823
```

crond 每分钟去/etc/cron.d/里面搜索配置文件，里面有一个 0hourly 文件，里面写了"01 * *
* * root run-parts /etc/cron.hourly"，是每隔 1 小时去运行一次/etc/cron.hourly 目录，该目录下面
的 0anacron 和 0yum-hourly.cron 文件就能每小时运行一次。

```
[root@rhel7 ~]# ls     /etc/cron.d/
0hourly    pcp-pmlogger   sa-update   unbound-anchor
pcp-pmie   raid-check     sysstat
[root@rhel7 ~]# more    /etc/cron.d/0hourly
# Run the hourly jobs
SHELL=/bin/bash
PATH=/sbin:/bin:/usr/sbin:/usr/bin
MAILTO=root
01 * * * * root run-parts /etc/cron.hourly
[root@rhel7 ~]# ll   /etc/cron.hourly/
总用量 8
-rwxr-xr-x. 1 root root 392 1 月    28 2014 0anacron
-rwxr-xr-x. 1 root root 362 4 月    15 2014 0yum-hourly.cron
```

每小时运行的 0anacron 只负责进行时间戳的比对，如果当前日期和上次运行 anacron 的日期不符，说明系统停机过了，就会启动 anacron 程序，再由 anacron 根据/etc/anacrontab 配置进一步判断，将当前时间与/var/spool/anacron 目录下的文件里面的时间戳进行对比，如果需要则去运行/var/spool/anacron/下面 cron.daily、cron.weekly 与 cron.monthly 里面未完成的任务。这也是为什么/etc/anacrontab 配置文件里只定义 cron.daily、cron.weekly 与 cron.monthly 对应行，而没有定义 cron.hourly 的原因，因为 cron.daily、cron.weekly 与 cron.monthly 其实是由 cron.hourly 调度起来的。

9.3.3 子任务 3 使用 anacron 命令执行计划

anacron 命令的语法："anacron [选项][作业]"。anacron 命令中各常用选项的含义如表 9-6 所示。

表 9-6 anacron 的主要选项及作用

选项	作用
-n	立即进行未进行的任务，而不延迟等待时间
-s	顺序执行作业，在前一个未完成前不会执行后一个
-f	强制执行作业，忽略时间戳
-u	只更新相关作业的时间戳为当前时间，不执行任何作业

```
[root@rhel7 ~]# anacron   -s    /var/spool/anacron/cron.daily
[root@rhel7 ~]# anacron   -f
```

由于/etc/cron.daily 内的任务比较多，因此我们使用每天进行的任务来解释一下 anacron 的运行情况。执行命令"anacron -s cron.daily"后，anacron 是这样运行的：

（1）由/etc/anacrontab 分析到 cron.daily 这项工作名称的天数为 1 天。
（2）由/var/spool/anacron/cron.daily 取出最近一次运行 anacron 的时间戳记。
（3）由上个步骤与目前的时间比较，若差异天数为 1 天以上，含 1 天，就准备执行命令。
（4）若准备执行命令，根据/etc/anacrontab 的配置，将延迟 65 min。
（5）延迟时间过后，开始运行后续命令，亦即"run-parts /etc/cron.daily"这串命令。
（6）运行完毕后，anacron 程序结束。

所以说，时间戳记是非常重要的。anacron 是透过该记录与目前的时间差异，了解到是否应该要进行某项任务的工作。举例来说，如果我的主机在 2017/09/15 日 18:00 关机，然后在 2017/09/16 日 8:00 启动，由于我的 crontab 是在早上 04:00 左右进行各项任务，该时刻系统是关机的，因此时间戳记依旧为 20170915（旧的时间），但是目前时间已经是 20170916（新的时间），因此"run-parts /etc/cron.daily"就会在原计划时间之后的 65 min 时开始运行了。

所以，anacron 并不需要额外的配置，使用默认值即可。现在你知道为什么隔了一阵子将 RHEL7 启动，启动过后约 1 小时系统会有一小段时间的忙碌，而且硬盘会跑个不停，那就是因为 anacron 正在运行过去 crontab 因为关机而未能进行的各项排程。

9.4 思考与练习

一、填空题

1. 要查看指定用户的计划任务使用命令"crontab -u 用户名 -l"，要修改指定用户的定时文件使用命令_____；要删除指定用户的所有定时文件使用命令_____。

2. cron 服务被用来调度重复的任务，而_____被用来在指定时间调度一次性的任务。

3. 在使用 at 服务之前必须安装 at 软件包，并启动_____守护进程。

4. 用户 root 可以使用/etc/目录下的_____和_____文件来控制哪些普通用户可以使用 crontab 命令。

5. crond 守护进程每分钟去/etc/cron.d 里面搜索配置文件，里面有一个 0hourly 文件，里面写了"01 * * * * root run-parts /etc/cron.hourly"，是每隔_____时间去运行一次/etc/cron.hourly 目录。

二、判断题

1. 使用 cron 定时执行的任务"0,20,40 * * * 1~5 ls -l"表示从周一到周五，每隔 20 分钟执行一次"ls -l"命令，并且系统会自动以电子邮件的方式报告计划任务的执行结果。（ ）

2. 如果想对某个用户设置多个计划任务，则可直接用"crontab -e"命令将要执行的命令逐条添加到计划配置文件里面即可。（ ）

3．除了通过修改/etc/crontab 文件实现计划之外，还可以在/etc/cron.d 目录中创建文件来实现。（　　）

4．新创建的 crontab 需要提交给守护进程 crond，该进程每隔 5 分钟"醒"来一次，检查作业队列中是否有命令要执行，从而实现周期性定时执行。（　　）

5．anacron 并不能取代 cron 去运行某项任务，而是在系统启动后指定的时间立刻进行 anacron 的动作，它会去侦测停机期间应该进行但是并没有执行的 crontab 任务，将这些任务运行一遍后，anacron 就会自动停止。（　　）

6．当不存在 at.allow 文件时，那么凡不在 at.deny 文件中列出的用户都可以使用 at。（　　）

三、选择题

1．定时执行一个任务，任务只执行一次通常使用下面哪个命令实现。（　　）
- A．crontab
- B．<命令> &
- C．nohup
- D．at

2．为了查看用户没有执行完成的 at 任务，用户可以执行下面哪个命令。（　　）
- A．atrm
- B．atinfo
- C．atq
- D．at -i

3．cron 的守护程序 crond 启动时将会扫描下面哪个文件，查找由 root 或其他系统用户输入的定期调度作业。（　　）
- A．/etc/crontab
- B．/etc/cron.conf
- C．/var/spool/cron
- D．/etc/nsswitch.conf

4．自动定时执行的任务"06 23 * * 03 lp /usr/local/message | mail -s "today's message" root"将在下面哪个时间执行。（　　）
- A．每周三 23：06 分
- B．每周三 06：23 分
- C．每周六 23：03 分
- D．每周六 03：23 分

5．crontab 文件的格式是下面哪一种。（　　）
- A．M D H m d cmd
- B．M H D d m cmd
- C．D M H m d cmd
- D．M H D m d cmd

四、综合题

1．命令 at 与 crontab 有何不同？

2．如何使用 cron 计划任务，实现"从周一到周五，每隔 20 分钟执行一次"ls -l"命令"的功能。

3．如何使用 crontab 命令计划任务，实现：在每周 1~5 的凌晨 1 点自动打包备份网站目录/home/webroot，然后清除/tmp 目录下的所有文件。

4．如何使用 cron 计划任务，在 3 天后的下午 4 点执行系统重新启动的任务。

5．anacron 的每一个任务在配置文件/etc/anacrontab 中被定义为一行，每一行由 4 个部分组成，请简述这 4 个部分及分别表示的含义。

第 10 章

Linux 系统的引导与内核管理

学习目标

- 了解 Linux 系统的启动过程
- 理解 GRUB2 的功能和配置文件
- 掌握 Linux 系统内核模块的使用与管理
- 掌握 GRUB 2 的使用与管理
- 掌握升级 Linux 系统内核的方法

任务引导

现代操作系统为减少系统本身的开销,往往将一些与硬件紧密相关的(如中断处理程序、设备驱动程序等)、基本的、公共的、运行频率较高的模块(如时钟管理、进程调度等,以及关键性数据结构)独立出来使之常驻内存,通常把这一部分称为操作系统的内核。内核是一个操作系统的核心,是基于硬件的第一层软件扩充,提供操作系统最基本的功能,是操作系统工作的基础,决定着系统的性能和稳定性。GRUB 是大多数 Linux 系统发行版本选择的启动引导程序,是多启动规范的一种实现,它允许用户可以在一台计算机内同时拥有多个操作系统,并在计算机启动时选择操作系统分区上的不同内核,也可用于向这些内核传递启动参数。本章主要介绍 Linux 系统的启动过程、Linux 系统内核模块,以及引导程序 GRUB2 的使用与管理等知识和技能。

任务实施

10.1 任务 1 认识 GRUB 及其配置文件

10.1.1 子任务 1 了解 Linux 系统的启动过程

1. GRUB2 的功能和特点

GRUB(GRand Unified Bootloader)是一个多重操作系统启动管理器,用来引导不同系统,如 Windows 和 Linux。在 X86 架构的机器中,Linux、BSD 或其他 UNIX 类的操作系统中 GRUB 是大家最为常用的,应该说是主流。

目前,GRUB 分成 GRUB legacy 和 GRUB 2。版本号是 0.9x 及之前的版本都称为 GRUB Legacy,从 1.x 开始的称为 GRUB 2。GRUB 2 是新一代的 GRUB,实现了一些 GRUB 中所没

有的功能。

（1）模块化设计。不同于 GRUB 的单一内核结构，GRUB 2 的功能分布在很多的小模块中，并且能在运行时动态装载和卸除。

（2）支持多体系结构。GRUB 2 可支持 PC（i386）、MAC（powerpc）等不同的体系结构，而且支持最新的 EFI 架构。

（3）国际化的支持。GRUB 2 可以支持非英语的语言。

（4）内存管理。GRUB 2 有真正的内存管理系统。

（5）脚本语言。GRUB 2 可以支持脚本语言，如条件、循环、变量、函数等。

2．GRUB2 对设备的命名

GRUB2 对设备与分区的命名规则如表 10-1 所示。需要说明的是磁盘从"0"开始计数，分区从"1"开始计数。

表 10-1　设备与分区的命名规则

设备名	描述
(fd0)	第一软盘
(hd0)	第一硬盘，大多数 U 盘与 USB 接口的移动硬盘及 SD 卡也都被当作硬盘看待
(hd1,1)	第二硬盘的第一分区，通用于 MBR 与 GPT 分区
(hd0,msdos2)	第一硬盘的第二 MBR 分区，也就是传统的 DOS 分区表
(hd1,msdos5)	第二硬盘的第五 MBR 分区，也就是第一个逻辑分区
(hd0,gpt1)	第一硬盘的第一 GPT 分区
(cd)	启动光盘，仅在从光盘启动 GRUB 时可用
(cd0)	第一光盘

3．Linux 系统启动过程

RHEL7 系统的启动从计算机开机通电自检开始一直到登录系统，需要经过多个过程。

1）BIOS 自检

计算机在接通电源之后首先由 BIOS 进行 POST 自检，然后依据 BIOS 内设置的引导顺序从硬盘、软盘或光盘中读入引导块。BIOS 的第一个步骤是加电 POST 自检，POST 的工作是对硬件进行检测。BIOS 的第二个步骤是进行本地设备的枚举和初始化。BIOS 由两部分组成：POST 代码和运行时的服务。当 POST 完成之后，虽然它被从内存中清理出来，但是 BIOS 运行时服务依然保留在内存中，目标操作系统可以使用这些服务。

Linux 系统通常都是从硬盘上引导的，其中主引导记录（MBR）中包含主引导加载程序。MBR 是一个 512B 的扇区，位于磁盘上的第一个扇区中（0 道 0 柱面 1 扇区）。当 MBR 被加载到 RAM 中之后，BIOS 就会将控制权交给 MBR。

2）启动 GRUB2

当计算机引导操作系统时，BIOS 会读取引导介质上最前面的 512B（MBR，主引导记录）。GRUB2 实际上是一个微型的 OS，GRUB2 运行时会读取自己的配置文件/boot/grub2/grub.cfg。GRUB 实际上是引出更高级的功能，以允许用户装载一个特定的操作系统。

每个内核条目都会以 menuentry 开头，menuentry 包含标题、选项（不建议修改），menuentry

后面有一对大括号，其中都是启动项，启动项以 TAB 开头，linux16 这行指定内核的位置、根分区的位置，以只读方式挂载根分区、字符集、键盘布局、语言、rhgb（以图形化方式显示启动过程）、quiet（启动过程出现错误提示）。

根分区都是 xfs 格式的，xfs 需要驱动才能读取文件，/lib/modules/3.10.0-123.el7.x86_64/kernel/fs/xfs 驱动的位置，通过 initrd16 将启动相关的驱动和模块解压到内存，再读取根分区（xfs）的数据。

3）加载内核

接下来就是加载内核映像到内存中，内核映像并不是一个可执行的内核，而是一个压缩过的内核映像。在这个内核映像前面是一个例程，它实现少量硬件设置，并对内核映像中包含的内核进行解压，然后将其放入高端内存中。如果有初始 RAM 磁盘映像，系统就会将它移动到内存中，并标明以后使用。然后该例程会调用内核，并开始启动内核引导的过程。

4）执行 systemd 进程

systemd 是第一个运行的进程，是所有进程的发起者和控制者，所以其进程号（PID）永远是 1。systemd 进程有两个作用。第一个作用是扮演终结父进程的角色。因为 systemd 进程永远不会被终止，所以系统总是可以确信它的存在，并在必要的时候以它为参照。如果某个进程在它衍生出来的全部子进程结束之前被终止，就会出现必须以 systemd 为参照的情况。此时那些失去了父进程的子进程就都会以 systemd 作为它们的父进程。第二个作用是运行相应的程序，以此对各种目标进行管理。

5）初始化系统环境

Linux 系统使用 systemd 作为引导管理程序，之后的引导过程将由 systemd 完成。systemd 使用目标（target）来处理引导和服务管理过程。这些 systemd 里的目标文件被用于分组不同的引导单元及启动同步进程。

（1）systemd 执行的第一个目标是 default.target。但实际上 derault.tarset 目标是指向 graphical.target 目标的软链接。graphical.target 目标单元文件的实际位置是/usr/lib/system/system/graphical.target。

（2）在执行 graphical.target 目标阶段，会启动 multi-user.target 目标，而这个目标将自己的子单元存放在/etc/systemd/system/multi-user.target.wants 目录中。这个目标为多用户支持设定系统环境：非 root 用户会在这个阶段的引导过程中启用。防火墙相关的服务也会在这个阶段启动。

（3）multi-user.target 目标会将控制权交给 basic.target 目标。basic.target 目标用于启动普通服务，特别是图形管理服务。它通过/etc/systemd/system/basic.target.wants 目录来决定哪些服务会被启动。basic.target 目标之后将控制权交给 sysinittarget 目标。

（4）sysinit.target 目标会启动重要的系统服务，如系统挂载、内存交换空间和设备、内核补充选项等。sysinit.target 目标在启动过程中会传递给 local-fs.target 和 swap.target 目标。

（5）local-fs.target 和 swap.target 目标不会启动用户相关的服务，它只处理底层核心服务。这个目标会根据/etc/fstab 和/etc/inittab 文件来执行相关操作。

6）执行/bin/login 程序

login 程序会提示使用者输入账号及密码，接着编码并确认密码的正确性。如果账号与密码相符，则为使用者初始化环境，并将控制权交给 shell，即等待用户登录。login 会接收 mingetty 传来的用户名作为用户名参数，然后 login 会对用户名进行分析。如果用户名不是 root，且存在/etc/nologin 文件，login 将输出 nologin 文件的内容，然后退出。这通常用来系统维护时防止非 root 用户登录。只有在/etc/securetty 中登记了的终端才允许 root 用户登录，如不存在这个文件，则 root 可以在任何终端上登录。/etc/usertty 文件用于对用户做出附加访问限制，如果不存在这个文件，则没有其他限制。

　　在分析完用户名后，login 将搜索/etc/passwd 及/etc/shadow 来验证密码及设置账户的其他信息，如主目录是什么、使用何种 shell。如果没有指定主目录，则将主目录默认设置为根目录；如果没有指定 shell，则将默认设置为/bin/bash。

　　login 程序成功后，会向对应的终端再输出最近一次登录的信息（在/var/log/lastlog 中有记录），并检查用户是否有新邮件（在/usr/spool/mail/的对应用户名目录下）。然后开始设置各种环境变量：对于 bash 来说，系统首先寻找/etc/profile 脚本文件，并执行它；然后如果用户的主目录中存在.bash_profile 文件，就执行它，在这些文件中又可能调用了其他配置文件，所有的配置文件执行后，各种环境变量也设置好了，这时会出现大家熟悉的命令行提示符，到此整个启动过程就结束了。

10.1.2　子任务 2　了解 GRUB2 的配置文件

　　GRUB2 的配置是通过 3 个地方的文件来完成的。这 3 个文件之间的关系是：在/boot/grub2/grub.cfg 文件里面通过"### BEGIN /etc/grub.d/00_header ###"这种格式调用/etc/grub.d/目录中的脚本实现不同的功能；/etc/default/grub 是一个文本文件，可以在该文件中设置通用配置变量和 GRUB2 菜单的其他特性；这两个地方的文件修改以后需要执行命令"grub2-mkconfig -o /boot/grub2/grub.cfg（update-grub）"更新，把配置合并到/boot/grub2/grub.cfg 中。因此，/boot/grub2/grub.cfg 是上面文件的组合体，不能直接修改/boot/grub2/grub.cfg 文件。

1．/boot/grub2/grub.cfg 文件

　　GRUB2 不再使用 menu.list，而是使用全新的配置文件/boot/grub2/grub.cfg，文件权限为 444，其目的就是为避免手动更新。

```
[root@rhel7 ~]# ll  /boot/grub2/grub.cfg
-rw-r--r--. 1 root root 4075 9 月    23 18:54 /boot/grub2/grub.cfg
[root@rhel7 ~]# grep   '^#'  /boot/grub2/grub.cfg                    //只显示#号开头的行
#
# DO NOT EDIT THIS FILE
#
# It is automatically generated by grub2-mkconfig using templates
# from /etc/grub.d and settings from /etc/default/grub
#
### BEGIN /etc/grub.d/00_header ###
# Fallback normal timeout code in case the timeout_style feature is
# unavailable.
### END /etc/grub.d/00_header ###
### BEGIN /etc/grub.d/10_linux ###
### END /etc/grub.d/10_linux ###
```

```
### BEGIN /etc/grub.d/20_linux_xen ###
### END /etc/grub.d/20_linux_xen ###
### BEGIN /etc/grub.d/20_ppc_terminfo ###
### END /etc/grub.d/20_ppc_terminfo ###
### BEGIN /etc/grub.d/30_os-prober ###
### END /etc/grub.d/30_os-prober ###
### BEGIN /etc/grub.d/40_custom ###
# This file provides an easy way to add custom menu entries.  Simply type the
# menu entries you want to add after this comment.  Be careful not to change
# the 'exec tail' line above.
### END /etc/grub.d/40_custom ###
### BEGIN /etc/grub.d/41_custom ###
### END /etc/grub.d/41_custom ###
```

2. /etc/default/grub 文件详解

/etc/default/grub 是一个文本文件，可以在该文件中设置通用配置变量和 GRUB2 菜单的其他特性。下面 more 命令显示的是其默认内容。在更改该文件后，需要使用命令 grub2-mkconfig 更新配置文件 grub.cfg 才能生效。/etc/sysconfig/grub 文件是该文件的软链接。

```
[root@rhel7 ~]# more    /etc/default/grub
GRUB_TIMEOUT=5
GRUB_DISTRIBUTOR="$(sed 's, release .*$,,g' /etc/system-release)"
GRUB_DEFAULT=saved
GRUB_DISABLE_SUBMENU=true
GRUB_TERMINAL_OUTPUT="console"
GRUB_CMDLINE_LINUX="rd.lvm.lv=rhel/root  crashkernel=auto   rd.lvm.lv=rhel/swap  vconsole.font=latarcyrheb-sun16 vconsole.keymap=us rhgb quiet"
GRUB_DISABLE_RECOVERY="true"
```

下面是在/etc/default/grub 文件中可以添加或修改的参数。

（1）GRUB_DEFAULT=0：默认启动项，按 menuentry 顺序，从 0 开始；若改为 saved，则默认上次启动项。

（2）GRUB_HIDDEN_TIMEOUT=0：不显示菜单，但会显示空白界面，设置时间内按任意键出现菜单。

（3）GRUB_HIDDEN_TIMEOUT_QUIET=true：true 为不显示倒计时，屏幕将会是空白的；false 为空白屏幕上有计时器。

（4）GRUB_TIMEOUT=5：设置进入默认启动项的等候时间，默认值 5 s；若为–1 则一直等待。

（5）GRUB_TERMINAL=console：设置是否使用图形界面。前面加#，仅使用控制台终端。

（6）GRUB_DISABLE_LINUX_UUID=true：设置 grub 命令是否使用 UUID，前面有#使用 root=/dev/sdax 而不用 root=UUDI=xxx。

（7）GRUB_DISABLE_RECOVERY="true"：取消启动菜单中的"Recovery Mode"选项。

（8）GRUB_DISTRIBUTOR="$(sed 's, release .*$,,g' /etc/system-release)"：由 GRUB 发布者设置他们的标识名，用于产生更具体的菜单项名称。

（9）GRUB_CMDLINE_LINUX="rd.lvm.lv=rhel/root crashkernel=auto rd.lvm.lv=rhel/swap vconsole.font= latarcyrheb-sun16 vconsole.keymap=us rhgb quiet"：手动添加内核参数。

（10）GRUB_GFXMODE=640x480：图形界面分辨率设定，否则采用默认值。

（11）GRUB_DISABLE_OS_PROBER="true"：如果你只想手动配置 grub，不想让它扫描所有分区自动作菜单，就打开它。特别是需要经常切换内核的，自动扫描就没什么用了。

3．/etc/grub.d/目录

/boot/grub2 下的模块可以按需自动加载，对应的配置文件都存放在/etc/grub.d 目录下，这些脚本的名称必须有两位数字前缀，目的是在构建 GRUB2 菜单时定义脚本文件的执行顺序，这些文件数字越小越先执行，如表 10-2 所示。

表 10-2　/etc/grub.d 目录中的文件描述

文 件 名	描 述
00_header	设置 grub 的默认参数，它又会调用/etc/default/grub 实现最基本的开机界面配置
10_linux	配置不同的内核，默认有两个 menuentry（菜单项），一个普通模式，一个救援模式
20_ppc_terminfo	设置 tty 控制台
30_os_prober	设置其他分区中的系统，硬盘中有多个操作系统时设置
40_custom、41_custom	用户自己自定义的配置

```
[root@rhel7 ~]# ls    /etc/grub.d/
00_header    20_linux_xen      30_os-prober    41_custom
10_linux     20_ppc_terminfo   40_custom       README
```

10.2　任务 2　管理与使用 Linux 系统内核模块

10.2.1　子任务 1　了解 Linux 系统内核与内核组成

Linux 系统是一个一体化内核系统，设备驱动程序可以完全访问硬件。Linux 系统内的设备驱动程序可以方便地以模块化的形式设置，并在系统运行期间可以直接安装或卸载。Linux 系统内核组件由内核镜像文件、内核模块、initrd 镜像文件 3 部分组成。

1．内核镜像文件

内核通常会以镜像文件的类型存储在 Linux 系统上，当启动 Linux 系统时，GRUB 会将内核镜像文件直接加载到内存，以启动内核和整个系统。内核镜像文件一般都是存储在/boot 目录下，以 vmlinuz-3.10.0-123.el7.x86_64 方式命名，其中 3.10.0-123.el7.x86_64 是内核版本号，不同版本的 RedHat Enterprise Linux 内核版本号不同。

```
[root@rhel7 ~]# ls    /boot/vmlinuz-3.10.0-123.el7.x86_64    -l
-rwxr-xr-x. 1 root root 4902000 5 月    5 2014 /boot/vmlinuz-3.10.0-123.el7.x86_64
```

vmlinuz 的建立有两种方式：一是编译内核时通过"make zImage"创建，然后通过"cp /usr/src/linux-2.4/arch/i386/linux/boot/zImage /boot/vmlinuz"产生，zImage 适用于小内核的情况，它的存在是为了向后的兼容性；二是内核编译时通过命令"make bzImage"创建，然后通过"cp /usr/src/linux-2.4/arch/i386/linux/boot/bzImage /boot/vmlinuz"产生，bzImage 是压缩的内核映像，需要注意，bzImage 不是用 bzip2 压缩的，bzImage 中的 bz 容易引起误解，bz 表示"big zImage"。bzImage 中的 b 是"big"意思。

zImage（vmlinuz）和 bzImage（vmlinuz）都是用 gzip 压缩的。它们不仅是一个压缩文件，而且在这两个文件的开头部分内嵌有 gzip 解压缩代码，所以不能用 gunzip 或 gzip -dc 解包 vmlinuz。

内核文件中包含一个微型的 gzip 用于解压缩内核并引导它。两者的不同之处在于，老的 zImage 解压缩内核到低端内存（第一个 640KB），bzImage 解压缩内核到高端内存（1MB 以上）。如果内核比较小，那么可以采用 zImage 或 bzImage 之一，两种方式引导的系统运行是相同的。大的内核采用 bzImage，不能采用 zImage。

2. 内核模块

Linux 系统内核的功能可以编译到内核镜像文件中，也可以单独成为内核模块。可以在 Linux 系统运行过程中动态地加载或卸载模块，以修改系统功能。由于 Linux 系统把内核模块存储在/lib/modules/，所以 Linux 系统需要挂载根文件系统以后才能使用内核模块。

3. initrd-x.x.x.img 镜像文件

内核模块都保存在根目录文件系统上，当 Linux 系统需要驱动某一个硬件设备时，可以从跟文件系统加载内核模块，从而驱动该硬件设备。然而在 Linux 系统的启动过程中，必须等启动完内核以后，才会去挂载根文件系统。

如果 Linux 系统的根文件系统安装在某些特殊硬盘中，可能因为内核镜像文件并未包含该硬盘的驱动而无法顺利启动。例如，大部分 SCSI 控制卡的硬盘，内核必须先驱动 SCSI 控制卡，才能调用连接到该 SCSI 控制卡的硬盘。如果内核镜像文件没有提供 SCSI 控制卡的驱动程序，那么就无法在启动时挂载，从而导致无法启动。

Linux 系统把部分模块制作成初始化内存磁盘镜像文件（initrd 镜像文件）。启动内核时，再把 initrd（initial ramdisk）镜像文件加载到内存，内核便可以从 initrd 镜像文件加载外置设备的模块，再去驱动这些外置设备。这样就可以让 Linux 系统顺利挂载跟文件系统，并能正常启动。

```
[root@rhel7 ~]# ls -l    /boot   |grep init
-rw-r--r--.    1         root         root          40654150        9          月                23       2017
initramfs-0-rescue-24b8a511865e4ef288817ce5987bea20.img
-rw-------. 1 root root 17312326 9 月    23 2017 initramfs-3.10.0-123.el7.x86_64.img
-rw-------. 1 root root 17234331 9 月    23 11:04 initramfs-3.10.0-123.el7.x86_64kdump.img
-rw-r--r--. 1 root root    866997 9 月    23 2017 initrd-plymouth.img
```

10.2.2 子任务 2 查看已经加载的内核模块

在 Linux 系统中，目录/lib/modules/3.10.0-123.el7.x86_64/kernel/是内核模块的存储位置。

内核模块是一个可执行文件,它的扩展名是".ko"。

```
[root@rhel7 ~]# cat     /etc/redhat-release      //查看操作系统版本。
Red Hat Enterprise Linux Server release 7.0 (Maipo)
[root@rhel7 ~]# uname   -r              //查看内核版本。
3.10.0-123.el7.x86_64
[root@rhel7 ~]# ls      /lib/modules/3.10.0-123.el7.x86_64/kernel/
arch  crypto  drivers  fs  kernel  lib  mm  net  sound
[root@rhel7 ~]# ls      /lib/modules/3.10.0-123.el7.x86_64/kernel/sound/
ac97_bus.ko  core  drivers  firewire  i2c  isa  pci  soundcore.ko  synth  usb
```

```
[root@rhel7 ~]# lsmod
Module              Size    Used by
fuse                87661   3
ip6t_rpfilter       12546   1
……                  ……
dm_log              18411   2 dm_region_hash,dm_mirror
dm_mod              102999  8 dm_log,dm_mirror
```

可以使用 lsmod 命令查看内核模块的状态,显示哪些内核模块正在加载。该命令输出字段的含义如表 10-3 所示。

表 10-3 lsmod 输出字段的含义

输 出 字 段	字段的含义
Module	模块名称
Size	模块在内存占用的体积,单位是字节
Used by	当前使用该模块的系统组件数量,以及依赖这个模块的其他模块

10.2.3 子任务 3 查看内核模块的信息

使用 modinfo 命令可以显示模块的信息,语法:"modinfo [选项] [模块名]",命令中各常用选项及作用如表 10-4 所示。

表 10-4 modinfo 的主要选项及作用

选　　项	作　　用
-a 或--autho	显示模块开发人员
-d 或--description	显示模块的说明
-h 或--help	显示 modinfo 的参数使用方法
-p 或--parameters	显示模块所支持的参数
-V 或--version	显示版本信息

```
[root@rhel7 ~]# modinfo cdrom
filename:       /lib/modules/3.10.0-123.el7.x86_64/kernel/drivers/cdrom/cdrom.ko
```

```
license:          GPL
srcversion:       B5F2D59440347DFFB175E71
depends:
intree:           Y
vermagic:         3.10.0-123.el7.x86_64 SMP mod_unload modversions
signer:           Red Hat Enterprise Linux kernel signing key
sig_key:          00:AA:5F:56:C5:87:BD:82:F2:F9:9D:64:BA:83:DD:1E:9E:0D:33:4A
sig_hashalgo:     sha256
parm:             debug:bool
parm:             autoclose:bool
parm:             autoeject:bool
parm:             lockdoor:bool
parm:             check_media_type:bool
parm:             mrw_format_restart:bool
[root@rhel7 ~]# modinfo cdrom     -n
/lib/modules/3.10.0-123.el7.x86_64/kernel/drivers/cdrom/cdrom.ko
```

10.2.4 子任务 4 自动加载/卸载内核模块

modprobe 命令用于智能地向内核中加载模块或从内核中移除模块。modprobe 可载入指定的个别模块，或者载入一组相依的模块。modprobe 会根据 depmod 所产生的相依关系，决定要载入哪些模块。若在载入过程中发生错误，在 modprobe 会卸载整组的模块。语法："modprobe [选项][模块名]"，命令中常用选项及作用如表 10-5 所示。

表 10-5 modprobe 的主要选项及作用

选 项	作 用
-a 或--all	载入全部的模块
-c 或--show-conf	显示所有模块的设置信息
d 或--debug	使用排错模式
-l 或--list	显示可用的模块
-r 或--remove	模块闲置不用时，即自动卸载模块
-v 或--verbose	执行时显示详细的信息
-t 或--type	指定模块类型

```
[root@rhel7 ~]# lsmod   |grep vfat
[root@rhel7 ~]# modprobe vfat
[root@rhel7 ~]# lsmod   |grep vfat
vfat                    17411   0
fat                     65913   1 vfat
[root@rhel7 ~]# modprobe vfat   -r
[root@rhel7 ~]# lsmod   |grep vfat
```

10.2.5　子任务 5　升级 Linux 系统内核

正常稳定的内核不需要漫无目的地追逐新版本，然而基于以下几方面因素，可能还是需要升级 RHEL 系统的内核：新内核修补了安全漏洞；新内核修复了严重 bug；新的内核提供更多的功能。

升级内核的方法主要有 3 种：从内核源码升级、手动安装 Kernel RPM 包、通过 yum 升级内核。由于从网上获得的内核源码可能会与 RHEL 系统不匹配，从而造成一些无法预期的问题发生，因而强烈建议不要使用源码方式升级内核。本书所使用的系统版本为 RHEL7.0，目前 RHEL 的最新版本为 7.4，这里将 RHEL 7.4 的光盘镜像设置为 yum 源，并采用 yum 方式升级内核。

```
[root@rhel7 ~]# yum    list    kernel          //查看已经安装的及可用的内核版本信息
已加载插件：langpacks, product-id, subscription-manager
This system is not registered to Red Hat Subscription Management. You can use subscription-manager to register.
已安装的软件包
kernel.x86_64                       3.10.0-123.el7              @anaconda/7.0
可安装的软件包
kernel.x86_64                       3.10.0-693.el7              rhel7.4-iso
```

```
[root@rhel7 ~]# yum    update    kernel
已加载插件：langpacks, product-id, subscription-manager
……                        ……
================================================================================
 Package                  架构          版本                源              大小
================================================================================
正在安装:
 kernel                   x86_64        3.10.0-693.el7      rhel7.4-iso     43 M
 linux-firmware           noarch        20170606-56.        gitc990aae.el7  rhel7.4-iso   35 M
    替换  libertas-sd8686-firmware.noarch    20140213-0.3.    git4164c23.el7
    替换  libertas-sd8787-firmware.noarch    20140213-0.3.    git4164c23.el7
    替换  libertas-usb8388-firmware.noarch 2: 20140213-0.3    git4164c23.el7
正在更新:
 initscripts              x86_64        9.49.39-1.el7       rhel7.4-iso     435 k
 kexec-tools              x86_64        2.0.14-17.el7       rhel7.4-iso     332 k
 xfsprogs                 x86_64        4.5.0-10.el7        rhel7.4-iso     895 k
为依赖而更新:
 dracut                   x86_64        033-502.el7         rhel7.4-iso     321 k
 dracut-config-rescue     x86_64        033-502.el7         rhel7.4-iso     55 k
 dracut-network           x86_64        033-502.el7         rhel7.4-iso     97 k
 glib2                    x86_64        2.50.3-3.el7        rhel7.4-iso     2.3 M
```

kmod	x86_64	20-15.el7	rhel7.4-iso	118 k	
libgudev1	x86_64	219-42.el7	rhel7.4-iso	83 k	
systemd	x86_64	219-42.el7	rhel7.4-iso	5.2 M	
systemd-libs	x86_64	219-42.el7	rhel7.4-iso	375 k	
systemd-python	x86_64	219-42.el7	rhel7.4-iso	116 k	
systemd-sysv	x86_64	219-42.el7	rhel7.4-iso	70 k	

事务概要
==

安装 2 软件包
升级 3 软件包 (+10 依赖软件包)

总下载量：88 M
Is this ok [y/d/N]: y
……   ……
完毕！

升级完成后需要重新启动系统，在 GRUB 引导菜单中可以看到有新老两个内核可以选择启动，默认是新内核，如图 10-1 所示。如果想默认启动到旧内核，在/boot/grub2/grub.cfg 文件中直接修改即可，或者使用命令"grub2-set-default"修改。验证默认启动项，使用命令"grub2-editenv list"。

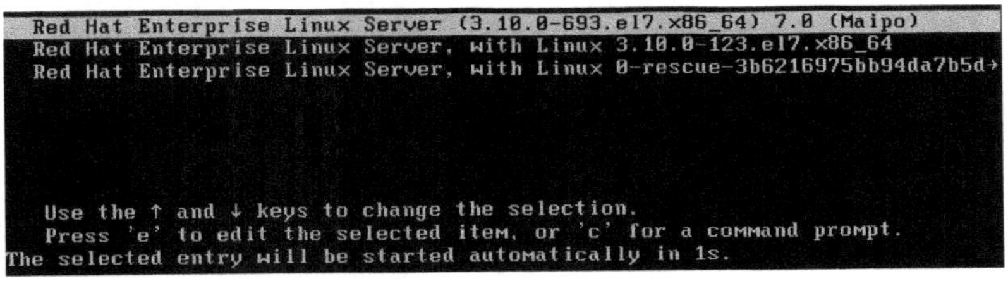

图 10-1 升级内核后的启动引导选择界面

```
[root@rhel7 ~]# grub2-editenv list
saved_entry=Red Hat Enterprise Linux Server (3.10.0-693.el7.x86_64) 7.0 (Maipo)
```

10.3 任务 3 使用与管理 GRUB 2

10.3.1 子任务 1 破解 root 用户的密码

如果忘记了 root 用户的密码而无法登录系统，可以按照如下步骤重设 root 密码。
（1）重启 Linux 系统，在如图 10-2 所示的 GRUB 2 启动菜单界面选中包含"with linux 3.10.0-123.el7.x86_64"字符串的行，按【E】键，进入 grub 模式。

第 10 章 Linux 系统的引导与内核管理

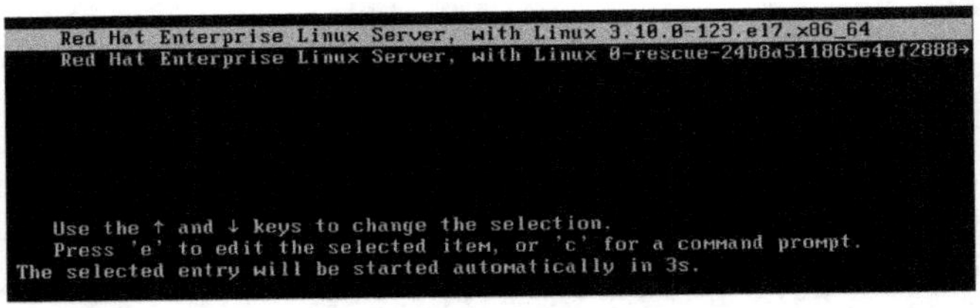

图 10-2　GRUB 2 启动菜单界面

（2）在如图 10-3 所示的 grub 模式下，找到"linux16"开头的行，在其最后空出一格，最后输入 rd.break，按 ctrl+x 组合键重新启动系统。

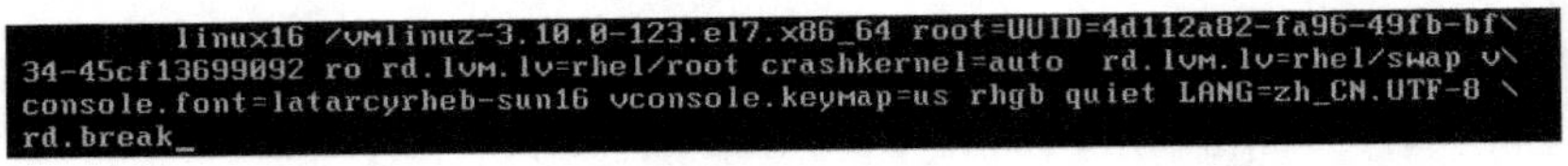

图 10-3　修改 GRUB 2 引导参数

（3）在如图 10-4 所示，使用命令"mount -o remount,rw /sysroot"挂载系统临时根目录为可写，使用"chroot /sysroot"命令改变系统目录为临时挂载目录。接着就可以使用 passwd 命令重设 root 的密码了。

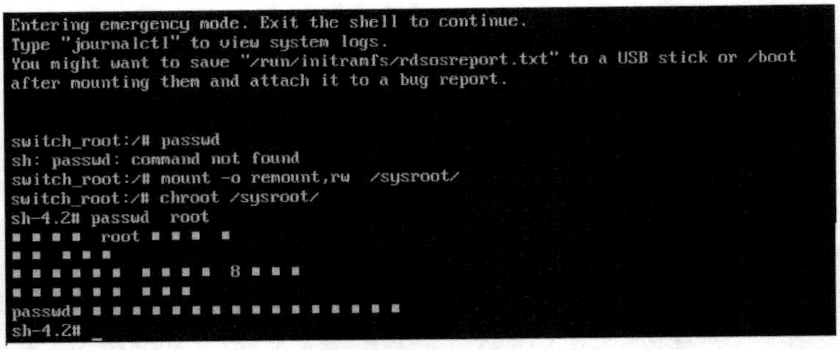

图 10-4　重置 root 登录密码

在救援模式下，anaconda 会把硬盘中的所有分区挂载到救援模式的虚拟目录中，执行"df -ht"命令可以看到实际挂载到的位置。某些管理工具只能在硬盘环境下执行，这时必须使用 chroot 命令将跟目录从改救援模式环境下的虚拟目录切换到硬盘 Linux 环境中。

（4）如果系统启动了 selinux，必须运行命令"touch　/.autorelabel"，否则将无法正常启动系统，如图 10-5 所示。

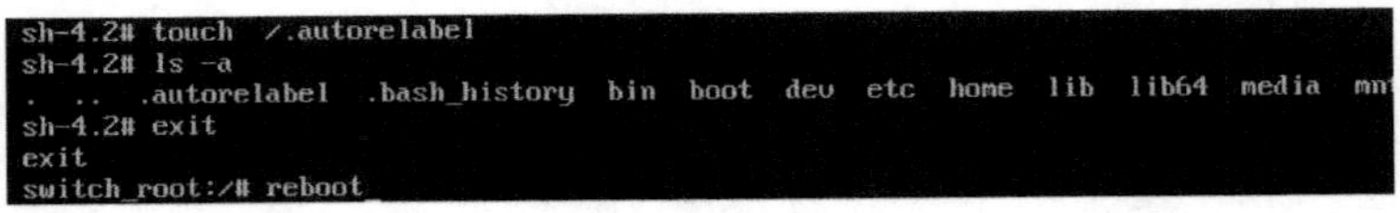

图 10-5　创建.autorelabel 空文件

注意：若在 VMWare 虚拟机上操作不成功，可以尝试将 rhgb（图形化启动） quiet（启动过程出现错误提示）先删除。rd.break 破解方法一般用于修改 passwd 或出现重大问题，临时中断运行，未加载 FileSystem，比单用户模式还要精简。若这样 rd.break 不能进入，则向 kernel 传递 init=/bin.bash 或 init=/bin/sh 参数，尝试使用 init 破解方法来破解。

10.3.2 子任务 2 设置 GRUB 2 加密口令

在默认情况下,GRUB 2 对所有可以在物理上进入控制台的用户都是可以访问的。任何用户都可以编辑任何菜单项,并且可以直接访问 GRUB 命令行。要启用认证支持,必须修改 grub 配置文件将环境变量 superusers(超级用户)设置为一组用户名,用户之间可以用空格、逗号和分号作为分隔符,还要设置 password 或 password_pbkdf2。这样,只允许列表中的用户使用 GRUB 命令行、编辑菜单项,以及执行任意菜单项。

1. 生成 PBKDF2 加密口令

```
[root@rhel7 ~]# grub2-mkpasswd-pbkdf2
输入口令:                           //输入 lihua
Reenter password:
PBKDF2 hash of your password is
grub.pbkdf2.sha510.10000.369CCE7BE05C38F6409C794C489A924842B12C8921951A5067C5BF045
2AFB2DB8033351BBF7A9A6F5A89B181BC12ECA1D2503637A64F1D72B6C67B6DD4BE9D65.1CA5410BB
9FEC7515B39B7FCDF77231D3CBFA7A280D3264036FAFD6F1331E3A9A7221DD02FC7DBE918DA0966684
55AD9BAC72DAC0824347585F9DDEDF303ED61
```

2. 编辑/etc/grub.d/00_header 文件

使用 vim 编辑器修改/etc/grub.d/00_header,此文件配置初始的显示项目,如默认选项、时间限制等,加入密码验证项目,在最后一行添加以下内容。

```
[root@rhel7 ~]# tail   /etc/grub.d/00_header

if [ "x${GRUB_BADRAM}" != "x" ] ; then
  echo "badram ${GRUB_BADRAM}"
fi
//下面是需要添加的内容
cat <<EOF
set superusers="lihua"
password_pbkdf2 lihua
grub.pbkdf2.sha510.10000.369CCE7BE05C38F6409C794C489A924842B12C8921951A5067C5BF045
2AFB2DB8033351BBF7A9A6F5A89B181BC12ECA1D2503637A64F1D72B6C67B6DD4BE9D65.1CA5410BB
9FEC7515B39B7FCDF77231D3CBFA7A280D3264036FAFD6F1331E3A9A7221DD02FC7DBE918DA0966684
55AD9BAC72DAC0824347585F9DDEDF303ED61
    EOF
```

3. 更新 GRUB 2 配置文件

```
[root@rhel7 ~]# grub2-mkconfig  -o  /boot/grub2/grub.cfg
Generating grub configuration file ...
```

> Found linux image: /boot/vmlinuz-3.10.0-123.el7.x86_64
> Found initrd image: /boot/initramfs-3.10.0-123.el7.x86_64.img
> Found linux image: /boot/vmlinuz-0-rescue-24b8a511865e4ef288817ce5987bea20
> Found initrd image: /boot/initramfs-0-rescue-24b8a511865e4ef288817ce5987bea20.img
> done

4．验证是否生效

设置完 GRUB 2 密码以后，使用命令 systemctl reboot 重启 Linux 系统，在如图 10-6 所示的 GRUB 2 启动菜单界面选中包含 "with linux 3.10.0-123.el7.x86_64" 字符串的行，按【E】键。

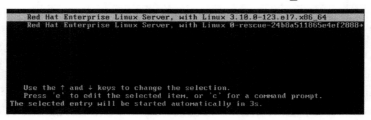

图 10-6　GRUB 2 启动菜单

在如图 10-7 所示的身份认证界面中，正确输入之前设置的用户名（lihua）和密码（lihua），才可以进入 grub 模式。

图 10-7　GRUB 2 用户身份认证

10.4　思考与练习

一、填空题

1．在 RHEL 7 系统中，_____是第一个运行的进程，是所有进程的发起者和控制者，所以其进程号（PID）永远是 1。

2．在 RHEL 7 系统中，默认的启动引导程序是_____。

3．Linux 系统通常都是从硬盘上引导的，其中在_____中包含主引导加载程序。

4．在编译升级内核之前，建议先执行_____命令，查看了解当前的 PCI 和 SCSI 设备的类型和型号，以便在配置新内核时能够正确选择相应的设备型号。

5．执行命令_____将编译好的内核安装到系统默认位置。然后执行_____命令重启主机，启动成功后执行命令_____查看内核版本是否显示为新版本。

6．在 RHEL 7 系统中，systemd 执行的第一个目标是_____。

7．Linux 系统内的设备驱动程序可以方便地以_____的形式设置，并在系统运行期间可以直接安装或卸载。

8．Linux 系统内核组件由＿＿＿＿＿＿、＿＿＿＿＿＿、initrd 镜像文件 3 部分组成。

二、判断题

1．bzImage 是压缩的、可引导的 Linux 内核，它是采用 bzip2 程序压缩生成的。（   ）

2．不同于 GRUB 的单一内核结构，GRUB 2 的功能分布在很多的小模块中，并且能在运行时动态装载和卸除。（   ）

3．GRUB 是一个多重操作系统启动管理器，能够让 Windows 和 Linux 操作系统同时启动运行在一台主机上。（   ）

4．BIOS 的第一个步骤是加电 POST 自检，POST 的工作是对硬件进行检测，BIOS 的第二个步骤是进行本地设备的枚举和初始化。（   ）

5．Linux 系统是一个一体化内核系统，设备驱动程序可以完全访问硬件。（   ）

三、选择题

1．安装编译内核过程中编译的模块使用（   ）命令。
  A．make install   B．make clean
  C．make modules   D．make zImage

2．做一个紧凑、压缩程度更高、尺寸更小的内核映像使用（   ）命令。
  A．make zImage   B．make bzImage
  C．make dep   D．make lilo

3．安装新编译的内核的正确命令是（   ）。
  A．make zlilo   B．make install
  C．make dep   D．make lilo

4．向内核中加载模块的正确命令是（   ）。
  A．insmod   B．make install
  C．lsmod   D．make modules

5．不需要编译内核的情况是（   ）。
  A．删除系统不用的设备驱动程序时   B．升级内核时
  C．添加新硬件时   D．将网卡激活

6．（   ）命令显示所有装载的模块。
  A．lsmod   B．dirmod
  C．modules   D．modlist

四、综合题

1．查看/etc/default/grub 的内容，并解释主要配置项的功能。

2．在忘记 root 密码的情况下，如何重设 root 的登录密码？将主要过程截屏保存到 Word 文档中。

3．设置 GRUB 2 加密口令，将主要过程截屏保存到 Word 文档中。

4．简述 RHEL 7 系统的启动过程。

5．什么是 GRUB？有什么功能？

6．什么情况下需要升级系统内核？有哪些升级的方式？

第 11 章

Linux 系统的 Shell 与 Shell 编程

📖 学习目标

- ◆ 了解 Shell 程序的基本结构
- ◆ 掌握 Shell 程序的创建和执行过程
- ◆ 掌握 Shell 变量的创建与使用方法
- ◆ 理解 Shell 程序的语法和功能
- ◆ 掌握 Shell 程序的流程控制

📖 任务引导

Shell 在用户成功登录进入系统后启动,并始终作为用户与系统内核的交互手段,直至退出系统。在 Linux 系统中,有多种不同类型的 Shell 可以使用。RHEL 7 的/etc 目录下有一个 shells 文件,在该文件中可以看到目前系统中可用的 Shell 类型。其中,最常用的是 Boume Shell(sh)、C Shell(csh)和 Korn Shell(ksh)。目前,Bash 是大多数 Linux 系统的默认 Shell。Shell 自身就是一个解释型的程序设计语言。Shell 程序设计语言支持在高级语言里所能见到的绝大多数程序控制结构,如循环、函数、变量和数组等。任何在提示符下能键入的命令都能放到一个可执行的 Shell 程序里,这意味着用 Shell 语言能简单地重复执行某些操作。Shell 编程语言比较易学会,一旦掌握它将成为系统管理中的得力工具。本章主要介绍 Shell 编程的相关知识和技能。

📖 任务实施

11.1 任务 1 创建 Shell 程序并执行

Shell 是允许用户输入命令的界面,是一个命令语言解释器,这就是 Shell 常常被称为"命令行界面"的原因。Shell 拥有自己内建的命令集,Shell 也能被系统中其他有效的 Linux 系统程序所调用。对用户而言,不必关心一个命令是建立在 Shell 内部的还是一个单独的程序。不论在何时,用户在命令提示符下输入的命令都由 Shell 所解释。

所谓 Shell 编程,其实就是用一定的语法将各种基本的命令组合起来,让 Shell 程序去解释执行。同传统的编程语言一样,Shell 提供了很多特性,这些特性可以使 Shell Script 编程更为有用,如数据变量、参数传递、判断、流程控制、数据输入和输出、子程序及中断处理等。

11.1.1 子任务 1 了解 Shell 程序的基本结构

通常情况下，从命令行每输入一次命令就能够得到系统响应，如果需要一个接着一个地输入命令才得到结果的时候，这样的做法效率很低。使用 Shell 程序或 Shell 脚本可以很好地解决这个问题。Shell 程序基本语法较为简单，主要由脚本声明、注释信息部分及可执行语句部分组成。

1．脚本声明

Shell 程序以"#!/bin/bash"的行开始。符号"#!"用来告诉系统它后面的参数是用来执行该文件的程序，在这个例子中使用/bin/bash 来执行程序。

Shell 程序不需要编译即可执行。由于 Shell 程序用的是外部命令与 Bash Shell 的一些默认工具，所以它常常会去调用外部函数库，因此运算速度比不上传统的程序语言，不适合处理大量数据运算。

2．注释信息

在进行 Shell 编程时，以"#"开头的句子表示注释，对可执行语句或程序功能做介绍，可以不写。建议在程序中使用注释。如果使用注释，那么即使相当长的时间内没有使用该脚本，也能在很短的时间内搞清楚该脚本的作用及工作原理。

3．可执行语句

Shell 程序是一类与 DOS 系统中的批处理起类似作用的特殊文本文件，它里面包含一系列可在提示符下执行的命令，以及 Shell 提供的专用控制语句。使用 Shell 脚本可以将各种命令组合在一起，形成功能更完整、更便于使用的新命令，其包含的命令将依次被执行。

11.1.2 子任务 2 简单 Shell 程序的创建与执行

1．脚本的建立

用户可以使用文本编辑器（如 VI）编写建立需要的 Shell 脚本，本例中文件名为 **date.sh**，该文件内容如下，共有 3 个命令。该文本文件默认没有执行的权限，还需要使用命令 chmod 让其增加可执行属性。

```
[lihua@rhel7 ~]$ vim    /home/lihua/datesh
#!/bin/sh
#filename:date.sh

echo   "Mr: $USER,Today is:"                    //冒号后面，要留空格
echo `date`
echo "Wish you a lucky day!!"
~
~
: wq                                            //保存退出
```

```
[lihua@rhel7 ~]$ chmod a+x    /home/lihua/date.sh
[lihua@rhel7 ~]$ ll    /home/lihua/date.sh
-rwxrwxr-x. 1 lihua lihua   9  5  6月  27   11:09   /home/lihua/date.sh
```

2．脚本的执行

Shell 脚本的手工执行可以采取以下两种基本的方式。

1）在命令提示符下直接执行

如果以当前 Shell 执行一个 Shell 脚本，则可以在提示符后输入"./脚本名"，然后按回车键。注意，此时该脚本所在的目录应被包含在命令搜索路径（PATH）中，或者将当前工作目录切换为脚本所在的目录。

```
[lihua@rhel7 ~]$ date.sh
bash: date.sh: 未找到命令...
[lihua@rhel7 ~]$ ./date.sh
Mr: lihua,Today is:
2017 年  06 月  27 日  星期二  11:25:29 CST
Wish you a lucky day!!
```

2）输入定向到 Shell 脚本

这种方式是用输入重定向方式让 Shell 从给定文件中读入命令行，并进行相应处理。其一般格式为：$ bash < 脚本名。当 Shell 到达文件末尾时，就终止执行并把控制返回到 Shell 命令状态。这种情况，脚本名后面不能带参数。

```
[lihua@rhel7 ~]$ sh   < date.sh
Mr: lihua,Today is:
2017 年  06 月  27 日  星期二  11:26:57 CST
Wish you a lucky day!!
[lihua@rhel7 ~]$ sh    < /home/lihua/date.sh
Mr: lihua,Today is:
2017 年  06 月  27 日  星期二  11:27:06 CST
Wish you a lucky day!!
```

如果想在脚本名后面带上参数，将参数值传递给程序中的命令，使一个 Shell 脚本可以处理多种情况，这时需要去掉重定向符号"<"，其执行过程与上面的方式一样。

11.2 任务2 管理和使用 Shell 变量

变量是任何一种编程语言必不可少的组成部分，用于存放各类数据。脚本语言通常不需要在使用变量之前声明其类型，只需要直接赋值就可以了。在 Bash 中，每个变量的值都是字符串。无论你给变量赋值时有没有使用引号，值都会以字符串的形式存储。有一些特殊的变量会被 Shell 环境和操作系统环境用来存储一些特别的值，这类变量就被称为环境变量。

11.2.1 子任务 1 使用 Shell 的环境变量

1. 常用环境变量和功能

环境变量会在当前 Shell 和这个 Shell 的所有子 Shell 中生效，如果把环境变量写入相应的配置文件，那么这个环境变量就会在所有的 Shell 中生效。/etc 目录下的 bashrc 文件列出了 Bash Shell 的内容，从/etc/bashrc 文件的前 4 行可以知道，关于环境变量的信息在/etc/profile 文件中。

从上面的两个文件中可以看到 Bash Shell 使用的一些变量。这些预先定义和使用的变量都有各自的含义，下面将对这些环境变量及其设置进行简单介绍。

（1）HOME：用户主目录的全路径名。主目录，是用户登录时默认的当前工作目录。默认情况下，普通用户的主目录为/home/用户名，root 用户的主目录为/root。不管当前路径在哪里，你都可以通过命令"cd　$HOME"返回到主目录。

（2）PATH：Shell 从中查找命令或程序的目录列表，它是一个非常重要的 Shell 变量。PATH 变量包含有带冒号分界符的路径字符串，这些字符串指向含有用户使用命令或程序名的目录。PATH 变量中的字符串顺序决定了先从哪个目录查找。PATH 环境变量的功能和用法与 DOS/Windows 系统几乎完全相同。

（3）TERM：定义终端的类型，否则 VI 编辑器会不能正常使用。

（4）LOGNAME：当前登录的用户名。系统通过 LOGNAME 变量确认当前用户是否是文件的所有者，是否有权执行某个命令等。

（5）PWD：当前的工作目录的路径，它指出目前你在什么位置。

（6）SHELL：当前使用的 Shell 和 Shell 所放的位置。

（7）ENV：Bash 环境文件。

（8）OLDPWD：先前的工作目录。

（9）PS1：Shell 的主提示符，即 Shell 在准备接受命令时显示的字符串，在普通用户下其一般被设为 PSl="[\u@\h　\w]\\$ "。这样设的结果是输出"[用户名@主机名　当前目录]$"。

以上的设置中用了一些格式化的字符串，在每一个格式化的字符前面必须有一个反斜线用来将后面的字符转义。下面是一些格式化字符串的含义：

\u　登录的用户名称。
\h　主机的名称。
\t　当时的时间。
\d　当前的日期。
\!　显示该命令的历史纪录编号。
\#　显示当前命令的编号。
\$　显示"$"作为命令提示符，如果是 root 用户则显示为"#"。
\\　显示反斜杠。
\n　换行。
\s　显示当前运行的 Shell 的名字。
\W　显示当前工作目录的名字。
\w　显示当前工作目录的路径。

PS1 变量的值也可以修改。如果想在提示符中显示当前的工作目录，可以把 PS1 修改为：

PS1='＄｛PWD｝＞'。如果用户的当前工作目录为/usr/bin，这是的提示符为：/usr/bin＞。

（10）PS2：一个非常长的命令可以通过在末尾加"\"使其分行显示。多行命令的默认提示符是"＞"。

2．查看环境变量的值

对 Shell 来说，所有变量的取值都是一个字符串，Shell 程序采用"$变量名"的形式来引用变量的值。当一个应用程序执行时，它接收一组环境变量。可以在 printf 或 echo 命令的双引号中引用变量值，也可以使用 env 命令在终端中查看所有与此终端进程相关的环境变量。

```
[lihua@rhel7 ~]$ echo    $LOGNAME
lihua
[lihua@rhel7 ~]$ echo    $UID
1000
[lihua@rhel7 ~]$ echo    $PS1
[\u@\h \W]\$
[lihua@rhel7 ~]$ echo    $PS2
>
```

```
[lihua@rhel7 ~]$ env
XDG_VTNR=1
XDG_SESSION_ID=4
HOSTNAME=rhel7
SHELL=/bin/bash
TERM=xterm-256color
HISTSIZE=1000
USER=lihua
LS_COLORS=rs=0:di=38;5;27:ln=38;5;51:mh=44;38;5;15:pi=40;38;5;11:so=38;5;13:do=38;5;5:bd=48;5;232;38;5;11:cd=48;5;232;38;5;3:or=48;5;232;38;5;9:mi=05;48;5;232;38;5;15:su=48;5;196;38;5;15:sg=48;5;11;38;5;16:ca=48;5;196;38;5;226:tw=48;5;10;38;5;16:ow=48;5;10;38;5;21:st=48;5;21;38;5;15:ex=38;5;34:*.tar=38;5;9:*.tgz=38;5;9:*.arc=38;5;9:*.arj=38;5;9:*.taz=38;5;9:*.lha=38;5;9:*.lz4=38;5;9:*.lzh=38;5;9:*.lzma=38;5;9:*.tlz=38;5;9:*.txz=38;5;9:*.tzo=38;5;9:*.t7z=38;5;9:*.zip=38;5;9:*.z=38;5;9:*.Z=38;5;9:*.dz=38;5;9:*.gz=38;5;9:*.lrz=38;5;9:*.lz=38;5;9:*.lzo=38;5;9:*.xz=38;5;9:*.bz2=38;5;9:*.bz=38;5;9:*.tbz=38;5;9:*.tbz2=38;5;9:*.tz=38;5;9:*.deb=38;5;9:*.rpm=38;5;9:*.jar=38;5;9:*.war=38;5;9:*.ear=38;5;9:*.sar=38;5;9:*.rar=38;5;9:*.alz=38;5;9:*.ace=38;5;9:*.zoo=38;5;9:*.cpio=38;5;9:*.7z=38;5;9:*.rz=38;5;9:*.cab=38;5;9:*.jpg=38;5;13:*.jpeg=38;5;13:*.gif=38;5;13:*.bmp=38;5;13:*.pbm=38;5;13:*.pgm=38;5;13:*.ppm=38;5;13:*.tga=38;5;13:*.xbm=38;5;13:*.xpm=38;5;13:*.tif=38;5;13:*.tiff=38;5;13:*.png=38;5;13:*.svg=38;5;13:*.svgz=38;5;13:*.mng=38;5;13:*.pcx=38;5;13:*.mov=38;5;13:*.mpg=38;5;13:*.mpeg=38;5;13:*.m2v=38;5;13:*.mkv=38;5;13:*.webm=38;5;13:*.ogm=38;5;13:*.mp4=38;5;13:*.m4v=38;5;13:*.mp4v=38;5;13:*.vob=38;5;13:*.qt=38;5;13:*.nuv=38;5;13:*.wmv=38;5;13:*.asf=38;5;13:*.rm=38;5;13:*.rmvb=38;5;13:*.flc=38;5;13:*.avi=38;5;13:*.fli=38;5;13:*.flv=38;5;13:*.gl=38;5;13:*.dl=38;5;13:*.xcf=38;5;13:*.xwd=38;5;13:*.yuv=38;5;13:*.cgm=38;5;13:*.emf=38;5;13:*.axv=38;5;13:*.anx=38;5;13:*.ogv=38;5;13:*.ogx=38;5;13:*.aac=38;5;45:*.au=38;5;45:*.flac=38;5;45:*.mid=38;5;45:*.midi=38;5;45:*.mka=38;5;45:*.mp3=38;5;45:*.mpc=38;5;45:*.ogg=38;5;45:*.ra=38;5;45:*.wav=38;5;45:*.axa=38;5;45:*.oga=38;5;45:*.spx
```

```
=38;5;45:*.xspf=38;5;45:
    MAIL=/var/spool/mail/lihua
    PATH=/usr/local/bin:/bin:/usr/bin:/usr/local/sbin:/usr/sbin:/home/lihua/.local/bin:/home/lihua/bin
    PWD=/home/lihua
    LANG=zh_CN.UTF-8
    HISTCONTROL=ignoredups
    SHLVL=1
    XDG_SEAT=seat0
    HOME=/home/lihua
    LOGNAME=lihua
    LESSOPEN=||/usr/bin/lesspipe.sh %s
    _=/bin/env
```

对于每个进程，其运行时的环境变量可以使用下面的命令来查看：cat /proc/$PID/environ，其中将 PID 设置成相关进程的进程 ID（PID 总是一个整数）。假设有一个叫作 gedit 的应用程序正在运行，我们可以使用 pgrep 命令获得 gedit 的进程 ID。

```
[root@rhel7 ~]# pgrep   vim
14409
[root@rhel7 ~]# ps   -e   |grep vim
  14409 pts/0    00:00:00 vim
[root@rhel7 ~]# cat   /proc/14409/environ    > /root/vimenv
```

上面介绍的命令返回一个包含环境变量及对应变量值的列表。每一个变量以 name=value 的形式来描述，彼此之间由 null 字符（\0）分割。如果你将\0 替换成\n，那么就可以将输出重新格式化，使得每一行显示一对 variable=value。替换可以使用 tr 命令来实现：cat /proc/12501/environ |tr '\0' '\n'。

3. 环境变量的创建和取消

Shell 允许用户自己定义变量，这些变量可以使用字符串或数值赋值，其语法结构为：变量＝字符串值或数值。如果用于赋值的字符串中包含空格符、制表符或换行符，则必须用单引号或双引号括起来。用户自定义变量，也叫本地变量，只在当前的 Shell 中生效。

系统设置的环境变量都是大写字母，但不是必须大写，自己定义时可以用小写字母。如果要取消自定义的变量及其值，使用的命令和格式为：unset 变量名。

```
[root@rhel7 ~]# name=zhangsan
[root@rhel7 ~]# env   |grep zhan
[root@rhel7 ~]# set   |grep zhan
name=zhangsan
[root@rhel7 ~]# unset   name
[root@rhel7 ~]# set   |grep zhan
[root@rhel7 ~]# readonly    A=100       // readonly 用来设置变量只读
```

```
[root@rhel7 ~]# echo    $A
100
[root@rhel7 ~]# A=20
bash: A: 只读变量
```

另外，在引用变量时，可以用花括号"{}"将变量括起来，这样便于保证变量和它后面的字符分隔开。

```
[root@rhel7 ~]# a="This is a t"
[root@rhel7 ~]# echo    "${a}est for string!"
bash: !": event not found
[root@rhel7 ~]# a="This is a t"
[root@rhel7 ~]# echo    "${a}test for sring."
This is a ttest for sring.
```

11.2.2 子任务2 创建与修改环境变量

1．设置或显示环境变量

export 命令用于设置或显示环境变量，其效力仅用于该次登录操作。在 Shell 中执行程序时，Shell 会提供一组环境变量。export 可新增、修改或删除环境变量，供后续执行的程序使用。语法为：export [选项] [变量名称]=[变量设置值]。各选项及作用如表 11-1 所示。

表 11-1 export 的主要选项及作用

选项	作用
-f	代表[变量名称]中为函数名称
-n	删除指定的变量。变量实际上并未删除，只是不会输出到后续指令的执行环境中
-p	列出所有的 Shell 赋予程序的环境变量

```
[root@rhel7 ~]# export   -p                //列出当前的环境变量
declare -x COLORTERM="gnome-terminal"
……                          ……
declare -x XDG_VTNR="1"
declare -x XMODIFIERS="@im=ibus"
```

```
[root@rhel7 ~]# export    MYENV             //定义环境变量值
[root@rhel7 ~]# export    -p    |grep MY
declare -x MYENV
[root@rhel7 ~]# export    MYENV=7           //定义环境变量并赋值
[root@rhel7 ~]# export    -p    |grep MY
declare -x MYENV="7"
[root@rhel7 ~]# set    |grep MY
MYENV=7
```

2. 临时修改环境变量

可以直接使用"变量名=变量值"的方式给变量赋新值。如果希望给环境变量增加内容，可以使用"变量名=$:增加的变量值; export 变量名"的方式。下面的例子，给 PATH 增加路径/tmp。

```
[root@rhel7 ~]# echo    $PATH
/usr/local/bin:/usr/local/sbin:/usr/bin:/usr/sbin:/bin:/sbin:/root/bin
[root@rhel7 ~]# PATH=$PATH:/tmp
[root@rhel7 ~]# echo    $PATH
/usr/local/bin:/usr/local/sbin:/usr/bin:/usr/sbin:/bin:/sbin:/root/bin:/tmp
[root@rhel7 ~]# export PATH
```

在任何时候创建的变量都只是当前 Shell 的局部变量，所以不能被 Shell 运行的其他命令或 Shell 程序所利用，而 export 命令可以将一个局部变量提供给所有 Shell 命令使用，其格式为：export 变量名。

3. 永久修改环境变量

PATH 通常定义在/etc/environment 或/etc/profile 或~/.bashrc 或~/.bash_profile 中。用上面介绍的方法修改环境变量，当系统再次启动时，所做的修改将被还原。解决这个问题的方法是修改用户主目录下的.bash_profile 文件。

.bash_profile 是一个文本文件，可以采用任何一种文本编辑器进行编辑。在命令行界面下可以执行"vim   /root/.bash_profile"命令打开该文件。在文件中，找到 PATH 所在的行，在该行的后面添加其他想要加入的路径。下面例子是在搜索路径中加入新的目录/mnt/usb。

```
[root@rhel7 ~]# vim    /root/.bash_profile
# .bash_profile
# Get the aliases and functions
if [ -f ~/.bashrc ]; then
         . ~/.bashrc
fi

# User specific environment and startup programs

PATH=$PATH:$HOME/bin:/mnt/usb

export PATH
~
~
: wq                                     //保存退出
```

11.2.3 子任务3 用位置变量接收命令的参数

1. 位置变量与命令参数

在执行命令时是不是像这样使用参数:"命令名 参数1 参数2 参数3"?Shell 脚本为了能够让用户更灵活地完成工作需求,在可执行文件中已经内设了接收用户参数的位置变量,如图 11-1 所示。

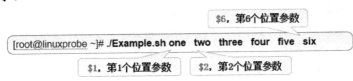

图 11-1 位置变量与位置参数

位置变量,用来向脚本当中传递命令的参数,变量名不能自定义,变量作用是固定的,只能改值。命令的参数可以用$N 得到,N 是一个数字。类似 C 语言中的数组,Linux 会把输入的命令字符串分段并给每段进行标号,标号从 0 开始。第 0 号为程序名字,从 1 开始就表示传递给程序的参数。Shell 取第一个位置参数替换程序文件中的$1,第二个替换$2,依次类推。

$0 是一个特殊的变量,它的内容是当前这个 Shell 程序的文件名,所以$0 不是一个位置参数,在显示当前所有的位置参数时是不包括$0 的。在位置参数$9 之后的参数必须用括号括起来,如${10}, ${11}, ${12}。特殊变量$*和$@ 表示所有的位置参数。不仅如此,还有其他一些已经被定义好的 Shell 预定义变量,如表 11-2 所示。

表 11-2 Shell 中常用的预定义变量

预定义变量	作 用
$#	传递给程序的总的参数数目
$*	传递给程序的所有参数组成的字符串
$?	Shell 程序在 Shell 中退出的情况,如果正常退出则返回 0,反之为非 0 值
$n	表示第几个参数,$1 表示第一个参数,$2 表示第二个参数
$$	本程序的(进程 ID 号)PID
$!	上一个命令的 PID
$@	以"参数 1" "参数 2"……形式保存所有参数
$0	当前程序的名称

2. 命令参数的使用

```
[root@rhel7 ~]# vim    Example.sh
#!/bin/bash
echo "当前脚本名称为$0"
echo "总共有$#个参数,分别是$*。"
echo "第 1 个参数为$1,第 5 个为$5。"
 [root@rhel7 ~]# sh Example.sh one two three four five six        //执行脚本并附带 6 个参数
当前脚本名称为 Example.sh
```

总共有 6 个参数，分别是 one two three four five six
第 1 个参数为 one，第 5 个为 five

3. 参数置换的变量

Shell 提供了参数置换能力以便用户可以根据不同的条件来给变量赋不同的值。参数置换的变量有 4 种，这些变量通常与某一个位置参数相联系，根据指定的位置参数是否已经设置来决定变量的取值，它们的语法和功能分别如下。

变量=${参数-word}：如果设置了参数，则用参数的值置换变量的值，否则用 word 置换。即这种变量的值等于某一个参数的值，如果该参数没有设置，则变量就等于 word 的值。

变量=${参数=word}：如果设置了参数，则用参数的值置换变量的值，否则把变量设置成 word，然后再用 word 替换参数的值。注意：位置参数不能用于这种方式，因为在 Shell 程序中不能为位置参数赋值。

变量=${参数?word}：如果设置了参数，则用参数的值置换变量的值，否则就显示 word 并从 shell 中退出，如果省略了 word，则显示标准信息。这种变量要求一定等于某一个参数的值，如果该参数没有设置，就显示一个信息，然后退出，因此这种方式常用于出错指示。

变量=${参数+word}：如果设置了参数，则用 word 置换变量，否则不进行置换。

所有这 4 种形式中的"参数"既可以是位置参数，也可以是另一个变量，只是用位置参数的情况比较多。

11.3 任务 3 使用条件表达式判断用户的参数

Shell 脚本有时还要判断用户输入的参数，如像 mkdir 命令一样，当目录不存在则创建，若已经存在则报错，条件测试语句能够测试特定的表达式是否成立，当条件成立时返回值为 0，否则返回其他数值。测试表达式语句格式为：[条件表达式]，条件表达式的两边必须各有一个空格。细分测试语句有：文件测试、逻辑测试、整数值比较、字符串比较。

11.3.1 子任务 1 文件测试

文件测试：[操作符 文件或目录名]，常用的操作符和作用如表 11-3 所示。

表 11-3 文件测试表达式中常用的操作符及作用

操 作 符	作 用
-d	测试是否为目录
-e	测试文件或目录是否存在
-f	判断是否为文件
-r	测试当前用户是否有权限读取
-w	测试当前用户是否有权限写入
-x	测试当前用户是否有权限执行

```
[root@ rhel7 ~]# [ -d /etc/fstab ]        //测试/etc/fstab 是否为目录
[root@rhel7 ~]# echo $?
```

```
1                          //显示上一条命令的返回值，非 0 则为失败，即不是目录
[root@rhel7 ~]# [ -f /etc/fstab ]           //测试/etc/fstab 是否为文件
[root@rhel7 ~]# echo $?
0                          //显示上一条命令的返回值为 0，即 fstab 是文件
[root@rhel7 ~]# [ -e /dev/cdrom ] && echo "Exist"
Exist                      //符号&&代表逻辑上的"与"，当前面的命令执行成功才会执行后面的命令，判
断/dev/cdrom 设备是否存在，若存在则输出 Exist
```

11.3.2 子任务 2 逻辑测试

逻辑测试：[表达式 1] 操作符 [表达式 2]，常用的操作符及作用如表 11-4 所示。

表 11-4 逻辑测试表达式中常用操作符及作用

操作符	作用
&&	逻辑的与，"而且"的意思
||	逻辑的或，"或者"的意思
!	逻辑的否

```
[root@rhel7 ~]# [ $USER != root ] && echo "user"       //USER 变量是当前登录的用户名
[root@rhel7 ~]# su   -   lihua
[lihua@rhel7 ~]$ [ $USER != root ] && echo "no root user"
no root user
[lihua@rhel7 ~]$ exit
[root@rhel7 ~]# [ $USER != root ] && echo "no root user" || echo "root"
root
```

11.3.3 子任务 3 数字比较

数字比较：[整数 1 操作符 整数 2]，常用的操作符及作用如表 11-5 所示。

表 11-5 数字比较表达式中常用的操作符及作用

操作符	作用
-eq	判断是否等于
-ne	判断是否不等于
-gt	判断是否大于
-lt	判断是否小于
-le	判断是否等于或小于
-ge	判断是否大于或等于

```
[root@rhel7 ~]# [ 10 -gt 10 ]
[root@rhel7 ~]# echo $?
1                      //显示上一条命令执行失败，10 不大于 10
[root@rhel7 ~]# [ 10 -eq 10 ]
[root@rhel7 ~]# echo $?
0
```

```
[root@rhel7 ~]# FreeMem=`free -m | grep cache: | awk '{print $3}'`
[root@rhel7 ~]# echo $FreeMem              //验证变量是否已经获得可用内存量
609
[root@rhel7 ~]# [ $FreeMem -lt 1024 ] && echo "Insufficient Memory"
Insufficient Memory
```

首先用 free -m 查看以 m 为单位的内存使用情况，然后"grep cache:"过滤出剩余内存的行，最后用"awk '{print $3}'"过滤只保留第三列，而"FreeMem='语句'"则表示执行里面的语句后赋值给变量。

11.3.4 子任务 4 字符串比较

字符串比较：[字符串 1 操作符 字符串 2]，常用的操作符及作用如表 11-6 所示。

表 11-6 字符串比较表达式中常用的操作符及作用

操 作 符	作 用
=	比较字符串内容是否相同
!=	比较字符串内容是否不同
-z	判断字符串内容是否为空

```
[root@rhel7 ~]# [ -z $String ]             //判断 String 变量是否为空值
[root@rhel7 ~]#echo $?
0                                          //说明变量 String 确实为空值
[root@rhel7 ~]#echo $LANG                  //输出当前的系统语言
en_US.UTF-8
[root@rhel7 ~]# [ $LANG != "en.US" ] && echo "Not en.US"
Not en.US       //判断当前的系统语言是否为英文，否则输出"不是英语"
```

11.4 任务 4 控制 Shell 脚本的执行流程

条件测试语句能够让 Shell 脚本根据实际工作灵活调整工作内容，如判断系统的状态后执行指定的工作，或者创建指定数量的用户、批量修改用户密码，这些都可以让 Shell 脚本通过条件测试语句完成。

11.4.1 子任务 1 使用 if 条件语句

if 条件语句分为单分支结构、双分支结构、多分支结构，复杂度逐级上升，但却可以让 Shell 脚本更加灵活。

1. 单分支结构

首先来说单分支结构，仅用 if、then、fi 关键词组成，只在条件成立后执行。单分支结构

if 语句的语法和执行流程如图 11-2 所示。

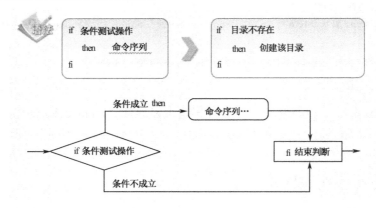

图 11-2　单分支结构 if 语句的语法和执行流程

```
[root@rhel7 ~]# vim    Example.sh      //判断目录是否存在，若不存在则自动创建
#!/bin/bash
DIR="/media/cdrom"
if [ ! -e $DIR ]
then
mkdir -p $DIR
fi
//执行后默认没有回显，读者可动手添加 echo 语句显示创建过程
[root@rhel7 ~]# sh Example.sh
[root@rhel7 ~]# ls    -d    /media/cdrom
/media/cdrom
```

2．双分支结构

双分支结构由 if、then、else、fi 关键词组成，做条件成立或条件不成立的判断。双分支结构 if 语句的语法和执行流程如图 11-3 所示。

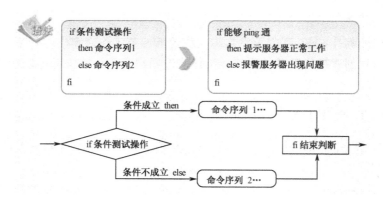

图 11-3　双分支结构 if 语句的语法和执行流程

双分支 if 语句：判断指定主机能否 ping 通，根据返回结果分别给予提示或警告。为了减少用户的等待时间，需要为 ping 命令追加 -c 参数代表发送数据包的个数，-i 代表每 0.2 秒发一个数据包，-W 则为 3 秒即超时。而 $1 为用户输入的第一个参数（IP 地址），$?为上一条命令的执行结果，判断是否等于 0，即是否成功。

```
[root@rhel7 ~]# vim    Example.sh
#!/bin/bash
ping -c 3 -i 0.2 -W 3 $1 &> /dev/null
if [ $? -eq 0 ]
then
echo "Host $1 is up."
else
echo "Host $1 is down."
fi
//给予脚本可执行权限，否则请用 sh 或 source 命令执行。
[root@rhel7 ~]# chmod    u+x    Example.sh
//参数为要检测的主机 IP 地址，根据返回值判断为 up。
[root@rhel7 ~]# ./Example.sh    192.168.10.10
Host 192.168.10.10 is up.
//根据 ping 命令的执行结果判断主机出现网络故障。
[root@rhel7 ~]# ./Example.sh    192.168.10.20
Host 192.168.10.20 is down.
```

3. 多分支结构

多分支结构相对就比较复杂了，由 if、then、else、elif、fi 关键词组成，根据多种条件成立的可能性执行不同的操作。多分支结构 if 语句的语法和执行流程如图 11-4 所示。

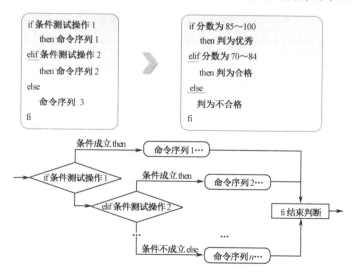

图 11-4　多分支结构 if 语句的语法和执行流程

多分支 if 语句：判断用户输入的分数在哪个区间内，然后判定为优秀、合格或不合格。read 命令用于将用户的输入参数赋值给指定变量，格式为：read -p [提示语句] 变量名。使用 read 命令让用户为 GRADE 变量赋值，判断分数必需同时满足大于 85 且小于 100 才输出 Excellent，判断分数必需同时满足大于 70 且小于 84 才输出 Pass，其余所有的情况均会输出 Fail。

```
[root@rhel7 ~]# vim Example.sh
#!/bin/bash
read -p "Enter your score（0-100）: " GRADE
if [ $GRADE -ge 85 ] && [ $GRADE -le 100 ] ; then
echo "$GRADE is Excellent"
elif [ $GRADE -ge 70 ] && [ $GRADE -le 84 ] ; then
echo "$GRADE is Pass"
else echo "$GRADE is Fail"
fi
//给予脚本可执行权限，否则请用 sh 或 source 命令执行
[root@rhel7 ~]# chmod u+x Example.sh
//输入 88 分，满足第一判断语句，所以输出 Excellent
[root@rhel7 ~]# ./Example.sh
Enter your score（0-100）: 88
88 is Excellent
//输入 80 分，满足第二判断语句，所以输出 Pass
[root@rel7 ~]# ./Example.sh Enter your score（0-100）: 80
80 is Pass
//输入 30 与 200 分都属于其他情况，所以输出 Fail
[root@rhel7 ~]# ./Example.sh   Enter your score（0-100）: 30
30 is Fail
[root@rhel7 ~]# ./Example.sh Enter your score（0-100）: 200
200 is Fail
//请您动手在上面 Shell 脚本中添加判断语句，将所有小于 0 分或大于 100 分的输入都予以警告
```

11.4.2　子任务 2　使用 for 条件语句

for 条件语句会先读取多个不同的变量值，然后逐一执行同一组命令。for 条件语句的语法和执行流程如图 11-5 所示。

语句"break;"用于从包含该语句的最近一层循环语句中跳出一层，而"break　n;"表示从包含该语句的最近一层循环语句中跳出 n 层。

语句"continue;"表示立即转到最近一层循环语句的下一轮循环上。语句"continue　n;"表示转到最近一层循环语句的下 n 轮循环上。

for 条件语句：从列表文件中读取用户名，逐个创建用户并设置密码。

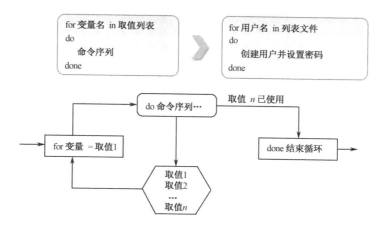

图 11-5 for 语句的语法和执行流程

```
//创建用户名称列表文件
[root@rhel7 ~]# vim users.txt
andy
barry
carl
duke
eric
george
```
//Shell 脚本提示用户输入要设置的密码并赋值给 PASSWD 变量，从 users.txt 文件中读入用户名并赋值给 UNAME 变量，而查看用户的信息都重定向到/dev/null 文件，不显示到屏幕
```
[root@rhel7 ~]# vim Example.sh
#!/bin/bash
read -p "Enter The Users Password : " PASSWD
for UNAME in `cat users.txt`
do
id $UNAME &> /dev/null
if [ $? -eq 0 ]
then
echo "Already exists"
else
useradd $UNAME &> /dev/null
echo "$PASSWD" | passwd --stdin $UNAME &> /dev/null
if [ $? -eq 0 ]
then
echo "Create success"
else
echo "Create failure"
fi
```

```
        fi
    done
//执行批量创建用户的 Shell 脚本程序，输入为用户设定的密码口令，检查脚本是否为我们完成创建用户的动作
    [root@rhel7 ~]# source Example.sh
    Enter The Users Password : linuxprobe
    Create success
    Create success
    Create success
    Create success
    Create success
    Create success
    [root@rhel7 ~]# tail -6 /etc/passwd
    andy:x:1001:1001::/home/andy:/bin/bash
    barry:x:1002:1002::/home/barry:/bin/bash
    carl:x:1003:1003::/home/carl:/bin/bash
    duke:x:1004:1004::/home/duke:/bin/bash
    eric:x:1005:1005::/home/eric:/bin/bash
    george:x:1006:1006::/home/george:/bin/bash
//这个 Shell 脚本还存在一个小小的遗憾，它只会输出账号创建成功或失败，但没有指明是哪个账号，这个功能请读者动手添加下，记得要用$UNAME 变量
```

for 条件语句：从列表文件中读取主机地址，逐个测试是否在线。

```
//首先创建主机地址列表。
[root@localhost ~]# vim    ipadds.txt
192.168.10.10
192.168.10.11
192.168.10.12
//这个脚本可以参考前面双分支 if 语句——从 ipadds.txt 中读取主机地址后赋值给 HLIST 变量后逐个 ping 列表中的主机 IP 地址测试主机是否在线
[root@localhost ~]# vim Example.sh
#!/bin/bash
HLIST=$(cat ~/ipadds.txt)
for IP in $HLIST
do
ping -c 3 -i 0.2 -W 3 $IP &> /dev/null
if [ $? -eq 0 ] ; then
echo "Host $IP is up."
else
echo "Host $IP is down."
fi
```

```
done
[root@rhel7 ~]# ./Example.sh
Host 192.168.10.10 is up.
Host 192.168.10.11 is down.
Host 192.168.10.12 is down.
```

11.4.3　子任务 3　使用 while 条件语句

while 条件语句用于重复测试某个条件，当条件成立时则继续重复执行。while 条件语句的语法和执行流程如图 11-6 所示。

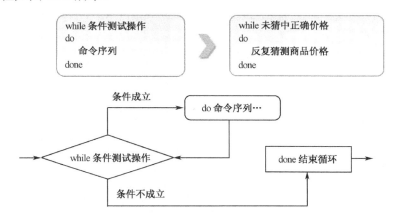

图 11-6　while 语句的语法和执行流程

while 条件语句：随机生成一个 0～999 的整数，判断并提示用户输入的值过高或过低，只有当用户猜中才结束程序。脚本中的 $RANDOM 是一个随机变量，用于在%1000 后会得到一个介于 0～999 的整数后赋值给 PRICE 变量，while 后面的 true 代表该循环会永久循环执行。

```
#!/bin/bash
PRICE=$(expr $RANDOM % 1000)
TIMES=0
echo "商品实际价格为 0～999，猜猜看是多少？"
while true
do
read -p "请输入你猜测的价格数目："  INT
let TIMES++
if [ $INT -eq $PRICE ] ; then
echo "恭喜你答对了，实际价格是 $PRICE"
echo "你总共猜测了 $TIMES 次。"
exit 0
elif [ $INT -gt $PRICE ] ; then
echo "太高了！"
else
```

```
        echo "太低了！"
    fi
done
```
动手试试运行 Shell 脚本吧，每次 RANDOM 变量的值都是随机的：
```
[root@rhel7 ~]# chmod u+x Example.sh
[root@rhel7 ~]# ./Example.sh
商品实际价格为 0～999，猜猜看是多少？
请输入你猜测的价格数目：500
太低了！
请输入你猜测的价格数目：800
太高了！
请输入你猜测的价格数目：650
太低了！
请输入你猜测的价格数目：720
太高了！
请输入你猜测的价格数目：690
太低了！
请输入你猜测的价格数目：700
太高了！
请输入你猜测的价格数目：695
太高了！
请输入你猜测的价格数目：692
太高了！
请输入你猜测的价格数目：691
恭喜你答对了，实际价格是 691
你总共猜测了 9 次。
```

11.4.4 子任务 4 使用 case 条件语句

case 条件语句可以依据变量的不同取值，分别执行不同的命令动作。case 条件语句的语法和执行流程如图 11-7 所示。

case 条件语句：提示用户输入一个字符，判断该字符是字母、数字或特殊字母。提示用户输入一个字符并将其赋值给变量 KEY，判断变量 KEY 为何种字符后分别输出是字母、数字还是其他字符。

```
[root@rhel7 ~]# vim Example.sh
#!/bin/bash
read -p "请输入一个字符，并按 Enter 键确认：" KEY
case "$KEY" in
[a-z]|[A-Z])
    echo "您输入的是 字母。"
    ;;
```

```
[0-9])
echo "您输入的是 数字。"
;;
*)
echo "您输入的是 空格、功能键或其他控制字符。"
esac
```
[root@rhel7 ~]# chmod u+x Example.sh
[root@rhel7 ~]# ./Example.sh
请输入一个字符,并按 Enter 键确认:6
您输入的是 数字。
[root@rhel7 ~]# ./Example.sh
请输入一个字符,并按 Enter 键确认:p
您输入的是字母。
[root@rhel7 ~]# ./Example.sh
请输入一个字符,并按 Enter 键确认:^[[15~
您输入的是空格、功能键或其他控制字符。

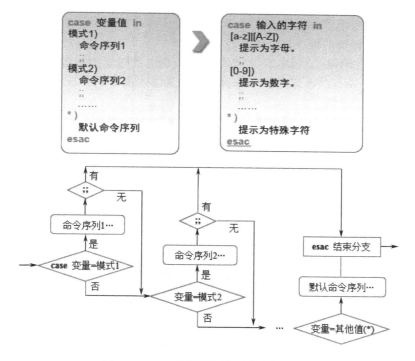

图 11-7 case 条件语句的语法和执行流程

11.5 思考与练习

一、填空题

1．_____是允许用户输入命令的界面，是一个命令语言解释器，这也是其常被称为"命令行界面"的原因。

2．在 Bash 中无论你给变量赋值时有没有使用引号，值都会以_____的形式存储。有一些特殊的变量会被 Shell 环境和操作系统环境用来存储一些特别的值，这类变量就被称为_____。

3．Shell 程序设计时，使用的控制结构有三种：顺序结构、_____和_____。

4．if 条件语句分为单分支结构、_____、_____，复杂度逐级上升，但却可以让 Shell 脚本更加灵活。

5．条件测试语句能够测试特定的表达式是否成立，当条件成立时返回值为_____，否则返回其他数值。

二、判断题

1．Shell 是一个命令语言解释器。（　　）

2．Shell 是一种编译型的程序设计语言。（　　）

3．在命令提示符后输入"./脚本名"，然后按回车键，此时该脚本所在的目录应被包含在命令搜索路径（PATH）中，或者将当前工作目录切换为脚本所在的目录，否则不能执行成功。（　　）

4．对 Shell 来说，所有变量的取值都是一个字符串，Shell 程序采用"$变量名"的形式来引用变量的值。（　　）

5．在引用 Shell 变量时，可以用花括号"{}"将变量名括起来，这样便于保证变量和它后面的字符分隔开。（　　）

6．$0 是一个特殊的变量，它的内容是当前这个 Shell 程序的文件名，所以$0 不是一个位置参数。（　　）

三、简答题

1．分析 Shell 脚本/etc/bashrc 的内容，解释其主要部分的作用。

2．列举几个 Shell 中常用的预定义变量并说明其作用？

3．Shell 程序有哪几个部分构成？分别起什么作用？

4．查看系统 PATH 环境变量，了解可执行文件的路径信息。

5．如何实现用系统当前日期和时间作为第一级提示符？

6．如何实现用 alias 命令将 cp 命令设置别名为 copy？

7．简要说明运行 Shell 脚本程序的几种方法。

8．如果你希望编写的脚本程序在任何一个目录下都能直接执行（输入程序名后按回车键），则应该如何处理？

四、编程题

1. 编写 Shell 脚本，计算 1~100 的和。
2. 编写 Shell 脚本，要求输入一个数字，然后计算出从 1 到输入数字的和。要求：如果输入的数字小于 1，则重新输入，直到输入正确的数字为止。
3. 编写 Shell 脚本，把/root/目录下的所有目录（只需要一级）复制到/tmp/目录下。
4. 编写 Shell 脚本，批量建立用户 user_00，user_01，…，user_100 并且所有用户同属于 users 组。
5. 编写 Shell 脚本，截取文件 test.log 中包含关键词"abc"的行中的第一列（假设分隔符为"："），然后把截取的数字排序（假设第一列为数字），最后打印出重复次数超过 10 次的列。
6. 编写 Shell 脚本，判断输入的 IP 是否正确(正确的 IP 规则是 n1.n2.n3.n4，其中 1<n1<255, 0<n2<255, 0<n3<255, 0<n4<255)。
7. 编写 Shell 脚本，判断从键盘输入的数字，若输入的参数 x 是正数，显示"x number is positive"。
8. 编写 Shell 脚本，检测从命令行输入的文件是否存在，并提示检测结果。
9. 编写 Sshell 脚本，根据系统当前的时间向用户输出问候信息，假设从半夜到中午为早晨，中午到下午六点为下午，下午六点到半夜为晚上。
10. 编写 Shell 脚本，每隔 5 min 检查指定的用户是否登录系统。
11. 编写 Shell 脚本，将当前目录下所有的.txt 文件的扩展名改为.doc。

第 12 章

Linux 系统下的软件开发

学习目标

- 了解 Linux 系统环境下的 C 程序开发工具
- 掌握 Linux 系统环境下使用 GCC 编译 C 程序
- 掌握 Linux 系统环境下使用 GDB 调试 C 程序
- 掌握 MariaDB 数据库系统的安装
- 掌握 MariaDB 数据库系统的用户管理
- 了解 MariaDB 与 MySQL 的区别与联系

任务引导

Linux 系统下的开发环境主要有两类：字符界面的开发环境和图形化的集成开发环境。在字符界面开发环境中，一般使用 Vi、Vim 或 Emacs 等文本编辑器来编写源程序，然后使用 GCC 编译器来编译程序，当程序出现错误而不能实现既定的功能时，使用 GDB 调试器来调试程序。Linux 系统也提供了许多图形化的集成开发环境，如 KDevelop，可以完成程序编写、编译、调试和执行的所有动作，适合大型程序的开发。C 语言是由 UNIX 系统的研制者丹尼斯·里奇（Dennis Ritchie）和肯·汤普逊（Ken Thompson）于 1970 年研制出的 B 语言的基础上发展和完善起来的。Linux 系统作为最流行的类 UNIX 操作系统，里面很多应用程序就是用 C 语言编写的，因此 C 是 Linux 系统下编程的理想语言。本章主要介绍 Linux 系统下的 C 语言程序开发、调试和运行，以及 MariaDB 数据库的安装和使用等相关的知识和技能。

任务实施

12.1 任务 1 编写 Linux 系统下的 C 程序

12.1.1 子任务 1 Linux 系统环境下编写 C 程序

1. 使用 Kdevelop 集成开发环境

要在 Linux 系统下开发 C 程序，首先需要编辑源代码，可以在 Kdevelop 提供的集成开发环境下进行，如图 12-1 所示。Kdevelop 集成开发环境整合了文本编辑器、编译器、调试器以及显示执行结果等诸多功能，还提供功能完备的帮助功能，同时也集成了第三方项目的函数库，例如，Make 和 GNU C++ Compilers 编译器，并把它们做成开发过程中可视化的集成部件。

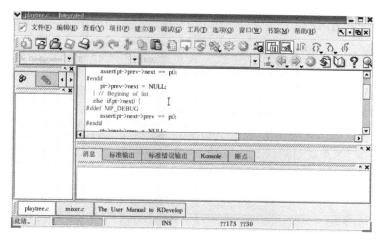

图 12-1　Kdevelop 集成开发环境

要运行 KDevelop，必须安装 KDE 桌面系统，虽然其功能非常强大，但很多功能是为开发 C++程序、图形界面程序特别是为开发工程项目设计的，对于简单的 C 语言程序，很多功能是用不到的。

2．使用文本编辑程序

另外，对于代码较少的小程序，也可以使用 Linux 系统下文本编辑工具来编写，如常用的有 Vi、Gedit、Kedit、KWrite 等，下面简单介绍一下 Gedit。

Gedit 是一个 GNOME 桌面环境下兼容 UTF-8 的文本编辑器，使用 GTK+编写而成，因此它简单易用。Gedit 对中文支持很好，支持包括 gb2312、gbk 在内的多种字符编码。

Gedit 包含语法高亮和标签编辑多个文件的功能，利用 GNOME VFS 库，它还可以编辑远程文件。Gedit 支持查找和替换，支持包括多语言拼写检查和一个灵活的插件系统，可以动态地添加新特性，如 snippets 和外部程序的整合。

Gedit 还包括一些小特性，包括行号显示，括号匹配，文本自动换行，当前行高亮及自动文件备份。另外，Gedit 还有以下的使用技巧。

1）打开多个文件

要从命令行打开多个文件，可以按照类似"gedit　file1.txt　file2.txt　file3.txt"的格式执行命令。

2）将命令输出输送到文件中

例如，要将 ls 命令的输出输送到一个文本文件中，请输入"ls | gedit"，然后按回车键。ls 命令的输出就会显示在 Gedit 窗口的一个新文件中。

Gedit 非常易用，只要用户使用过 DOS 或 Windows 下任意一种文本编辑器，如 EDIT、写字板等程序，就能够很快地用好它，它们的使用习惯基本一样。

12.1.2　子任务 2 Linux 系统环境下使用 GCC

一般的 Linux 系统发布版本中都提供了 C 编译器 GCC。使用 GCC 可以编译 C 和 C++源代码，编译出的目标代码质量非常好，编译速度也很快。

1. GCC 编译器简介

Linux 系统下的 GCC（GNU C Compiler）是 GNU 推出的功能强大、性能优越的多平台编译器，是 GNU 的代表作品之一。GCC 是可以在多种硬体平台上编译出可执行程序的超级编译器，其执行效率与一般的编译器相比平均效率要高 20%～30%。GCC 编译器能将 C 和 C++源程序、汇编程序和目标程序编译、连接成可执行文件。

在 Linux 系统中，可执行文件没有统一的后缀，系统从文件的属性来区分可执行文件和不可执行文件。而 GCC 则是通过后缀来区别输入文件的类别，如表 12-1 所示是 GCC 所遵循的部分文件名后缀及其含义。

表 12-1 文件名后缀及其含义

后 缀	含 义
.c	C 语言源代码文件
.a	由目标文件构成的档案库文件
.C、.cc 或 .cxx	C++源代码文件
.h	程序所包含的头文件
.i	已经预处理过的 C 源代码文件
.ii	已经预处理过的 C++源代码文件
.m	Objective-C 源代码文件
.o	编译后的目标文件
.s	汇编语言源代码文件
.S	经过预编译的汇编语言源代码文件

2. GCC 基本用法和选项

在使用 GCC 编译器时，必须给出一系列必要的选项和文件名称。GCC 编译器有超过 100 个的编译选项可用，但只有一些主要的选项会被频繁用到，其余的多数选项可能根本用不到，因此这里只介绍其中最基本、最常用的选项。

用户在 Shell 提示符下输入"gcc"及相关参数即可使 GCC 对相应的源代码进行编译。GCC 最基本的用法是："gcc [options] [filenames]"，其中 options 就是编译器所需要的选项，filenames 给出相关的文件名称，常用选项及作用如表 12-2 所示。

必须为每个 GCC 选项指定各自的连字符（"-"），和部分其他 Linux 系统命令一样，不能在一个单独的连字符后跟一组选项，在 GCC 命令行中"-pg"和"-p -g"表示不同的含义。

表 12-2 GCC 的常用选项及作用

选 项	作 用
-c	仅把指定的 .c 源代码文件编译为目标文件而跳过连接的步骤，通常用于编译不包含主程序的子程序文件。在默认情况下 GCC 建立的目标代码文件有一个 .o 的扩展名
-o filename	指定编译后产生的文件名称，如果不使用该选项，GCC 就使用预设的可执行文件名 a.out
-S	在对 C 源代码进行预编译后停止编译，GCC 产生的汇编语言文件的默认扩展名是 .s
-O	对源代码在编译、连接过程中进行基本的优化，以产生执行效率更高的可执行文件。但是，编译、连接的速度就相应地变慢
-O2	比 -O 更好的优化编译、连接，通常产生的代码执行速度更快，当然整个编译、连接过程会耗费更多的资源与时间

续表

选项	作用
-g	产生调试工具（GNU 的 gdb）所必要的符号信息以便调试程序，要想对源代码进行调试，就必须加入这个选项
-I dirname	定义头文件搜索目录。将 dirname 所指出的目录加入到程序头文件目录列表中，是在预编译过程中使用的参数
-L dirname	指定库文件所在的目录。将 dirname 所指出的目录加入到程序函数档案库文件的目录列表中，是在连接过程中使用的参数
-l name	在连接时使用指定的库文件。装载名字为"libname.so"的函数库，该函数库位于系统预设的目录或者由-L 选项确定的目录下。例如，-lm 表示连接名为"libm.so 或 libm.a"的数学函数库

C 程序中的头文件包含两种情况：A）#include <myinc.h>；B）#include "myinc.h"。其中，A 类使用尖括号（<>），B 类使用双引号（""）。对于 A 类，预处理程序 cpp 在系统预设的包含文件目录（如/usr/include）中搜寻相应的文件，而对于 B 类，cpp 在当前目录中搜寻头文件，选项-I 的作用是告诉 cpp，如果在当前目录中没有找到需要的文件，就到指定的 dirname 目录中去寻找。在程序设计中，如果我们需要的这种包含文件分别分布在不同的目录中，就需要逐个使用-I 选项给出搜索路径。

在预设状态下，连接程序 ld 在系统的预设路径中（如/usr/lib）寻找所需要的档案库文件，选项-L 告诉连接程序，首先到-L 指定的目录中去寻找，然后到系统预设路径中寻找，如果函数库存放在多个目录下，就需要依次使用这个选项，给出相应的存放目录。

另外，GCC 提供了一个很多其他 C 编译器里没有的特性，在 GCC 里能使-g 和-O（产生优化代码）联用。这一点非常有用，因为你能在与最终产品尽可能相近的情况下调试代码。在同时使用这两个选项时，必须清楚你所写的某些代码已经在优化时被 GCC 做了改动。优化选项除了-O 和-O2 外，还有一些低级选项用于产生更快的代码，这些选项非常特殊，而且最好只有当你完全理解这些选项将会对编译后的代码产生什么样的效果时再去使用。

上面我们简要介绍了 GCC 编译器最常用的功能和主要的参数选项，更为详尽的资料可以参看 Linux 系统的联机帮助，在命令行上输入"man gcc"获得。

3. GCC 错误类型及对策

许多编译器将编译和连接的过程合并在一起，称为构建（Build），使用起来非常方便。但只有深入理解其中的机制，才能看清许多问题的本质，正确解决问题。一般的编译过程可以分解为 4 个步骤，预处理，编译，汇编和连接。

预编译：处理源代码中的以"#"开始的预编译指令，如"#include"、"#define"等。编译：把预处理完的文件进行一系列的词法分析、语法分析、语义分析及优化后产生相应的汇编代码文件，是程序构建的核心部分，也是最复杂的部分之一。汇编：将汇编代码根据指令对照表转变成机器可以执行的指令，一个汇编语句一般对应一条机器指令。连接：将多个目标文件综合起来形成一个可执行文件。

GCC 编译器如果发现源程序中有错误，就无法继续进行，也无法生成最终的可执行文件。为了便于修改，GCC 给出错误信息，必须对这些错误信息逐个进行分析、处理，并修改相应的语言，才能保证源代码的正确编译连接。GCC 给出的错误信息一般可以分为四大类，下面将分别讨论其产生的原因和对策。

1)第一类：C 语法错误

错误信息：文件 source.c 中第 n 行有语法错误（syntax error）。这种类型的错误，一般都是 C 语言的语法错误，应该仔细检查源代码文件中第 n 行及该行之前的程序，有时也需要对该文件所包含的头文件进行检查。

2)第二类：头文件错误

错误信息：找不到头文件 head.h（Can not find include file head.h）。这类错误是源代码文件中的包含头文件有问题，可能的原因有头文件名错误、指定的头文件所在目录名错误等，也可能是错误地使用了双引号和尖括号。

3)第三类：档案库错误

错误信息：连接程序找不到所需的函数库，如"ld：-lm: No such file or directory"。这类错误是与目标文件相连接的函数库有错误，可能的原因是函数库的名称错误、指定函数库所在位置的路径错误等，检查的方法是使用 find 命令在可能的目录中寻找相应的函数库名以及路径，并修改程序中及编译选项中的名称。

4)第四类：未定义符号

错误信息：有未定义的符号（Undefined symbol）。这类错误是在连接过程中出现的，可能有两种原因：第一，使用者自己定义的函数或全局变量所在的源代码文件没有被编译、连接，或者干脆还没有定义，这需要使用者根据实际情况修改源程序，给出全局变量或函数的定义体；第二，未定义的符号是一个标准的库函数，在源程序中使用了该库函数，而连接过程中还没有给定相应的函数库的名称，或者是该档案库的目录名称有问题，这时需要使用档案库维护命令 ar 检查需要的库函数到底位于哪一个函数库中，确定之后修改 gcc 连接选项中的-l 和-L 选项。

4．gcc 应用举例

1)单一程序的编译和运行

首先，使用文本编辑器 VI 编写一个名为 sum.c 的 C 源程序，并将其保存在/root 目录下。

```
[root@rhel7 ~]# vi  /root/sum.c
# include <stdio.h>
main() {
        int   a, b,sum;      /* Definate three variables*/
        a=123;
        b=456;
        sum=a+b;
         printf("Sum is %d",sum);   }
~
: wq
```

要使该源代码文件生成一个可执行文件，最简单的办法就是执行命令"#gcc   sum.c"。这时，预编译、编译和连接一次性完成，生成一个系统预设的名为 a.out 的可执行文件。这里使用选项-o，自定义可执行文件的文件名为 sum.o。

```
[root@rhel7 ~]# gcc    /root/sum.c    -o   /root/sum.o
[root@rhel7 ~]# ll     |grep sum
-rw-r--r--.  1 root    root         166 Nov   1 22:27 sum.c
-rwxr-xr-x.  1 root    root        8511 Nov   1 22:27 sum.o
[root@rhel7 ~]# ./sum.o         //执行该可执行文件
Sum is 579
```

2）主程序、子程序的连接和编译

下面再看一个简单的例子：整个源代码程序由两个文件组成，以主程序 thanks.c 去调用子程序 thanks_2.c。

```
[root@rhel7 ~]# vi    /root/thanks.c
#include <stdio.h>
int main(){
printf("Hello World\n");
thanks_2();             //调用子程序
}
~
: wq
[root@rhel7 ~]# vi    /root/thanks_2.c
#include <stdio.h>
void thanks_2(void){
printf("Thank you!!\n");
}
~
: wq
```

有时单个的源代码文件并非一个完整的程序，无法直接编译生成一个可以执行的二进制文件。这时就需要先生成目标文件，然后再和其他文件一起重新编译、连接制作成二进制可执行文件。

```
[root@rhel7 ~]# gcc    -c    thanks.c   thanks_2.c    //只生成目标文件，跳过链接的步骤
[root@rhel7 ~]# ll    thanks*
-rw-r--r--.  1 root    root          67 Nov   1 23:07  thanks_2.c
-rw-r--r--.  1 root    root        1504 Nov   1 23:21  thanks_2.o
-rw-r--r--.  1 root    root          70 Nov   1 23:05  thanks.c
-rw-r--r--.  1 root    root        1560 Nov   1 23:21  thanks.o
[root@rhel7 ~]# gcc    -o    thanks   thanks.o   thanks_2.o
[root@rhel7 ~]# ll    thanks
-rwxr-xr-x. 1 root root 8580 Nov   1 23:22   thanks
[root@rhel7 ~]# ./thanks
Hello World
Thank you!!
```

为了使用调试工具调试程序，通常需要在编译代码时打开调试选项，使代码在编译时包含调试信息。调试信息包含程序里的每个变量的类型和在可执行文件里的地址映射以及源代码的行号。调试程序利用这些信息使源代码和机器码相关联。

在编译时用-g 选项打开调试选项。例如，编译程序名为 test.c 的 C 语言源代码文件，需要调试信息，生成的可执行程序为 test，这时编译命令为"#gcc　test.c　-g　-o　test"。

3）加入连接的外部函数库

下面再看一个简单的例子：整个源代码程序由两个文件 testmain.c 和 testsub.c 组成，程序中使用了系统提供的数学库，同时希望给出的可执行文件为 test，这时的编译命令可以是"#gcc testmain.c testsub.c -lm -o test"，其中-lm 表示连接数学函数库 libm.so（或 libm.a）。

12.1.3　子任务 3 Linux 系统环境下使用 GDB

排除编译、连接过程中的错误，只是程序设计中最简单、最基本的一个步骤。这个过程中的错误，只是在使用 C 语言描述一个算法中所产生的错误，是比较容易排除的。通常很多问题是在程序运行过程中所出现的，往往是算法设计有问题，需要更加深入地测试、调试和修改。一个稍微复杂的程序，往往要经过多次编译、连接和测试、修改。程序维护、调试工具和版本维护就是在程序调试、测试过程中使用的，用来解决调测阶段所出现的问题。

1．用 gdb 调试程序

Linux 系统包含了一个叫 gdb 的 GNU 调试程序。gdb 是一个用来调试 C 和 C++程序的功能强大的调试器，它使用户能在程序运行时观察程序的内部结构以及内存的使用情况。

gdb 提供了以下一些功能：监视程序中变量的值；设置断点以使程序在指定的代码行上停止执行，以便逐行地执行代码。

在命令行方式下输入"gdb"并按回车键就可以运行 gdb 了，如果一切正常的话，gdb 将被启动并在屏幕上显示类似的内容：

```
[root@rhel7 ~]# gdb
GNU gdb (GDB) Red Hat Enterprise Linux 7.6.1-51.el7
Copyright (C) 2013 Free Software Foundation, Inc.
License GPLv3+: GNU GPL version 3 or later <http://gnu.org/licenses/gpl.html>
This is free software: you are free to change and redistribute it.
There is NO WARRANTY, to the extent permitted by law.   Type "show copying"
and "show warranty" for details.
This GDB was configured as "x86_64-redhat-linux-gnu".
For bug reporting instructions, please see:
<http://www.gnu.org/software/gdb/bugs/>.
(gdb)
```

启动 gdb 后，能在命令行上指定很多的选项。也可以采用"#qdb　filename"的方式来运行 gdb。当使用这种方式运行 gdb 时，你能直接指定想要调试的程序，这将告诉 gdb 装入名为 filename 的可执行文件。

也可以用 gdb 去检查一个因程序异常终止而产生的 core 文件，或者与一个正在运行的程序相连。可以参考 gdb 指南页，或者在命令行上输入"#gdb －h"，得到一个有关这些选项的说明。

2. 基本的 gdb 命令

gdb 支持很多的命令，以实现不同的功能。这些命令包括从简单的文件装入到允许用户检查堆栈内容所调用的复杂命令，表 12-3 列出了以 gdb 调试时会用到的一些命令。

表 12-3 基本的 gdb 内置命令

命令	作用
file	装入想要调试的可执行文件
kill	终止正在调试的程序
list	列出产生执行文件的源代码的一部分
next	执行一行源代码但不进入函数内部
step	执行一行源代码并且进入函数内部
run	执行当前被调试的程序
quit	终止 gdb
watch	监视变量的值
print	打印出变量的值
break	在程序中设置断点，使程序恰好在执行给定行之前停止
make	在不退出 gdb 的情况下重新产生可执行文件
shell	在不退出 gdb 的情况下执行 Shell 命令

gdb 支持很多与 UNIX 系统的 Shell 程序一样的命令编辑特征，用户可以像在 Bash 或 C 系统的 Shell 里那样按【Tab】键让 gdb 补齐唯一的命令，如果不唯一的话 gdb 会列出所有匹配的命令。用户还可以用光标键上下翻动历史命令。

3. gdb 应用举例

下面用一个实例说明怎样逐步地使用 gdb 调试程序，被调试的程序相当简单，但它展示了 gdb 的典型应用。这个被调试的程序称为 hello.c，它用来显示一个简单的问候，再用反序将它列出，下面显示的是其源代码。

```
1   #include <stdio.h>
2   #include <string.h>
3   #include<stdlib.h>        //添加此句才能使用 molloc 函数
4   static void my_print(char *);
5   static void my_print2(char *);
6   main( )
7   {
8   char my_string[] = "hello world!";
9   my_print(my_string);
10  my_print2(my_string);
11  }
12  void my_print(char *string)
```

```
13      {
14          printf("The string is %s ", string);
15      }
16      void my_print2(char *string)
17      {
18          char *string2;
19          int size, i;
20          size = strlen(string);
21          string2 = (char *)malloc(size + 1);
22          for (i = 0; i < size; i++)
23              string2[size - i ] = string[i];
24          string2[size+1] = '\0';      //"字符串的结束符是\0
25          printf("The string printed backward is %s ", string2);
26      }
```

执行命令"gcc -g -o hello hello.c"编译该源程序,生成可执行程序 hello。然后,执行该程序。

```
[root@rhel7 ~]# gcc -g -o hello hello.c
[root@rhel7 ~]# ./hello
The string is hello world!
The string printed backward is
```

输出的第一行是正确的,但第二行的输出并不是我们所期望的,我们所设想的输出应该是:"The string printed backward is !dlrow olleh"。由于某些原因,my_print2 函数没有正常工作。现在我们用 gdb 看看问题究竟出在哪儿,先输入如下命令:"gdb hello.c"。

注意:记得在编译 hello.c 程序时把调试选项打开,如果在输入命令时忘了把要调试的程序作为参数传给 gdb,可以在 gdb 提示符下用 file 命令来载入它。这个命令将载入 hello 可执行文件就像你在 gdb 命令行里装入它一样。这时就能用 gdb 的 run 命令来运行 hello 了。

```
(gdb) file hello
Reading symbols from /root/hello...done.
(gdb) run
Starting program: /root/hello
The string is hello world! The string printed backward is    [Inferior 1 (process 12992) exited with code 040]
Missing separate debuginfos, use: debuginfo-install glibc-2.17-55.el7.x86_64


The string is hello world!
The string printed backward is
```

这个输出和在 gdb 外面运行的结果一样。问题是,为什么反序打印没有工作?为了找出症结所在,可以在 my_print2 函数的 for 语句后设一个断点,然后在 gdb 提示符下输入 list 命令并执行 3 次,列出源代码。

第一次执行 list 命令的输出如下。

```
(gdb) list    [Enter]
1   #include <stdio.h>
2   #include <string.h>
3   #include<stdlib.h>        //添加此句才能使用 molloc 函数
4   static void my_print(char *);
5   static void my_print2(char *);
6   main ()
7   {
8       char my_string[] = "hello world!";
9       my_print (my_string);
10      my_print2 (my_string);
(gdb) list
```

如果按下回车键，gdb 将再执行一次 list 命令，给出下列输出。

```
11  }
12  void my_print(char *string)
13  {
14      printf("The string is %s ", string);
15  }
16  void my_print2(char *string)
17  {
18      char *string2;
19      int size, i;
20      size = strlen(string);
(gdb) list
```

再按一次回车键将列出 hello 程序的剩余部分。

```
21      string2 = (char *)malloc(size + 1);
22      for (i = 0; i < size; i++)
23          string2[size - i ] = string[i];
24      string2[size+1] = '\0';    //"字符串的结束符是\0
25      printf("The string printed backward is %s ", string2);
26  }
```

根据列出的源程序，你能看到要设断点的地方在第 23 行，在 gdb 命令行提示符下输入如下命令设置断点。

```
(gdb) break 23
Breakpoint 1 at 0x400667: file hello.c, line 23.
(gdb)
```

现在再输入 run 命令，将产生如下输出。

```
(gdb) run
Starting program: /root/hello

Breakpoint 1, my_print2 (string=0x7fffffffe430 "hello world!") at hello:23
23          string2[size - i] = string[i];
```

程序运行停止在第 23 行上，用户可以通过设置一个观察 string2[size - i]变量值的观察点来看出错误是怎样产生的，做法如下。

```
(gdb) watch string2[size - i]
Hardware watchpoint 2: string2[size - i]
(gdb) next
22          for (i = 0; i < size; i++)
```

经过第一次循环后，gdb 告诉用户 string2[size - i]的值是'h'。gdb 用如下的显示来告诉用户这个信息。

```
(gdb) print string2[size - i]
$1 = 104 'h'
(gdb) print size-i
$2 = 12
(gdb) print i
$3 = 0
```

这个值正是用户所期望的。后来的数次循环的结果都是正确的，当 i=11 时，表达式 string2[size - i]的值等于'!'，size - i 的值等于 1，最后一个字符已经复制到新串里了。

如果用户再把循环执行下去，就会看到已经没有值分配给 string2[0]了，而它是新串的第一个字符，因为 malloc 函数在分配内存时把它们初始化为空字符（null），所以 string2 的第一个字符是空字符，这解释了为什么在打印 string2 时没有任何输出了。

现在已经找出了问题出在哪里了，修正这个错误是很容易的，就是把 my_print2 函数中的"string2[size - i] = string[i]"语句修改为"string2[size -1 - i] = string[i]"，把"string2[size +1] = '\0'"语句修改为"string2[size] = '\0 '"即可。

对代码做以上修改后，重新编译后运行就正常了。如果程序产生了 core 文件，可以用 gdb hello core 命令来查看程序在何处出错。在函数 my_print2( )中，如果忘记了给 string2 分配内存 string2 = (char *) malloc (size + 1);，则很可能就会 core dump。

12.1.4　子任务 4　使用 Make 与 Makefile

1．Makefile 的功能与语法

在开发一个系统时，一般是将一个系统分成几个模块，这样做提高了系统的可维护性，但由于各个模块间不可避免地存在关联，所以当一个模块改动后，其他模块也许会有所更新，当

然对于小系统来说，手工编译连接是没问题的，但如果是一个大系统，存在很多个模块，那么手工编译的方法就不适用了。为此，在 Linux 系统中，专门提供了一个 make 命令来自动维护目标文件，与手工编译和连接相比，make 命令的优点在于它只更新修改过的文件（在 Linux 中，一个文件被创建或更新后有一个最后修改时间，make 命令就是通过这个最后修改时间来判断此文件是否被修改的），而对没修改的文件则置之不理，并且 make 命令不会漏掉一个需要更新的文件。

文件和文件间或模块和模块间有可能存在依赖关系，make 命令也是根据这种依赖关系来进行维护的，所以我们有必要了解什么是依赖关系；make 命令当然不会自己知道这些依赖关系，而需要程序员将这些依赖关系写入一个叫 Makefile 的文件中。

Makefile 文件中包含一些目标，通常目标就是文件名，对每一个目标，提供了实现这个目标的一组命令以及和这个目标有依赖关系的其他目标或文件名。下面的 Makefile 中定义了 3 个目标：prog、prog1 和 prog2，冒号后是依赖文件列表。

```
prog:prog1.o prog2.o
    gcc prog1.o prog2.o -o prog
prog1.o:prog1.c lib.h
    gcc -c -I. -o prog1.o prog1.c
prog2.o:prog2.c util.c
    gcc -c -o prog2.o prog2.c util.c
clean:
    rm -f prog *.o
```

这个 Makefile 文件中包括了一系列的目标（target），每个目标由目标名称、实现该目标所需的文件或其他目标（称为 dependency），以及为实现该目标而应该完成的一组命令组成。例如，要实现 prog 这个目标，就必须有 prog1.o 和 prog2.o 这两个目标，而要实现 prog1.o 又必须依赖于 prog1.c 和 lib.h 这两个文件且要执行命令"gcc prog1.o prog2.o -o prog"，等等。

如果某一行过长，已经到了文本编辑器的右边界，可用一个反斜杠（\）做换行符，反斜杠所连接的所有行都会被当成一行来处理；另外，在 Makefile 中涉及的文件名允许使用通配符（?或*）。有时为了简化命令的书写，可以在 Makefile 中定义一些宏和使用缩写，下面是几个很常使用的缩写：$@，代表该目标的全名；$*，代表已经删除了后缀的目标名；$<，代表该目标的第一个相关目标名。现在即可使用缩写对以上 Makefile 做相应的修改。

```
#使用缩写的 Makefile
prog:prog1.o prog2.o
    gcc prog1.o prog2.o -o $@
prog1.o:prog1.c lib.h
    gcc -c -I. -o $@ $<
prog2.o:prog2.c util.c
    gcc -c $*.c util.c
clean:
    rm -f prog *.o
```

2. make 命令的使用

make 命令的语法："make [目标]"，如果没有指明目标，则默认 Makefile 文件中的第一个目标。命令"# make prog"的执行过程是：分析 Makefile 文件中的依赖关系，首先生成一个 shell，并执行"gcc -c prog2.c util.c -o prog2.o"以生成 prog2.o；然后再生成另一个 shell（每一行命令都需重新生成一个 shell），执行"gcc -c -I. -o prog1.o prog1.c"生成 prog1.o；最后，执行"gcc prog1.o prog2.o -o prog"生成所需的目标 prog。

当我们修改了软件包中的某个文件时，make 命令还可以用类似递归的方式检查每个相关目标和文件，以决定是否需要重新编译。例如，我们修改了文件 util.c，然后执行"# make prog"，此时系统后检查其依赖的文件 prog1.o 和 prog2.o，结果发现 prog1.o 比 prog1.c 和 lib.h 新，说明 prog1.o 并不过时；再检查 prog2.o 及其依赖文件，发现 prog2.o 比 util.c 旧，说明其已经过时；于是，系统最好重新编译生成新的 prog。

如果我们执行命令"#make clean"，将按照 Makefile 文件中的 clean 目标执行"rm -f prog *.o"，将刚才生成的 prog 和各个目标文件*.o 删除。如果再次执行 make 命令，则所有的目标将被重新编译。

3. 在 Makefile 中使用宏

在一个项目中，可能几个目标中使用同一个文件 a.c，如果以后这个文件被修改，那么需要修改 Makefile 中所有的 a.c，这样就比较麻烦，可以定义宏来解决这个问题，宏可以使 Makefile 更加清晰。

```
#使用缩写和宏的 Makefile
MARCO = prog1.o prog2.o
prog:$(MARCO)
gcc prog1.o prog2.o -o $@
prog1.o:prog1.c lib.h
gcc -c -I. -o $@ $<
prog2.o:prog2.c util.c
gcc -c $*.c util.c
clean:
rm -f prog $(obj)
```

对于很大的项目来说，自己手写 Makefile 非常麻烦，而标准的 GNU 软件，如 Apacle，都是运行一个 configure 脚本文件来产生 Makefile；GNU 软件 automake 和 autoconf 就是自动生成 configure 的工具。开发人员只要先定义好宏，automake 处理后会产生供 autoconf 使用的 Makefine.in，再用 autoconf 就可以产生 configure。要使用 automake 和 autoconf 必须安装 GNU Automake、GNU Autoconf、GNU m4、perl 和 GNU Libtool。

12.2 任务 2 Linux 系统下使用 MariaDB

12.2.1 子任务 1 了解 MariaDB 与 MySQL

Linux 系统下常见的数据库系统有免费的 MySQL、PostgreSQL，以及其他专业数据库供应商的大型数据库系统，如 Informix 和 Oracle 等。MySQL 是 Linux 系统最常使用的数据库系统。MySQL 是一个可用于各种流行操作系统平台的关系数据库系统，它是一个真正的多用户、多线程 SQL 数据库服务器软件，支持标准的数据库查询语言 SQL（Structured Query Language），使用 SQL 语句可以方便地实现数据库、数据表的创建，数据的插入、编辑修改和查询等操作。

MariaDB 名称来自 Michael Widenius 的女儿 Maria 的名字。MariaDB 由 MySQL 的创始人 Michael Widenius 主导开发，他早前曾以 10 亿美元的价格，将自己创建的公司 MySQL AB 卖给了 SUN，此后随着 SUN 被甲骨文收购，MySQL 的所有权也落入 Oracle 的手中。

MySQL 之父 Widenius 先生离开了 Sun 之后，觉得依靠 Sun/Oracle 来发展 MySQL，实在不靠谱，于是决定另开分支，这个分支的名字称为 MariaDB。由于不满 MySQL 被 Oracle 收购控制下的日渐封闭和缓慢更新，众多公司转向了 MariaDB。2013 年 6 月，RedHat 宣布企业版发行版 RHEL7 将用 MariaDB 替代 MySQL，预装 mariadb-5.5.35。

采用 GPL 授权许可 MariaDB 的目的是完全兼容 MySQL，包括 API 和命令行，使之能轻松成为 MySQL 的代替品。MariaDB 跟 MySQL 在绝大多数方面是兼容的，对于开发者来说，几乎感觉不到任何不同。MariaDB 分支与最新的 MySQL 发布版本的分支保持一致性，如 MariaDB 5.1.47 对应 MySQL 5.1.47 等。

目前 MariaDB 是发展最快的 MySQL 分支版本，新版本发布速度已经超过了 Oracle 官方的 MySQL 版本。MariaDB 虽然被视为 MySQL 数据库的替代品，但它在扩展功能、存储引擎以及一些新的功能改进方面都强过 MySQL。从 MySQL 迁移到 MariaDB 也是非常简单的：

- 数据和表定义文件（.frm）是二进制兼容的；
- 所有客户端 API、协议和结构都是完全一致的；
- 所有文件名、二进制、路径、端口等都是一致的；
- 所有的 MySQL 连接器，如 PHP、Perl、Python、Java、.NET、MyODBC、Ruby 以及 MySQL C connector 等在 MariaDB 中都保持不变；
- mysql-client 包在 MariaDB 服务器中也能够正常运行；
- 共享的客户端库与 MySQL 也是二进制兼容的。

也就是说，在大多数情况下，我们完全可以卸载 MySQL 然后安装 MariaDB，然后就可以像之前一样正常运行。

12.2.2 子任务 2 安装与测试 MariaDB

1. MariaDB 服务器的安装

可以到 https://downloads.mariadb.org/站点去下载最新版本，然后进行安装。也可以使用 RHEL7 系统安装光盘作为 YUM 源，使用 yum 命令"yum －y install mariadb-server"进行安装。

```
[root@rhel7 ~]# rpm    -qa   |grep maria
mariadb-server-5.5.35-3.el7.x86_64
mariadb-libs-5.5.35-3.el7.x86_64
mariadb-5.5.35-3.el7.x86_64
[root@rhel7 ~]# mysqladmin    - V
mysqladmin  Ver 9.0 Distrib 5.5.35-MariaDB, for Linux on x86_64    //MariaDB 数据库已经安装
```

2．MariaDB 的重要文件

MariaDB 数据库服务器端程序安装完成后，它的数据库文件、配置文件、命令文件以及帮助文档分别在不同的目录下，下面显示的是进行查询的方法及结果。其中，保存数据库的目录是 /var/lib/mysql/；保存相关命令目录是 /usr/bin。

```
[root@rhel7 ~]# rpm    -ql    mariadb-server
/etc/logrotate.d/mariadb
/etc/my.cnf.d/server.cnf
/usr/bin/innochecksum
……      ……
/var/log/mariadb/mariadb.log
/var/run/mariadb
```

MariaDB 服务器安装成功后，还会创建名为 mysql 的用户和用户组，mysql 用户属于 mysql 用户组，是 MySQL 服务器正常工作所必需的一个系统账号。

```
[root@rhel7 ~]# more    /etc/passwd    |grep   mysq
mysql:x:27:27:MariaDB Server:/var/lib/mysql:/sbin/nologin
[root@rhel7 ~]# more    /etc/group    |grep   mysq
mysql:x:27:
```

3．MariaDB 客户端的安装

如果要在命令行方式下连接 MariaDB 服务器，则还需要安装 MariaDB 客户端软件包。RHEL7 中自带的 MariaDB 客户端软件包是 mariadb-5.5.56-2.el7.x86_64.rpm，可以使用 rpm 命令进行安装与查询。

```
[root@rhel7 ~]# rpm    -qa    |grep   mariadb-5
mariadb-5.5.35-3.el7.x86_64
[root@rhel7 ~]# rpm    -ql    mariadb
/etc/my.cnf.d/client.cnf
/usr/bin/aria_chk
/usr/bin/aria_dump_log
……      ……
/usr/share/man/man8/mysqlmanager.8.gz
```

12.2.3 子任务 3 MariaDB 的基本操作

1. MariaDB 服务器的启动与停止

数据库 MariaDB 服务器的配置文件是/usr/lib/systemd/system/mariadb.service。

```
[root@rhel7 ~]# systemctl   status   mariadb
● mariadb.service - MariaDB database server
    Loaded: loaded (/usr/lib/systemd/system/mariadb.service; disabled; vendor preset: disabled)
    Active: inactive (dead)
[root@rhel7 ~]# systemctl   start   mariadb                    //停止服务使用"stop"
[root@rhel7 ~]# systemctl   enable   mariadb                   //设置开机启动
```

在默认情况下，MariaDB 使用 3306 端口提供服务。测试 MariaDB 是否成功，也可以查看该端口是否打开，如打开表示服务已经启动。

```
[root@rhel7 ~]# more    /etc/services |grep    3306
mysql           3306/tcp                              # MySQL
mysql           3306/udp                              # MySQL
[root@rhel7 ~]# netstat -nat    |grep 3306
（Active Internet connections    （servers and established））
（Proto  Recv-Q  Send-Q   Local Address    Foreign Address    State）
tcp       0       0       0.0.0.0:3306     0.0.0.0:*          LISTEN
[root@rhel7 ~]# ss   -antp     |column  -t |grep   mysq
State    Recv-Q   Send-Q    Local    Address:Port    Peer     Address:Port
LISTEN     0       50       *:3306        *:*                 users:(("mysqld",12435,13))
// "LISTEN"表示该端口处于侦听的状态，说明 MySQL 服务器处于运行状态
```

2. MariaDB 服务器的初始化

MariaDB 服务器首次启动时，系统将自动创建 mysql 数据库和 test 数据库完成初始化工作，mysql 数据库是 MariaDB 服务器的系统数据库，包含名为 columns_priv、tables_priv、db、func、host 和 user 的数据表，其中的 user 数据表用于存放用户的账户和密码信息。test 数据库是一个空的数据库，没有任何数据表，用于测试，不用时也可将其删除。

```
[root@rhel7 ~]# ls    /var/lib/mysql/
aria_log.00000001    ibdata1       ib_logfile1    mysql.sock           test
aria_log_control     ib_logfile0   mysql          performance_schema
```

安装 mariadb-server 后，可以运行 mysql_secure_installation，进行如下设置。
（1）为 root 设置密码。
（2）删除匿名账号。
（3）取消 root 远程登录。
（4）删除 test 库和对 test 库的访问权限。

（5）刷新授权表使之修改生效。通过这几项设置能够提高数据库的安全，建议生产环境下 MariaDB 安装完成后一定要运行一次该命令。

```
[root@rhel7 ~]# mysql_secure_installation
NOTE: RUNNING ALL PARTS OF THIS SCRIPT IS RECOMMENDED FOR ALL MariaDB
      SERVERS IN PRODUCTION USE!    PLEASE READ EACH STEP CAREFULLY!

In order to log into MariaDB to secure it, we'll need the current
password for the root user.   If you've just installed MariaDB, and
you haven't set the root password yet, the password will be blank,
so you should just press enter here.

Enter current password for root (enter for none):           //初次运行直接回车
……                             ……
```

3. MariaDB 的登录与退出

登录数据库 MariaDB 的命令是 mysql，该命令的语法格式是"mysql　[-u 用户名] [-h 主机] [-p 口令] [数据库名]"。MariaDB 的默认管理员账号名是 root（这里的 root 和 Linux 系统的管理员账号 root 不是同一个），刚安好的 MariaDB 服务器中用户数据表 user 中的 root 账号密码为空（即没有设置密码），因此，第一次进入 MariaDB 数据库时只要输入"mysql"即可。

客户端程序与服务器程序成功连接后，将出现命令提示符"mysql>"。在该命令提示符后输入"？"并回车，即显示 MariaDB 数据库系统可以使用的内置命令及说明。

```
[root@rhel7 ~]# mysql
Welcome to the MariaDB monitor.    Commands end with ; or \g.
Your MariaDB connection id is 6
Server version: 5.5.35-MariaDB MariaDB Server

Copyright (c) 2000, 2013, Oracle, Monty Program Ab and others.

Type 'help;' or '\h' for help. Type '\c' to clear the current input statement.

MariaDB [(none)]> ?
General information about MariaDB can be found at http://mariadb.org

List of all MySQL commands:
Note that all text commands must be first on line and end with ';'      //所有的命令必须以";"结尾

?         (\?) Synonym for `help'.
clear     (\c) Clear the current input statement.
connect   (\r) Reconnect to the server. Optional arguments are db and host.
delimiter (\d) Set statement delimiter.
edit      (\e) Edit command with $EDITOR.
```

```
ego          (\G) Send command to mysql server, display result vertically.
exit         (\q) Exit mysql. Same as quit.
go           (\g) Send command to mysql server.
help         (\h) Display this help.
nopager      (\n) Disable pager, print to stdout.
notee        (\t) Don't write into outfile.
pager        (\P) Set PAGER [to_pager]. Print the query results via PAGER.
print        (\p) Print current command.
prompt       (\R) Change your mysql prompt.
quit         (\q) Quit mysql.                                   //退出 MySQL
rehash       (\#) Rebuild completion hash.
source       (\.) Execute an SQL script file. Takes a file name as an argument.
status       (\s) Get status information from the server.
system       (\!) Execute a system shell command.
tee          (\T) Set outfile [to_outfile]. Append everything into given outfile.
use          (\u) Use another database. Takes database name as argument.
charset      (\C) Switch to another charset. Might be needed for processing binlog with multi-byte charsets.
warnings     (\W) Show warnings after every statement.
nowarning    (\w) Don't show warnings after every statement.

For server side help, type 'help contents'

MariaDB [(none)]>
```

出于安全考虑，一定要为 root 用户设置密码，因为该账户是 MariaDB 数据库服务器的管理员账户，具有全部操作权限设置。root 账户的密码可使用 mysqladmin 命令来实现，该命令用于设置密码时的用法是"mysqladmin [-uroot] [-h 主机] -p'旧密码' password '新密码'"。

其中，-u 选项用于指定用户名，-h 选项用于指定 MariaDB 服务器所在的主机名或 IP 地址，若 root 用户已有密码，则必须选用-p，选项并在提示输入密码时输入原密码，若没有则可以不用-p 选项。在 user 用户数据表中，root 用户默认有两条记录，其主机名字段 host 的值分别为 localhost 和 rh9。

host 字段用于存储主机的名称或 IP 地址，代表该用户可以从哪台主机登录 MySQL 服务器。localhost 代表本地主机，rhel7 是当前 MySQL 服务器的主机名，因此，默认情况下 root 账户只能在 MySQL 服务器的本地机上登录，对这两条记录均应设置密码。比如将密码设置为 654321。

```
[root@rhel7 ~]# mysqladmin  -uroot  -hlocalhost   password   '654321'
```

下面是设置密码后，使用 root 账号登录的过程，选项-p 必须有，密码如在命令行中给出，系统会提示输入密码。

```
[root@rhel7 ~]# mysql  -uroot  -hlocalhost  -p
Enter password:
```

4．MariaDB 的常用操作

MySQL 命令和函数不区分大小写，在 Linux 系统平台下数据库、数据表、用户名和密码要区分大小写。MySQL 命令以分号（;）或\g 作为命令的结束符，因此一条 MySQL 命令可表达成多行。

若输入 MySQL 命令忘了在末尾加分号，按回车键后，此时的操作提示符将变为"->"，该提示符表示系统正等待接收命令的剩余部分，此时输入分号并回车，系统就可执行所输入的命令了。

图 12-2　查询数据库

1）查询数据库

查询当前服务器中有哪些数据库，使用命令："show databases;"，如图 12-2 所示。MySQL 命令首次启动后会自动生成 mysql 和 test 两个数据库，其中 mysql 数据库非常重要，它里面有 MySQL 命令的系统信息，修改密码和新增用户等实际上就是对这个数据库中的相关表进行操作。

2）查询数据库中的表

查询当指定数据库中的表，需要首先使用命令"use　数据库名;"打开指定数据库，然后执行命令"show tables;"，如图 12-3 所示。

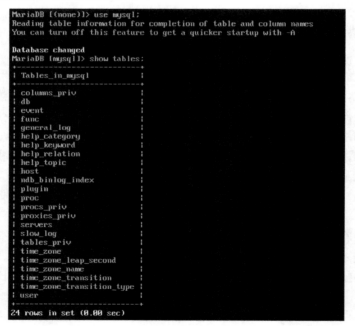

图 12-3　显示数据中的表

3）显示数据表的结构

显示数据表的结构使用命令"describe　表名;"，如图 12-4 所示，显示的是 mysql 数据库中的 host 表的结构。

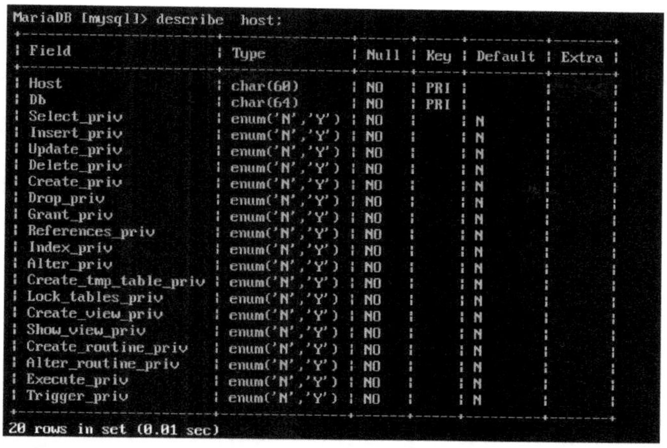

图 12-4　显示表结构

4）显示表中的记录

显示指定表中的记录，使用命令"select 字段列表 from 表名 [where 条件表达式] [order by 排序关键字段] [group by 分类关键字段];"的命令格式。字段列表中的多个字段用","分开，使用"*"代表所有字段。如图 12-5 所示是显示 user 表中的 user 和 password 字段。

图 12-5　显示表中的记录

5）创建/删除数据库

创建新的数据库，使用命令"create　database　数据库名;"，如图 12-6 所示，表示创建一个名为 students 的数据库。删除数据库使用命令"drop　database　数据库名;"。

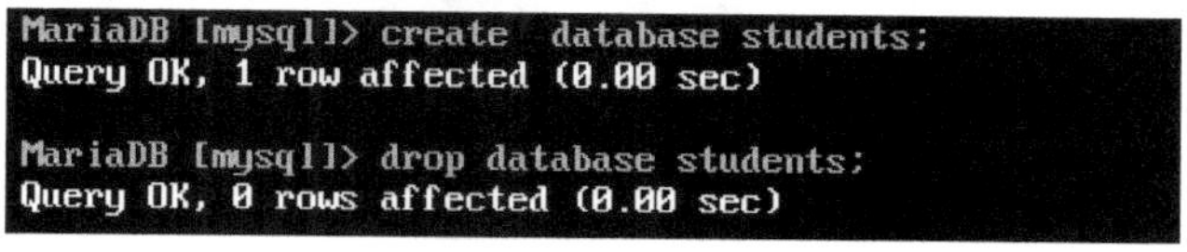

图 12-6　创建数据库

6）创建/删除数据表

在数据库中创建表，使用命令"create　table　表名(字段 1　字段类型[(.宽度[.小数位数])] [,字段 2　字段类型[(.宽度[.小数位数])]…]) ;"。[ ]所括的部分为可选项。删除表使用命令"drop table　数据表"。

如图 12-7 所示为 students 数据库中创建一个 customer 表，该表包括 4 个字段，分别是：name、sex、company 和 mony，可用于记录学生就业后的工作单位和工资情况。

7）向表中添加/删除记录

如果想成批添加记录，可以把要添加的数据保存在一个文本文件中，一行为一条记录的数

第 12 章　Linux 系统下的软件开发　　285

据，各数据项之间用 Tab 定位符分隔，空值项用\N 表示。然后利用“load data local infile ‘文本文件名’ into table 数据表名;”命令将文本文件中的数据自动添加到指定的数据表中。

```
MariaDB [mysql]> use students;
Database changed
MariaDB [students]> create table customer(name varchar(9),sex char(2),
    -> company varchar(30),mony double(9,2));
Query OK, 0 rows affected (0.06 sec)
```

图 12-7　创建数据表

如果想一次向数据表添加一条记录，使用 insert into 语句，其用法是“insert into 表名[(字段名 1,字段名 2,…,字段名 *n*)] values(值 1,值 2,…,值 n) ;”。如图 12-8 所示的是向表 customer 中添加两条记录。

```
MariaDB [students]> insert into customer values('zhangsan','na','yidong',5000);
Query OK, 1 row affected (0.01 sec)

MariaDB [students]> select  * from  customer where name='zhangsan';
+----------+------+---------+---------+
| name     | sex  | company | mony    |
+----------+------+---------+---------+
| zhangsan | na   | yidong  | 5000.00 |
+----------+------+---------+---------+
1 row in set (0.01 sec)
```

图 12-8　添加记录

从表中删除记录使用“delete from 表名 where 条件表达式;”的命令格式，如图 12-9 所示。如果要将表中的记录全部清空，使用“delete from 表名;”的命令格式。

```
MariaDB [students]> delete  from  customer  where  name='zhangsan'
    -> ;
Query OK, 1 row affected (0.16 sec)
```

图 12-9　删除记录

8）修改记录

修改数据表中的记录，使用 update 语句，语法是“update 表名 set 字段名 1=新值 [,字段名 1=新值 2…] [where 条件表达式];”，如图 12-10 所示。

```
MariaDB [students]> update  customer  set name='lixiaosi'  where name='lisi';
Query OK, 1 row affected (0.02 sec)
Rows matched: 1  Changed: 1  Warnings: 0
```

图 12-10　修改记录

5. MariaDB 的备份与恢复

1）数据库的备份

系统管理员可以使用 mysqldump 命令备份数据库，这时的用法是“mysqldump [-h 主机] [-u 用户名] [-p 口令] 数据库名 > 备份文件名”。如图 12-11 所示的例子，是将数据库 mysql 保存到/root/目录下的 mysql.bk 文件中。

2）数据库的恢复

系统管理员也可以使用 mysqldump 命令进行数据库的恢复，这时的用法是“mysqldump [-h 主机] [-u 用户名] [-p 口令] 数据库名 < 备份文件名”。

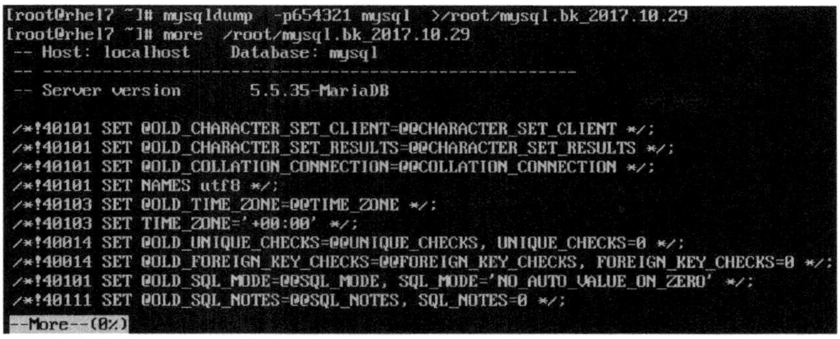

```
[root@rhel7 ~]# mysqldump  -p654321 mysql  >/root/mysql.bk_2017.10.29
[root@rhel7 ~]# more  /root/mysql.bk_2017.10.29
-- Host: localhost    Database: mysql
-- ------------------------------------------------------
-- Server version       5.5.35-MariaDB

/*!40101 SET @OLD_CHARACTER_SET_CLIENT=@@CHARACTER_SET_CLIENT */;
/*!40101 SET @OLD_CHARACTER_SET_RESULTS=@@CHARACTER_SET_RESULTS */;
/*!40101 SET @OLD_COLLATION_CONNECTION=@@COLLATION_CONNECTION */;
/*!40101 SET NAMES utf8 */;
/*!40103 SET @OLD_TIME_ZONE=@@TIME_ZONE */;
/*!40103 SET TIME_ZONE='+00:00' */;
/*!40014 SET @OLD_UNIQUE_CHECKS=@@UNIQUE_CHECKS, UNIQUE_CHECKS=0 */;
/*!40014 SET @OLD_FOREIGN_KEY_CHECKS=@@FOREIGN_KEY_CHECKS, FOREIGN_KEY_CHECKS=0 */;
/*!40101 SET @OLD_SQL_MODE=@@SQL_MODE, SQL_MODE='NO_AUTO_VALUE_ON_ZERO' */;
/*!40111 SET @OLD_SQL_NOTES=@@SQL_NOTES, SQL_NOTES=0 */;
--More--(0%)
```

图 12-11　数据库备份

12.2.4　子任务 4　MariaDB 的用户管理

1．创建新用户

1）GRANT 命令的功能和语法

GRANT 命令用来建立新用户，指定用户口令并增加用户权限。其格式为：“GRANT <privileges> ON <what> TO <user> [IDENTIFIED BY "<password>"] [WITH GRANT OPTION];”。在这个命令中有许多待填的内容。让我们逐一地对它们进行介绍，并最终给出一些例子以让读者对它们的协同工作有一个了解。

<privileges>是一个用逗号分隔的想要赋予的权限的列表。你可以指定的权限分为以下 3 种类型。

（1）数据库/数据表/数据列权限。Alter: 修改已存在的数据表（如增加/删除列）和索引。Create: 建立新的数据库或数据表。Delete: 删除表的记录。Drop: 删除数据表或数据库。INDEX: 建立或删除索引。Insert: 增加表的记录。Select: 显示/搜索表的记录。Update: 修改表中已存在的记录。

（2）全局管理权限。file: 在 MySQL 服务器上读写文件。PROCESS: 显示或杀死属于其他用户的服务线程。RELOAD: 重载访问控制表，刷新日志等。SHUTDOWN: 关闭 MySQL 服务。

（3）特别的权限。ALL: 允许做任何事（和 root 一样）。USAGE: 只允许登录，其他什么事情都不允许做。

<what>定义了这些权限所作用的区域。*.*意味着权限对所有数据库和数据表有效。dbName.*意味着对名为 dbName 的数据库中的所有数据表有效。dbName.tblName 意味着仅对名为 dbName 中的名为 tblName 的数据表有效。甚至还可以通过在赋予的权限后面使用圆括号中的数据列的列表以指定权限仅对这些列有效。

<user>指定可以应用这些权限的用户。通过 MySQL 服务器登录的用户名和用户使用的计算机的主机名/IP 地址来指定一个用户。这两个值都可以使用%通配符（如 kevin@%将允许使用用户名 kevin 从任何机器上登录以享有你指定的权限）。

<password>指定了用户连接 MySQL 服务器所用的口令。它被用方括号括起，说明 IDENTIFIED BY "<password>"在 GRANT 命令中是可选项。这里指定的口令会取代用户原来的密码。如果没有为一个新用户指定口令，当他进行连接时就不需要口令。

[WITH GRANT OPTION]指定了用户可以使用 GRANT/REVOKE 命令将它拥有的权限赋予其他用户，是可选的部分。请小心使用这项功能，虽然这个问题可能不是那么明显！例如，

两个都拥有这个功能的用户可能会相互共享他们的权限,这也许不是你当初想看到的。

2) GRANT 命令应用举例

(1)一个名为 dbmanager 的用户,他可以使用口令 managedb 从 server.host.net 连接 MySQL 服务器,并仅仅可以访问名为 db 的数据库的全部内容,并可以将此权限赋予其他用户,可以使用下面的 GRANT 命令。

mysql> GRANT ALL ON db.* TO dbmanager@server.host.net IDENTIFIED BY "managedb" WITH GRANT OPTION;

现在改变这个用户的口令为 funkychicken,命令格式如下。

mysql> GRANT USAGE ON *.* TO dbmanager@server.host.net IDENTIFIED BY "funkychicken";

请注意,我们没有赋予任何另外的权限,USAGE 权限只能允许用户登录,但是用户已经存在的权限不会被改变。

(2)让我们建立一个新的名为 jessica 的用户,它可以从 host.net 域的任意机器连接到 MySQL 服务器。他可以更新数据库中用户的姓名和 E-mail 地址,但不需要查阅其他数据库的信息。也就是说,他对 db 数据库具有只读的权限,如 Select,但他可以对 Users 表的 name 列和 email 列执行 Update 操作,命令如下。

mysql> GRANT Select ON db.* TO jessica@%.host.net IDENTIFIED BY "jessrules";
mysql> GRANT Update (name,email) ON db.Users TO jessica@%.host.net;

注意在第一个命令中我们在指定 Jessica 可以用来连接的主机名时使用了%(通配符)符号。此外,我们也没有给他向其他用户传递他的权限的能力,因为我们在命令的最后没有带上 WITH GRANT OPTION。第二个命令示范了如何通过在赋予的权限后面的圆括号中用逗号分隔的列表对特定的数据列赋予权限。

(3)安全起见,可以设置用户只能在本地主机上对数据库进行相关操作。例如,可以为数据库系统增加一个用户 lihua,密码是 654321,只允许在安装 MySQL 数据库系统的主机上登录,可以对所有数据库中的所有数据进行查询、插入、修改、删除的操作,如图 12-12 所示。这样即使该用户的密码泄露,非法用户也不能通过网络上的其他主机远程访问数据库。

图 12-12 新增用户 marry

2. 查看用户权限

查看当前用户(自己)权限:"show grants;",查看其他用户权限:"show grants for dba@localhost;",如图 12-13 所示。

图 12-13 查看用户权限

3. 撤销用户权限

revoke 与 grant 的语法差不多，只要把关键字"to"换成"from"即可，如图 12-14 所示。

```
MariaDB [(none)]> revoke update,delete on *.* from lihua@localhost;
Query OK, 0 rows affected (2.85 sec)
```

图 12-14　撤销用户权限

4. 删除用户

（1）语法：drop user 用户名;。例如，要删除 yan 这个用户（drop user yan;）默认删除的是 yan@"%"这个用户，如果还有其他用户，如 yan@"localhost"，yan@"ip"，则不会一起被删除。如果只存在一个用户 yan@"localhost"，使用语句（drop user yan;）会报错，应该用（drop user yan@"localhost";）。如果不能确定（用户名@机器名）中的机器名，可以在 mysql 中的 user 表中进行查找，user 列对应的是用户名，host 列对应的是机器名。删除用户如图 12-15 所示。

```
MariaDB [mysql]> select User,Host,Password from  user;
+------+-----------+-------------------------------------------+
| User | Host      | Password                                  |
+------+-----------+-------------------------------------------+
| root | localhost | *2A032F7C5BA932872F0F045E0CF6B53CF702F2C5 |
| root | rhel7     |                                           |
| root | 127.0.0.1 |                                           |
| root | ::1       |                                           |
| lihua| localhost | *2A032F7C5BA932872F0F045E0CF6B53CF702F2C5 |
+------+-----------+-------------------------------------------+
5 rows in set (0.51 sec)

MariaDB [mysql]> drop user  lihua;
ERROR 1396 (HY000): Operation DROP USER failed for 'lihua'@'%'
MariaDB [mysql]> drop user  lihua@localhost;
Query OK, 0 rows affected (0.54 sec)
```

图 12-15　删除用户

（2）语法：delete from user where user="用户名" and host="localhost";。delete 也是删除用户的方法，例如，要删除 yan@"localhost"用户，则可以用（delete from user where user="yan" and host="localhost";）。

注意，drop 删除掉的用户不仅将 user 表中的数据删除，还会删除诸如 db 和其他权限表的内容。而 delete 只是删除了 user 表的内容，其他表不会被删除，后期如果命名一个和已删除用户相同的名字，权限就会被继承。

5. 权限管理注意事项

grant 和 revoke 用户权限后，该用户只有重新连接 MySQL 数据库，权限才能生效。如果想让授权的用户，也可以将这些权限 grant 给其他用户，需要选项"grant option"，命令代码如下。

grant select on testdb.* to dba@localhost with grant option;

这个特性一般用不到。实际中，数据库权限最好由 DBA 来统一管理。遇到 SELECT command denied to user '用户名'@'主机名' for table '表名' 这种错误，解决方法是要把后面的表名授权，即核心数据库也要授权。笔者遇到的是 SELECT command denied to user 'my'@'%' for table 'proc'，在调用存储过程时出现，不但要把指定的数据库授权，还要把 MySQL 数据库的 proc 表授权。

MySQL 数据库的授权表共有 5 个：user、db、host、tables_priv 和 columns_priv。授权表的内容及用途如下所述。

（1）user 表，列出可以连接服务器的用户及其口令，并且它指定他们有哪种全局（超级用户）权限。在 user 表启用的任何权限均是全局权限，并适用于所有数据库。例如，如果你启用了 DELETE 权限，在这里列出的用户可以从任何表中删除记录，所以在你这样做之前要认真考虑。

（2）db 表，列出数据库，而用户有权限访问它们。在这里指定的权限适用于一个数据库中的所有表。

（3）host 表，与 db 表结合使用在一个较好层次上控制特定主机对数据库的访问权限，这可能比单独使用 db 好些。这个表不受 grant 和 revoke 语句的影响，所以你可能没有发觉你在用它。

（4）tables_priv 表，指定表级权限，这里指定的一个权限适用于一个表的所有列。

（5）columns_priv 表，指定列级权限。这里指定的权限适用于一个表的特定列。

12.3 思考与练习

一、填空题

1．在 Linux 系统中，可执行文件没有统一的后缀，系统从文件的_____来区分可执行文件和不可执行文件。

2．C 语言源代码文件的扩展名是_____，编译后生成的目标文件的扩展名是_____。

3．在默认情况下，MariaDB/MySQL 服务器使用_____端口提供服务。测试 MariaDB/MySQL 服务器是否成功，也可以查看该端口是否打开，如打开表示服务已经启动。

4．MariaDB/MySQL 服务器首次启动时，系统将自动创建_____数据库和_____数据库完成初始化工作，其中前者是 MariaDB/MySQL 服务器的系统数据库，包含名为 columns_priv、tables_priv、db、func、host 和 user 的数据表，其中的_____数据表用于存放用户的账户和密码信息。后者是一个空的数据库，用于测试，不用时可将其删除。

5．在编译一个 C 源文件时要指定库文件的位置，可以使用_____参数。

二、判断题

1．在 Linux 系统下只能进行 C 语言程序的开发。（　　）

2．MySQL 是 Linux 下常见免费数据库系统。（　　）

3．默认的 MySQL 数据库服务器管理员账号就是 Linux 系统管理员账号。（　　）

4．首次登录 MySQL 数据库服务器不需要输入密码，为了安全可以使用 passwd 命令来设置密码。（　　）

5．在 MySQL 命令提示符 "mysql>" 后使用 mysqldump 命令可以实现数据库的备份与还原。（　　）

6．MySQL 的命令和函数不区分大小写，在 Linux/UNIX 系统平台下，数据库、数据表、用户名和密码也不区分大小写。（　　）

7. MariaDB 的目的是完全兼容 MySQL，包括 API 和命令行，使之能轻松成为 MySQL 的代替品，对于开发者来说，几乎感觉不到任何不同。（　　）

8. MariaDB 分支与最新的 MySQL 发布版本的分支保持一致性，例如 MariaDB 5.1.47 对应 MySQL 5.1.47。（　　）

三、选择题

1. 下列哪项（　　）可用于列出当前用户可以访问的所有的数据库。
   A．LIST DATABASES　　　　　　B．SHOW DATABASES
   C．DISPLAY DATABASES　　　　D．VIEW DATABASES

2. 以下哪个选项（　　）可以用来删除名为 world 的数据库。
   A．DELETE DATABASE world　　B．DROP DATABASE world
   C．REMOVE DATABASE world　　D．TRUNCATE DATABASE world

3. 下面的哪个命令（　　）可以用来列出数据表 City 中所有 COLUMNS 字段的值。
   A．DISPLAY COLUMNS FROM City　　B．SHOW COLUMNS FROM City
   C．SHOW COLUMNS LIKE 'City'　　　D．SHOW City COLUMNS

4. GCC 编译 C 语言程序时，所经历的正确次序是（　　）。
   A．预编译—汇编—连接—编译　　B．预编译—连接—汇编—编译
   C．预编译—编译—汇编—连接　　D．预编译—汇编—编译—连接

5. Makefile 及 make 的主要作用是（　　）。
   A．实现批处理编译　　　　　　B．可以编译多种语言程序
   C．使编译出的代码更紧凑　　　D．实现发编译

四、操作题

1. 在 Linux 系统下使用 VIM 编辑器编写一个 C 程序，计算 1～1000 的和，并用 GCC 编译器编译和调试。

2. 登录 MariaDB 数据库，然后在系统中创建数据库、创建表、在表中插入记录，并进行查询表的内容。将上述操作截屏并保存到 Word 文档中。

3. MariaDB 数据库的主机 IP 是 192.168.20.4，现在想新增加一个用户 jcak，使该用户可以在局域网中的任何主机上登录该数据库服务器，但只能对数据库 students 执行查询操作。写出能实现该功能的命令。

第 13 章

iptables 与 firewalld 防火墙

📖 学习目标

- ◆ 理解 Linux 系统防火墙的基本概念
- ◆ 掌握 iptables 命令的功能和使用
- ◆ 掌握 firewall-cmd 配置防火墙的方法
- ◆ 掌握 firewall-config 配置防火墙的方法
- ◆ 了解 tcp_wrappers 防火墙的工作原理
- ◆ 掌握 tcp_wrappers 防火墙的使用方法

📖 任务引导

红帽 RHEL7 系统已经用 firewalld 服务替代了 iptables 服务，使用新的防火墙管理命令 firewall-cmd 与图形化工具 firewall-config。对于学习过红帽 RHEL 6 系统的读者来讲，突然接触 firewalld 服务，可能会觉得新增 firewalld 服务是一次不小的改变，会比较抵触。但其实 iptables 服务与 firewalld 服务都不是真正的防火墙，它们只是用来定义防火墙规则的"防火墙管理工具"，定义好的规则由内核中的 netfilter（网络过滤器）来读取，从而真正实现防火墙功能，所以它们在配置规则的思路上其实是完全一致的。因此，无论使用 iptables 还是 firewalld 配置防火墙都是可以行的。本章基于数十个防火墙需求，使用规则策略完整演示对数据包的过滤、SNAT/SDAT 技术、端口转发以及负载均衡等实验，不只学习 iptables 命令与 firewalld 服务，还新增了 tcp_wrappers 防火墙服务内容，简单配置即可实现服务安全。

📖 任务实施

13.1 任务 1 使用 iptables 命令管理防火墙

13.1.1 子任务 1 切换至 iptables

在红帽 RHEL7 系统中，firewalld 服务取代了 iptables 服务，但依然可以使用 iptables 命令来管理内核的 netfilter。iptables 命令用于创建数据过滤与 NAT 规则，主流的 Linux 系统都会支持 iptables 命令，但其参数较多且规则策略相对比较复杂。

要使 Linux 系统成为网络防火墙除内核支持之外，还需要启动 Linux 的 IP 转发功能。若需要使系统启动时就具有该功能，可以将命令"echo 1 > /proc/sys/net/ipv4/ip_forword"写入到 /etc/rc.d/rc.local 文件中。在正式使用 iptables 之前，还需要将默认使用的 firewalld 停止，并让系统将 iptables 作为默认防火墙。

```
[root@rhel7 ~]# systemctl    |grep    fire                    //查询 firewalld 的当前状态
firewalld.service                    loaded active running    firewalld - dynamic firewall daemon
[root@rhel7 ~]# systemctl stop firewalld.service              //关闭并禁用 firewalld
[root@rhel7 ~]# systemctl disable firewalld.service
rm '/etc/systemd/system/dbus-org.fedoraproject.FirewallD1.service'
rm '/etc/systemd/system/basic.target.wants/firewalld.service'
[root@rhel7 ~]# systemctl    start    iptables.service        //启用并启动 iptables
[root@rhel7 ~]# systemctl    enable   iptables.service
ln -s '/usr/lib/systemd/system/iptables.service' '/etc/systemd/system/basic.target.wants/iptables.service'
[root@rhel7 ~]# systemctl    start    ip6tables.service //如果使用了 IPv6,还需启用并启动 ip6tables
[root@rhel7 ~]# systemctl    enable   ip6tables.service
ln -s '/usr/lib/systemd/system/ip6tables.service' '/etc/systemd/system/basic.target.wants/ip6tables.service'
[root@rhel7 ~]# systemctl    |grep    fire
ip6tables.service                    loaded active exited     IPv6 firewall with ip6tables
iptables.service                     loaded active exited     IPv4 firewall with iptables
```

iptables 配置文件说明：系统开机 iptables 会自动读取/etc/sysconfig/iptables 这个配置文件，也就是说，当你配置好防火墙没保存至该文件，系统重启后所有配置失效。iptables-save 命令将保存当前配置规则，用法为：iptables-save > /etc/sysconfig/iptables，将当前配置导入配置文件，重启生效。

13.1.2　子任务 2　了解规则、链与策略

在 iptables 命令中设置数据过滤或处理数据包的策略称为规则，将多个规则合成一个链。举例来说，小区门卫有两条规则，将这两条规则可以合成一个规则链：遇到外来车辆需要登记，严禁快递小哥进入社区。

但是光有策略还不能保证社区的安全，我们需要告诉门卫（iptables）这个策略（规则链）是作用于哪里的，并赋予安保人员可能的操作，如"允许"、"登记"、"拒绝"、"不理他"，对应到 iptables 命令中则常见的控制类型有：ACCEPT，允许通过；LOG，记录日志信息，然后传给下一条规则继续匹配；REJECT，拒绝通过，必要时会给出提示；DROP，直接丢弃，不给出任何回应。

其中 REJECT 和 DROP 的操作都是将数据包拒绝，但 REJECT 会再回复一条"您的信息我已收到，但被扔掉了"。可以使用 ping 命令进行测试。

```
[root@localhost ~]# ping   -c2   192.168.10.10        //测试 REJECT
PING 192.168.10.10 (192.168.10.10) 56(84) bytes of data.
From 192.168.10.10 icmp_seq=1 Destination Port Unreachable
From 192.168.10.10 icmp_seq=2 Destination Port Unreachable
--- 192.168.10.10 ping statistics ---
2 packets transmitted, 0 received, +2 errors, 100% packet loss, time 3002ms
[root@localhost ~]# ping   -c4   192.168.10.10        //测试 DROP
```

```
PING 192.168.10.10 (192.168.10.10) 56(84) bytes of data.

--- 192.168.10.10 ping statistics ---
4 packets transmitted, 0 received, 100% packet loss, time 3000ms
```

但如果是 DROP 则不予响应，而规则链则依据处理数据包的位置不同而进行如下分类。PREROUTING：在进行路由选择前处理数据包；INPUT：处理入站的数据包；OUTPUT：处理出站的数据包；FORWARD：处理转发的数据包；POSTROUTING：在进行路由选择后处理数据包。

iptables 中的规则表用于容纳规则链，规则表默认是允许状态的，那么规则链就是设置被禁止的规则；反之，如果规则表是禁止状态的，那么规则链就是设置被允许的规则。

raw 表：确定是否对该数据包进行状态跟踪，用的不多，不做叙说。
mangle 表：为数据包设置标记。
nat 表：修改数据包中的源、目标 IP 地址或端口。
filter 表：确定是否放行该数据包（过滤）。

规则表的先后顺序：raw→mangle→nat→filter。规则链的先后顺序：入站顺序，PREROUTING→INPUT；出站顺序，OUTPUT→POSTROUTING；转发顺序，PREROUTING→FORWARD→POSTROUTING。iptables 中规则表的匹配流程如图 13-1 所示。

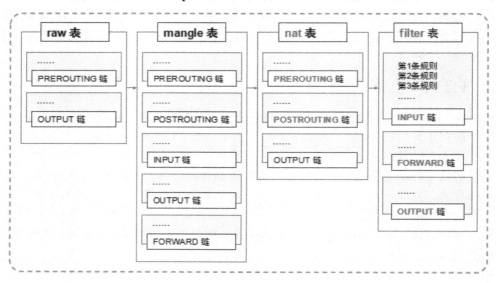

图 13-1　iptables 规则表的匹配流程

还有以下 3 点注意事项。
（1）没有指定规则表则默认指 filter 表。
（2）不指定规则链则指表内所有的规则链。
（3）在规则链中匹配规则时会依次检查，匹配即停止（LOG 规则例外），若没匹配项则按链的默认状态处理。

13.1.3 子任务 3 理解 iptables 命令的基本参数

iptables 命令用于管理防火墙的规则策略，格式为："iptables [-t 表名] 选项 [链名] [条件] [-j 控制类型]"。表 13-1 总结了常用的 iptables 参数，如果记不住也没关系，用时来查即可。iptables 命令执行后的规则策略仅当前生效，若想重启后依然保存规则要执行"service iptables save"命令。

表 13-1 iptables 命令常用参数及功能

参　数	作　用
-P	设置默认策略:iptables -P INPUT (DROP|ACCEPT)
-F	清空规则链
-L	查看规则链
-A	在规则链的末尾加入新规则
-I num	在规则链的头部加入新规则
-D num	删除某一条规则
-s	匹配来源地址 IP/MASK，加叹号"!"表示除这个 IP 外
-d	匹配目标地址
-i 网卡名称	匹配从这块网卡流入的数据
-o 网卡名称	匹配从这块网卡流出的数据
-p	匹配协议，如 tcp、udp、icmp
--dport num	匹配目标端口号
--sport num	匹配来源端口号

```
[root@rhel7 ~]# iptables  -L          //查看已有的规则
Chain INPUT (policy ACCEPT)
target              prot  opt  source          destination
ACCEPT              all   --   anywhere        anywhere        ctstate RELATED,ESTABLISHED
ACCEPT              all   --   anywhere        anywhere
INPUT_direct        all   --   anywhere        anywhere
INPUT_ZONES_SOURCE  all   --   anywhere        anywhere
INPUT_ZONES         all   --   anywhere        anywhere
ACCEPT              icmp  --   anywhere        anywhere
REJECT              all   --   anywhere        anywhere        reject-with icmp-host-prohibited

Chain FORWARD (policy ACCEPT)
target                    prot  opt  source        destination
ACCEPT                    all   --   anywhere      anywhere      ctstate RELATED,ESTABLISHED
ACCEPT                    all   --   anywhere      anywhere
FORWARD_direct            all   --   anywhere      anywhere
FORWARD_IN_ZONES_SOURCE   all   --   anywhere      anywhere
……                       ……
[root@rhel7 ~]# iptables  -F          //清空已有的规则
```

将 INPUT 链的默认策略设置为拒绝（DROP）：当 INPUT 链默认规则设置为拒绝时，我们需要写入允许的规则策略。这个动作的目地是当接收到数据包时，按顺序匹配所有的允许规则策略，当全部规则都不匹配时，拒绝这个数据包。

```
[root@rhel7 ~]# iptables  -P  INPUT  DROP
[root@rhel7 ~]# iptables  -I  INPUT  -p  icmp  -j  ACCEPT        //允许所有的 ping 操作
 [root@rhel7 ~]# iptables  -t  filter  -A  INPUT  -j  ACCEPT
//在 INPUT 链的末尾加入一条规则，允许所有未被其他规则匹配上的数据包：因为默认规则表就是 filter，所以其中的"-t filter"一般省略不写，效果是一样的
[root@rhel7 ~]# iptables  -D  INPUT  2                  //删除上面的那条规则
```

模拟训练 A: 仅允许来自于 192.168.10.0/24 域的用户连接本机的 SSH 服务。iptables 防火墙会按照顺序匹配规则，请一定要保证"**允许**"规则是在"**拒绝**"规则的上面。

[root@rhel7 ~]# iptables -I INPUT -s 192.168.10.0/24 -p tcp --dport 22 -j ACCEPT

[root@rhel7 ~]# iptables -A INPUT -p tcp --dport 22 -j REJECT

模拟训练 B: 不允许任何用户访问本机的 12345 端口。

[root@rhel7 ~]# iptables -I INPUT -p tcp --dport 12345 -j REJECT

[root@rhel7 ~]# iptables -I INPUT -p udp --dport 12345 -j REJECT

模拟实验 C: 拒绝其他用户从"eno16777736"网卡访问本机 http 服务的数据包。

[root@rhel7 ~]# iptables -I INPUT -i eno16777736 -p tcp --dport 80 -j REJECT

模拟训练 D: 禁止用户访问 www.my133t.org。

[root@rhel7 ~]# iptables -I FORWARD -d www.my133t.org -j DROP

模拟训练 E: 禁止 IP 地址是 192.168.10.10 的用户上网。

[root@rhel7 ~]# iptables -I FORWARD -s 192.168.10.10 -j DROP

13.1.4　子任务 4　区别 SNAT 与 DNAT

NAT（Net Address Trancelate）是将局域网里的内部地址，如 192.168.0.x，转换成公网（Internet）上合法的 IP 地址，如 202.202.12.11，以使内部地址能像有公网地址的主机一样上网。NAT 将自动修改 IP 报文的源 IP 地址和目的 IP 地址，IP 地址校验则在 NAT 处理过程中自动完成。有些应用程序将源 IP 地址嵌入到 IP 报文的数据部分中，所以还需要同时对报文的数据部分进行修改，以匹配 IP 头中已经修改过的源 IP 地址。否则，在报文数据部分嵌入 IP 地址的应用程序就不能正常工作。

iptables 利用 nat 表，将内网地址与外网地址进行转换完成内外网的通信。nat 表支持以下 3 种操作。

1. 源地址转换技术

SNAT（Source Network Address Translation）即源地址转换技术，是指在数据包从网卡发送出去时，把数据包中的源地址部分替换为指定的 IP，这样接收方就认为数据包的来源是被替换的那个 IP 的主机。SNAT 能够让多个内网用户通过一个外网地址上网，解决了 IP 资源匮乏的问题，确实很实用。

在使用了 SNAT 地址转换技术的情况下，服务器应答后先由网关服务器接收，网关服务器

接收后再分发给内网的用户主机，其工作流程如图 13-2 所示。

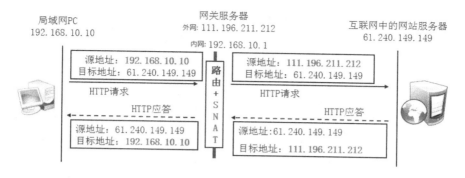

图 13-2 使用 SNAT 的 Web 工作流程

如果未使用 SNAT 技术，在网站服务器应答后响应包就无法回拥有私有 IP 地址 192.168.10.10 的这台主机，因此内网用户就无法正常浏览网页。

路由是按照目的地址来选择的，因此 DNAT 是在 PREROUTING 链上来进行的，而 SNAT 在数据包发送出去时才进行，只能在 POSTROUTING 链上使用。

现在需要将"192.168.10.0"网段的内网 IP 用户经过地址转换技术变成外网 IP 地址 "111.196.211.212"，这样一来内网 IP 用户就都可以通过这个外网 IP 上网了，使用 iptables 防火墙即可实现 SNAT 源地址转换，根据需求，命令格式如图 13-3 所示。

图 13-3 实现 SNAT 技术的 iptables 命令

2. 目地地址转换技术

DNAT（Destination Network Address Translation）即目的地址转换技术，是指数据包从网卡发送出去时，修改数据包中的目的 IP，表现为如果你想访问 A，可是因为网关做了 DNAT，把所有访问 A 的数据包的目的 IP 全部修改为 B，那么你实际上访问的是 B。DNAT 能够让外网 IP 用户访问局域网内不同的服务器，其工作流程如图 13-4 所示。

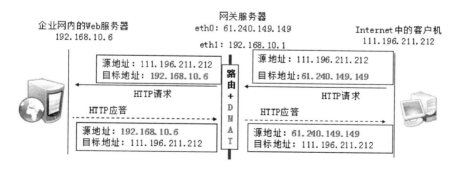

图 13-4 DNAT 的数据包转换过程

1）发布内网服务器

现在希望互联网中的客户机可以访问到内网"192.168.10.6"这台提供 Web 服务的主机，

只要在 Linux 网关系统上运行这条命令即可，如图 13-5 所示。

图 13-5 实现 DNAT 技术的 iptables 命令

2）实现负载均衡

利用 DNAT，将外部的访问流量分配到多台服务器上，减轻服务器的负担。比如学校有两台数据相同的 Web 服务器，IP 地址分别为 10.1.160.14 和 10.1.160.15，Linux 防火墙外部 IP 地址为 10.192.0.65/32。为了提高页面响应速度，需要对 Web 服务器进行优化。

```
[root@rhel7 ~]# iptables -t nat -A PREROUTING -d 10.192.0.65/32 -p tcp -m tcp --dport 8080 -m statistic --mode nth --every 2 --packet 0 -j DNAT --to-destination 10.1.160.14:8080
[root@rhel7 ~]# iptables -t nat -A POSTROUTING -d 10.1.160.14/32 -p tcp -m tcp --dport 8080 -j SNAT --to-source 10.192.0.65
[root@rhel7 ~]# iptables -t nat -A PREROUTING -d 10.192.0.65/32 -p tcp -m tcp --dport 8080 -m statistic --mode nth --every 1 --packet 0 -j DNAT --to-destination 10.1.160.15:8080
[root@rhel7 ~]# iptables -t nat -A POSTROUTING -d 10.1.160.15/32 -p tcp -m tcp --dport 8080 -j SNAT --to-source 10.192.0.65
```

原理解释：第一条使用 statistic 模块，模块的模式是 nth，--every 2 是每两个数据包，--packet 0 是第一个数据包；第二条 iptables rule 匹配时，第一条规则匹配上的数据已经被拿走，剩下的数据包重新计算。如果有计数器的话：奇数号数据包被第一条规则匹配，偶数号数据包被第二条规则匹配。

iptables 可以使用扩展模块来进行数据包的匹配，语法就是-m module_name，所以-m tcp 的意思是使用 tcp 扩展模块的功能（tcp 扩展模块提供了--dport、--tcp-flags、--sync 等功能）。其实只用-p tcp 的话，iptables 也会默认的使用-m tcp 来调用 tcp 模块提供的功能。但-p tcp 和-m tcp 是两个不同层面的东西，一个是说当前规则作用于 tcp 协议包，而另一个是说明要使用 iptables 的 tcp 模块的功能（--dport 等）。

注意，需要在 10.192.0.65/32 上打开 net.ipv4.ip_forward=1，修改/etc/sysctl.conf 文件，然后执行 sysctl -p 命令。

3．MASQUERADE

有一种 SNAT 的特殊情况是 IP 欺骗，也就是所谓的 MASQUERADE（动态伪装），通常建议在使用拨号上网时使用，或者在合法 IP 地址不固定时使用。说明：MASQUERADE 是特殊的过滤规则，它只能伪装从一个接口到另一个接口的数据；MASQUERADE 无须使用--to-source 指定转换的 IP 地址。

假如公司内部网络有 200 台计算机，网段为 192.168.10.0/24，并配有一台拨号主机，使用接口 ppp0 接入 Internet，所有客户机通过该主机访问互联网。这时，需要在拨号主机上进行设置，将 192.168.10.0/24 的内部地址转换为 ppp0 的公网地址。

```
[root@rhel7 ~]# iptables -t nat -A POSTROUTING  - o ppp0 -s 192.168.10.0/24 -j MASQUERADE
```

13.1.5 子任务 5 iptables 配置综合实例

1．配置基于主机的防火墙

假设某一台主机使用 RHEL 作为 Web 服务器，网卡 eth0 的 IP 地址为 192.168.1.100，现在需要配置该 Web 服务器能被客户端访问，并配置作为 DNS 客户端使它能通过域名访问因特网上的其他服务器。为了保证该机器能远程管理，还需要打开 SSH 服务。下面使用 iptables 逐步建立该主机的包过滤型防火墙。

（1）先清除主机的 iptables 规则。

```
[root@rhel7 ~]# iptables   -t filter   -F
```

（2）创建默认策略，使 INPUT、FORWORD 和 OUTPUT 链均丢弃没有明确允许的数据包。

```
[root@rhel7 ~]# iptables   -P   INPUT    DROP
[root@rhel7 ~]# iptables   -P   OUTPUT   DROP
[root@rhel7 ~]# iptables   -P   FORWARD  DROP
```

（3）允许来自客户端对服务器 SSH 服务的访问。

```
[root@rhel7 ~]# iptables   -A INPUT    -p tcp   -d 192.168.1.100   --dport 22   -j ACCEPT
[root@rhel7 ~]# iptables   -A OUTPUT   -p tcp   -s 192.168.1.100   --sport 22   -j ACCEPT
```

（4）允许来自客户端对服务器 http 服务的访问。

```
[root@rhel7 ~]# iptables   -A INPUT    -p tcp   -d 192.168.1.100   --dport 80   -j ACCEPT
[root@rhel7 ~]# iptables   -A OUTPUT   -p tcp   -s 192.168.1.100   --sport 80   -j ACCEPT
```

（5）允许服务器对 DNS 服务器 53 号端口的访问。

```
[root@rhel7 ~]# iptables   -A INPUT    -p udp   --dport 53   -j ACCEPT
[root@rhel7 ~]# iptables   -A OUTPUT   -p udp   --sport 53   -j ACCEPT
```

（6）允许服务器对本地回环地址 127.0.0.1 的访问。

```
[root@rhel7 ~]# iptables   -A   OUTPUT   -s 127.0.0.1   -d 127.0.0.1   -j ACCEPT
[root@rhel7 ~]# iptables   -A   INPUT    -s 127.0.0.1   -d 127.0.0.1   -j ACCEPT
```

（7）保存所有配置并查看所配置的规则。

```
[root@rhel7 ~]# iptables -L  -n  --line-numbers
[root@rhel7 ~]# service  iptables  save
```

2．配置基于网络的防火墙

假设某单位的网络结构如图 13-6 所示，图中 eth0 为 219.128.252.240，eth1 为 61.142.248.254。该网络中的所有服务器所用到的 IP 地址均为注册了的公用 IP 地址，故不需要 IP 伪装，它们的地址分别 Web：61.142.248.30/24，FTP：61.142.248.31/24，E-mail：61.142.248.32/24。内网网段的 IP 地址为：192.168.1.0/24。

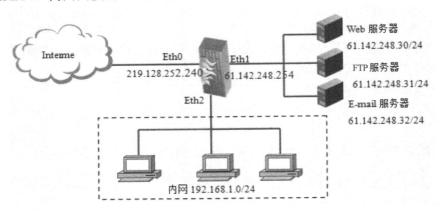

图 13-6　网络结构图

（1）先清除所有的链规则。

```
[root@rhel7 ~]# iptables   -F
```

（2）创建默认策略，使 INPUT、FORWORD 和 OUTPUT 链均丢弃没有明确允许的数据包。

```
[root@rhel7 ~]# iptables  -P  INPUT   DROP
[root@rhel7 ~]# iptables  -P  FORWARD  DROP
[root@rhel7 ~]# iptables  -P  OUTPUT  DROP
```

（3）允许到 Web、Ftp 和 E-mail 服务器的数据包通过防火墙。

```
[root@rhel7 ~]# iptables  -A FORWARD  -p tcp  -d 61.142.248.30  --dport 80   -j ACCEPT
[root@rhel7 ~]# iptables  -A FORWARD  -p tcp  -d 61.142.248.31  --dport 21   -j ACCEPT
[root@rhel7 ~]# iptables  -A FORWARD  -p tcp  -d 61.142.248.31  --dport 20   -j ACCEPT
[root@rhel7 ~]# iptables  -A FORWARD  -p tcp  -d 61.142.248.32  --dport 25   -j ACCEPT
[root@rhel7 ~]# iptables  -A FORWARD  -p tcp  -d 61.142.248.32  --dport 110  -j ACCEPT
```

（4）禁止 Internet 上的用户 ping 防火墙的 eth0 接口。

```
[root@rhel7 ~]# iptables  -A  INPUT   -i eth0  -p icmp  -j DROP
```

（5）打开 Linux 系统内核的路由功能允许防火墙转发包。

```
[root@rhel7 ~]# echo 1 > /proc/sys/net/ipv4/ip_forword
```

（6）保存所有配置并查看所配置的规则。

```
[root@rhel7 ~]# iptables   -L   -n   --line-numbers
[root@rhel7 ~]# service   iptables   save
```

13.2 任务 2 使用 Firewalld 工具管理防火墙

Firewalld 服务是红帽 RHEL7 系统中默认的防火墙管理工具，其特点是拥有运行时配置与永久配置选项且能够支持动态更新不需要重启服务，以及"zone"的区域功能概念，使用图形化工具 firewall-config 或文本管理工具 firewall-cmd。

13.2.1 子任务 1 了解区域的概念与作用

防火墙的网络区域定义了网络连接的可信等级，可以根据不同场景来调用不同的 firewalld 区域，常用的区域规则如表 13-2 所示。

表 13-2 firewalld 区域和区域规则

区 域	默认规则策略
trusted	允许所有的数据包
home	拒绝流入的数据包，除非与输出流量数据包相关或是 ssh、mdns、ipp-client、samba-client 与 dhcpv6-client 服务则允许
internal	等同于 home 区域
work	拒绝流入的数据包，除非与输出流量数据包相关或是 ssh、ipp-client 与 dhcpv6-client 服务则允许
public	拒绝流入的数据包，除非与输出流量数据包相关或是 ssh、dhcpv6-client 服务则允许
external	拒绝流入的数据包，除非与输出流量数据包相关或是 ssh 服务则允许
dmz	拒绝流入的数据包，除非与输出流量数据包相关或是 ssh 服务则允许
block	拒绝流入的数据包，除非与输出流量数据包相关
drop	拒绝流入的数据包，除非与输出流量数据包相关

简单来讲就是为用户预先准备了几套规则集合，我们可以根据场景的不同选择合适的规矩集合，而默认区域是 public。

13.2.2 子任务 2 了解字符管理工具

如果想要更高效地配置妥当防火墙，那么就一定要学习字符管理工具 firewall-cmd 命令，该命令参数及其功能如表 13-3 所示。

表 13-3 firewall-cmd 命令常用参数及其功能

参 数	作 用
--get-default-zone	查询默认的区域名称
--set-default-zone=<区域名称>	设置默认的区域，永久生效
--get-zones	显示可用的区域
--get-services	显示预先定义的服务
--get-active-zones	显示当前正在使用的区域与网卡名称

续表

参　数	作　用
--add-source=	将来源于此 IP 或子网的流量导向指定的区域
--remove-source=	不再将此 IP 或子网的流量导向某个指定区域
--add-interface=<网卡名称>	将来自于该网卡的所有流量都导向某个指定区域
--change-interface=<网卡名称>	将某个网卡与区域做关联
--list-all	显示当前区域的网卡配置参数、资源、端口以及服务等信息
--list-all-zones	显示所有区域的网卡配置参数、资源、端口以及服务等信息
--add-service=<服务名>	设置默认区域允许该服务的流量
--add-port=<端口号/协议>	允许默认区域允许该端口的流量
--remove-service=<服务名>	设置默认区域不再允许该服务的流量
--remove-port=<端口号/协议>	允许默认区域不再允许该端口的流量
--reload	让"永久生效"的配置规则立即生效，覆盖当前的

特别需要注意的是，firewalld 服务有两份规则策略配置记录，必须能够区分：RunTime——当前正在生效的；Permanent——永久生效的。当修改的是永久生效的策略记录时，必须执行"-reload"参数后才能立即生效，否则要重启后再生效。

```
//查看当前的区域
[root@rhel7 ~]# firewall-cmd --get-default-zone
public
//查询 eno16777728 网卡的区域
[root@rhel7 ~]# firewall-cmd --get-zone-of-interface=eno16777728
public
//在 public 中分别查询 ssh 与 http 服务是否被允许
[root@rhel7 ~]# firewall-cmd --zone=public --query-service=ssh
yes
[root@rhel7 ~]# firewall-cmd --zone=public --query-service=http
no
//设置默认规则为 dmz
[root@rhel7 ~]# firewall-cmd --set-default-zone=dmz
//让"永久生效"的配置文件立即生效
[root@rhel7 ~]# firewall-cmd --reload
success
```

启动/关闭应急状况模式，阻断所有网络连接：应急状况模式启动后会禁止所有的网络连接，一切服务的请求也都会被拒绝，请慎用。

```
[root@rhel7 ~]# firewall-cmd --panic-on
success
[root@rhel7 ~]# firewall-cmd --panic-off
success
```

端口转发功能可以将原本到某端口的数据包转发到其他端口：firewall-cmd --permanent --zone=<区域> --add-forward-port=port=<源端口号>:proto=<协议>:toport=<目标端口号>:toaddr=<目标 IP 地址>。

```
//将访问 192.168.10.10 主机 888 端口的请求转发至 22 端口
[root@rhel7 ~]# firewall-cmd --permanent --zone=public --add-forward-port=port=888:proto=tcp:toport=22:toaddr=192.168.10.10
success
//使用客户机的 ssh 命令访问 192.168.10.10 主机的 888 端口
[root@rhel7 ~]# ssh -p 888 192.168.10.10
The authenticity of host '[192.168.10.10]:888 ([192.168.10.10]:888)' can't be established.
ECDSA key fingerprint is b8:25:88:89:5c:05:b6:dd:ef:76:63:ff:1a:54:02:1a.
Are you sure you want to continue connecting (yes/no)? yes
Warning: Permanently added '[192.168.10.10]:888' (ECDSA) to the list of known hosts.
root@192.168.10.10's password:
Last login: Sun Jul 19 21:43:48 2017 from 192.168.10.10
```

如果已经能够完全理解上面练习中 firewall-cmd 命令的参数作用，不妨来尝试完成下面的模拟训练。再次提示，请仔细琢磨立即生效与重启后依然生效的差别，千万不要修改错了。

模拟训练 A：允许 https 服务流量通过 public 区域，要求立即生效且永久有效。

方法一：分别设置当前生效与永久有效的规则记录。

```
[root@rhel7 ~]# firewall-cmd --zone=public --add-service=https
[root@rhel7 ~]# firewall-cmd --permanent --zone=public --add-service=https
```

方法二：设置永久生效的规则记录后读取记录。

```
[root@rhel7 ~]# firewall-cmd --permanent --zone=public --add-service=https
[root@rhel7 ~]# firewall-cmd --reload
```

模拟训练 B：不再允许 http 服务流量通过 public 区域，要求立即生效且永久生效。

```
[root@rhel7 ~]# firewall-cmd --permanent --zone=public --remove-service=http
success
```

使用参数"-reload"让永久生效的配置文件立即生效。

```
[root@rhel7 ~]# firewall-cmd --reload
success
```

模拟训练 C：允许 8080 与 8081 端口流量通过 public 区域，立即生效且永久生效。

```
[root@rhel7 ~]# firewall-cmd --permanent --zone=public --add-port=8080-8081/tcp
[root@rhel7 ~]# firewall-cmd --reload
```

模拟训练 D：查看模拟训练 C 中要求加入的端口操作是否成功。

```
[root@rhel7 ~]# firewall-cmd --zone=public --list-ports
8080-8081/tcp
[root@rhel7 ~]# firewall-cmd --permanent --zone=public --list-ports
8080-8081/tcp
```

模拟实验 E：将 eno16777728 网卡的区域修改为 external，重启后生效。

[root@rhel7 ~]# firewall-cmd --permanent --zone=external --change-interface= eno16777728
　uccess
[root@rhel7 ~]# firewall-cmd --get-zone-of-interface=eno16777728
public
模拟实验 F：设置富规则，拒绝 192.168.10.0/24 网段的用户访问 SSH 服务。
firewalld 服务的富规则用于对服务、端口、协议进行更加详细的配置，规则的优先级最高。
[root@rhel7 ~]# firewall-cmd --permanent --zone=public --add-rich-rule="rule family="ipv4" source address="192.168.10.0/24" service name="ssh" reject"
　Success

13.2.3　子任务 3　使用图形管理工具

执行 firewall-config 命令即可看到 firewalld 的防火墙图形化管理工具。firewall-config 支持防火墙的所有特性，可以完成很多复杂的工作。管理员可以用它来改变系统或用户策略。通过 firewall-config，用户可以配置防火墙允许通过的服务、端口、伪装、端口转发，以及 ICMP 过滤器和调整 zone（区域）设置等功能，以使防火墙设置更加自由、安全和强健。firewall-config 工作界面如图 13-7 所示。

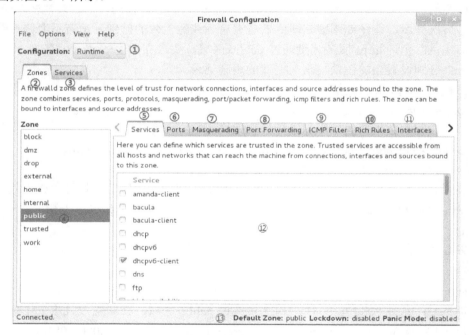

图 13-7　防火墙图形化管理工具

firewall-config 工作界面分为三部分：上面是主菜单；中间是配置选项卡；下面是区域、服务、ICMP 端口、白名单等设置选项卡，以及最底部的状态栏，分别描述如下。

（1）选择"立即生效"或"重启后生效配置"。
（2）区域列表。
（3）服务列表。
（4）当前选中的区域。

（5）被选中区域的服务。
（6）被选中区域的端口。
（7）被选中区域的伪装。
（8）被选中区域的端口转发。
（9）被选中区域的 ICMP 包。
（10）被选中区域的富规则。
（11）被选中区域的网卡设备。
（12）被选中区域的服务，前面有"√"的表示允许。
（13）firewalld 防火墙的状态。

firewall-config "配置"选项卡包括：运行时和永久。运行时（Runtime）：运行时配置为当前使用的配置规则。运行时配置并非永久有效，在重新加载时可以被恢复，而系统或服务重启、停止时，这些选项将会丢失。永久（Permanent）：永久配置规则在系统或者服务重启时使用。永久配置存储在配置文件中，每次机器重启或服务重启、重新加载时将自动恢复。

firewall-config "区域"选项卡是一个主要设置界面定义了连接的可信程度。firewalld 提供了几种预定义的区域。这里的区域是服务、端口、协议、伪装、ICMP 过滤等组合的意思。区域可以绑定到接口和源地址。服务子选项卡定义哪些区域的服务是可信的。可信的服务可以绑定该区的任意连接、接口和源地址。

在左下方角落寻找"已连接"字符，这标志着 firewall-config 工具已经连接到用户区后台程序 firewalld。注意，ICMP 类型、直接配置（Direct Configuration）和锁定白名单（Lockdown Whitlist）标签只在从查看下拉菜单中选择之后才能看见。状态栏显示 4 个信息：从左到右依次是连接状态、默认区域、锁定状态、应急模式。应急模式：应急模式意味着丢弃所有的数据包。下面是几个具体的防火墙配置的例子。

（1）允许其他主机访问 http 服务，当前有效，如图 13-8 所示。

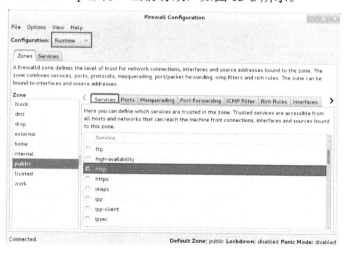

图 13-8　firewall-config 例子 1

（2）开启伪装功能，重启后依然生效，如图 13-9 所示。firewalld 防火墙的伪装功能实际就是 SNAT 技术，即让内网用户不必在公网中暴露自己的真实 IP 地址。

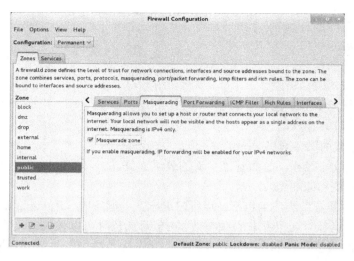

图 13-9　firewall-config 例子 2

（3）仅允许 192.168.10.20 主机访问本机的 1234 端口，仅当前生效，如图 13-10 所示。

富规则代表着更细致、更详细的规则策略，针对某个服务、主机地址、端口号等选项的规则策略，优先级最高。

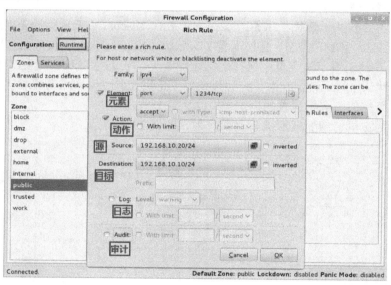

图 13-10　firewall-config 例子 3

firewall-config 图形管理工具非常实用，很多原本复杂的长命令被用图形化按钮替代，设置规则也变得简单了，所以有必要讲清配置防火墙的原则——只要能实现需求的功能，无论用文本管理工具还是图形管理工具都是可以的。

13.3 任务 3 使用 tcp_wrappers 防火墙

13.3.1 子任务 1 tcp_wrappers 概述

1. tcp_Wrappers 工作原理

Linux 系统默认都安装了 tcp_wrappers。作为一个安全的系统，Linux 系统本身有两层安全防火墙，通过 IP 过滤机制的 iptables 实现第一层防护。iptables 防火墙通过直观地监视系统的运行状况，阻挡网络中的一些恶意攻击，保护整个系统正常运行，免遭攻击和破坏。如果通过了第一层防护，那么下一层防护就是 tcp_wrappers 了。

tcp_wrappers 是一个工作在应用层的安全工具，它只能针对某些具体的应用或服务起到一定的防护作用。比如说，SSH、telnet、FTP 等服务的请求，都会先受到 tcp_wrappers 的拦截。tcp_wrappers 有一个 TCP 的守护进程称为 tcpd。以 telnet 为例，每当有 telnet 的连接请求时，tcpd 即会截获请求，先读取系统管理员所设置的访问控制文件，合乎要求，则会把这次连接原封不动地转给真正的 telnet 进程，由 telnet 完成后续工作；如果这次连接发起的 IP 不符合访问控制文件中的设置，则会中断连接请求，拒绝提供 telnet 服务。

2. tcp_wrappers 防火墙的局限性

系统中的某个服务是否可以使用 tcp_wrappers 防火墙，取决于该服务是否应用了 libwrapped 库文件，如果应用了就可以使用 tcp_wrappers 防火墙。系统中默认的一些服务，如 sshd、portmap、sendmail、xinetd、vsftpd、tcpd 等都可以使用 tcp_wrappers 防火墙。

13.3.2 子任务 2 安装与配置 tcp_wrappers

1. tcp_wrappers 安装

查看系统是否安装了 tcp_wrappers。如果有下面的类似输出，表示系统已经安装了 tcp_wrappers 模块。如果没有显示，可能是没有安装，可以从 Linux 系统安装盘找到对应 RPM 包进行安装，也可以使用 "yum install tcp_wrappers" 进行安装。

```
[root@rhel7 ~]# rpm  -qa | grep tcp
tcpdump-4.5.1-2.el7.x86_64
tcp_wrappers-libs-7.6-77.el7.x86_64
tcp_wrappers-7.6-77.el7.x86_64
```

2. tcp_wrappers 配置

tcp_wrappers 防火墙的实现是通过/etc/hosts.allow 和/etc/hosts.deny 两个文件来完成的，首先看一下设定的格式：service:host(s) [:action]。

service：代表服务名，如 sshd、vsftpd、sendmail 等。
host(s)：主机名或者 IP 地址，可以有多个，如 192.168.12.0、www.zzidc.com。
action：动作，符合条件后所采取的动作。
配置文件中常用的关键字有：ALL，所有服务或者所有 IP；ALL EXCEPT，所有的服务或者所有 IP 除去指定的。例如，ALL:ALL EXCEPT 192.168.12.189，表示除了 192.168.12.189 这台机器，任何机器执行所有服务时或被允许或被拒绝。

了解了设定语法后，下面就可以对服务进行访问限定的。例如，互联网上一台 Linux 服务器，实现的目标是：仅仅允许 222.61.58.88、61.186.232.58 以及域名 www.zzidc.com 通过 SSH 服务远程登录到系统，下面介绍具体的设置过程。

首先设定允许登录的计算机，即配置/etc/hosts.allow 文件，设置很简单，只要修改 /etc/hosts.allow，如果没有此文件，请自行建立这个文件，只要将下面规则加入/etc/hosts.allow 即可。

```
sshd: 222.61.58.88
sshd: 61.186.232.58
sshd: www.zzidc.com
```

接着设置不允许登录的机器，也就是设置/etc/hosts.deny 文件。一般情况下，Linux 系统会首先判断/etc/hosts.allow 这个文件，如果远程登录的计算机满足文件/etc/hosts.allow 设定，就不会去使用/etc/hosts.deny 文件了；相反，如果不满足 hosts.allow 文件设定的规则，就会去使用 hosts.deny 文件了，如果满足 hosts.deny 的规则，此主机就被限制为不可访问 Linux 系统服务器，如果也不满足 hosts.deny 的设定，此主机默认是可以访问 Linux 系统服务器的。因此，当设定好/etc/hosts.allow 文件访问规则之后，只要设置/etc/hosts.deny 为"所有计算机都不能登录状态"：sshd:ALL，这样一个简单的 tcp_wrappers 防火墙就设置完毕了。

```
sshd:ALL
```

13.4 思考与练习

一、填空题

1．在红帽 RHEL 7 系统中，＿＿＿＿＿服务取代了 iptables 服务，但依然可以使用 iptables 命令来管理内核的 netfilter。

2．在 iptables 命令中设置数据过滤或处理数据包的策略称为＿＿＿＿，将多个规则合成一个＿＿＿＿。

3．作为一个安全的系统，Linux 系统本身有两层安全防火墙，通过 IP 过滤机制的实现第一层防护。如果通过了第一层防护，那么下一层防护就是应用层的＿＿＿＿＿了。

4．Netfilter 提供一系列的表（table），每个表由若干＿＿＿＿组成，而每条链中可以由一条或数条＿＿＿＿组成。它可以和其他模块（如 iptables 模块和 nat 模块）结合起来实现＿＿＿＿的功能。

5．iptable 通常使用＿＿＿＿和＿＿＿＿来表示接收或直接丢弃数据包。

6．iptable 包含 3 个表＿＿＿＿、＿＿＿＿和＿＿＿＿。

二、判断题

1．iptables 是从 ipchains 发展而来的，提供了比 ipchains 更快的运行速度和更好的稳定性。（   ）
2．链就是规则的集合，每一条链中只能有一条规则，用来指定数据在网络中的传输路径。（   ）
3．iptable 中的内置链无法删除。（   ）
4．iptable 没有提供一次性删除表中的所有规则的方法。（   ）
5．iptable 中的动作选项 REJECT 用来表示拦截数据包，并回传一个数据包告诉对方。

三、选择题

1．命令"iptables-save >/etc/sysconfig/iptables"的作用是（   ）。
  A．保存 iptables 的规则   B．添加规则到 iptables
  C．更新 iptables 的规则   D．查看 iptables 的配置
2．使用 iptables 命令在所选链的尾部加入一条规则，必须使用的选项是（   ）。
  A．-A   B．-D
  C．-L   D．-R
3．在以下命令中，能够用于删除链的是（   ）。
  A．iptables -N mychain1 B．iptables -L mychain1
  C．iptables -X mychain1 D．iptables -X INPUT
4．用来进行封包过滤处理的动作一般有（   ）。
  A．DROP   B．ACCEPT
  C．REJECT   D．以上都是

四、简答题

1．iptables 利用 nat 表，将内网地址与外网地址进行转换完成内外网的通信。nat 表支持哪 3 种操作？这 3 种操作有什么区别？
2．客户机发送邮件时需要访问邮件服务器的 TCP25 端口，接收邮件时可能使用的端口比较多，有 UDP 协议及 TCP 协议的端口：110、143、993 和 995。执行哪些命令才可以允许内网主机通过这些端口收发邮件？
3．如何禁止来自 192.168.10.0/24 网段的用户使用 QQ 程序？
4．在 filter 表的 INPUT 链中插入一条规则，位置在第 2 条规则之前，用来禁止 192.168.92.0 子网的所有主机访问 TCP 协议的 80 端口。
5．iptables 可以配置为有状态的防火墙或者配置为静态防火墙，请网上查资料了解如何才能将 iptables 配置为有状态的防火墙？有状态的防火墙是如何处理 Web 数据包的？

第 14 章

Apache 服务器配置与管理

学习目标

- 了解常用的 Web 服务软硬件平台
- 掌握 Apache 服务器的安装和启停控制
- 理解 Apache 服务器的配置文件
- 掌握 Apache 访问控制和用户授权
- 理解 SELinux 对 Apache 服务的影响
- 掌握 Apache 虚拟主机的配置方法

任务引导

Apache 是世界使用排名第一的 Web 服务器软件。它可以运行在几乎所有广泛使用的计算机平台上,由于其跨平台和安全性被广泛使用,是最流行的 Web 服务器端软件之一。它快速、可靠并且可通过简单的 API 扩充,将 Perl/Python 等解释器编译到服务器中。同时,Apache 音译为阿帕奇,是北美印第安人的一个部落,称阿帕奇族,在美国的西南部,这也是一个基金会的名称、一种武装直升机等。本章主要介绍 Apache 服务器的配置、使用与管理,也介绍了如何在技术上增强 Web 网站的安全性。

任务实施

14.1 任务1 选择 Web 服务软/硬件平台

14.1.1 子任务1 选择网站服务程序

Web 网络服务也称 WWW(World Wide Web),一般是指能够让用户通过浏览器访问到互联网中文档等资源的服务。目前提供 Web 网络服务的程序有 Apache、Nginx 或 IIS 等,Web 网站服务是被动程序,即只有接收到互联网中其他计算机发出的请求后才会响应,然后 Web 服务器才会使用 HTTP(超文本传输协议)或 HTTPS(超文本安全传输协议)将指定文件传送到客户机的浏览器上。

1. IIS

IIS 即 Internet Information Services,是 Windows 系统中默认 Web 服务程序,这是一款图形化的网站管理工具,不仅能提供 Web 网站服务,还能提供 FTP、NMTP、SMTP 等服务功能,但只能在 Windows 系统中使用。

2．nginx

nginx——最初于 2004 年 10 月 4 日为俄罗斯知名门户站点而开发的，作为一款轻量级的网站服务软件，因其稳定性和丰富的功能而深受信赖，但最被认可的是低系统资源、占用内存少且并发能力强，目前国内如新浪、网易、腾讯等门户站均使用。

3．Apache

Apache——取自美国印第安人土著语 Apache，寓意着拥有高超的作战策略和无穷的耐性，由于其跨平台和安全性广泛被认可且拥有快速、可靠、简单的 API 扩展。目前拥有很高的 Web 服务软件市场占用率，全球使用最多的 Web 服务软件，开源、跨平台（可运行于 UNIX、Linux、Windows 中）。

- 支持基于 IP 或域名的虚拟主机。
- 支持多种方式的 HTTP 认证。
- 集成代理服务器模块。
- 安全 Socket 层（SSL）。
- 能够实时见识服务状态与定制日志。
- 多种模块的支持。

4．Tomcat

Tomcat——属于轻量级的 Web 服务软件，一般用于开发和调试 JSP 代码，通常认为 Tomcat 是 Apache 的扩展程序。

总体来说，Nginx 程序作为 Web 服务软件届的后起之秀已经通过自身的努力与优势赢得了大批站长的信赖，不得不说真的很好！但是 Apache 程序作为老牌的 Web 服务软件因其卓越的稳定性与安全性成为了红帽 RHEL7 系统中默认的网站服务软件，同样也是红帽 RHCSA 与 RHCE 考试认证中避不开的考题。

14.1.2 子任务 2 选购服务器主机

网站是由域名、网页源程序和主机空间组成的，其中主机空间则是用于存放网页源代码并能够将网页内容展示给用户，虽然如下内容与 Apache 服务没有直接关系，但如果想要在互联网中搭建网站并被顺利访问，主机空间一定不能选错。常见的主机空间包括虚拟主机、VPS、云服务器与独立服务器。有必要提醒读者，选择主机空间供应商时请一定要注意看口碑，综合分析再决定购买，某些供应商会有限制功能、强制添加广告、隐藏扣费，或者强制扣费等恶劣行为，一定不要上当。

1．虚拟主机

虚拟主机：在一台服务器中分出一定的磁盘空间供用户放置网站、存放数据等，仅提供基础的网站访问、数据存放与传输流量功能，能够极大地降低用户费用，也几乎不需要管理员维护除网站数据以外的服务，适合小型网站。

2. VPS

VPS（Virtual Private Server）：在一台服务器中利用 OpenVZ、Xen 或 KVM 等虚拟化技术模拟出多个"主机"，每个主机都有独立的 IP 地址、操作系统，实现不同 VPS 之间磁盘空间、内存、CPU 资源、进程与系统配置间的完全隔离，管理员可自由使用分配到的主机中的所有资源，所以需要有一定的维护系统的能力，适合小型网站。

3. ECS

云服务器（ECS）是一种整合了计算、存储、网络，能够做到弹性伸缩的计算服务，其使用起来与 VPS 几乎一样，但差别是云服务器建立在一组集群服务器中，每个服务器都会保存一个主机的镜像（备份），大大提升了安全稳定性，另外，它还具备了灵活性与扩展性，用户只要按使用量付费即可，适合大中小型网站。

4. 独立服务器

这台服务器仅提供给单一用户使用，详细来讲又可以分为租用方式与托管方式。

租用方式：用户需要将硬件配置要求告知 IDC 服务商，服务器硬件设备由机房负责维护，运维管理员一般需要自行安装相应的软件并部署网站服务，租期可以为月、季、年，减轻了用户初期对硬件设备的投入，适合大中型网站。

托管方式：用户需要自行购置服务器后交给 IDC 服务供应商的机房进行管理，缴纳管理服务费用，用户对服务器硬件配置有完全的控制权，自主性强，但需要自行维护、修理服务器硬件设备，适合大中型网站。

14.2 任务 2 安装与配置 Apache 服务

14.2.1 子任务 1 安装和启停 Apache 服务器

可以使用源代码方式安装 Apache 服务器，安装过程见 8.4.1 节，也可以使用 yum 在线安装。Apache 服务器安装后的启停管理和测试见 8.4.2 节。

```
[root@rhel7 ~]# yum    -y    install    httpd
```

一般来说，Apache 服务器有如下默认的重要文件。主配置文件：/etc/httpd/conf/httpd.conf；根文档目录：/var/www/html；访问日志文件：/var/log/httpd/acces_log；错误日志文件：/var/log/httpd/error_log；Apache 模块存放路径：/usr/lib/httpd/modules；等等。

使用命令"httpd   -V"可以查看编译配置参数，命令"httpd   -l"可以查看已经被编译的模块。

```
[root@linux7 ~]# httpd    -V
AH00557: httpd: apr_sockaddr_info_get() failed for linux7.cqcet.edu.cn
AH00558: httpd: Could not reliably determine the server's fully qualified domain name, using 127.0.0.1. Set the 'ServerName' directive globally to suppress this message
Server version: Apache/2.4.6 (Red Hat)
```

```
Server built:      Mar 20 2014 07:15:44
Server's Module Magic Number: 20120211:23
Server loaded:     APR 1.4.8, APR-UTIL 1.5.2
Compiled using: APR 1.4.8, APR-UTIL 1.5.2
Architecture:      64-bit
Server MPM:        prefork
  threaded:        no
    forked:        yes (variable process count)
Server compiled with....
 -D APR_HAS_SENDFILE
 -D APR_HAS_MMAP
 -D APR_HAVE_IPV6 (IPv4-mapped addresses enabled)
 -D APR_USE_SYSVSEM_SERIALIZE
 -D APR_USE_PTHREAD_SERIALIZE
 -D SINGLE_LISTEN_UNSERIALIZED_ACCEPT
 -D APR_HAS_OTHER_CHILD
 -D AP_HAVE_RELIABLE_PIPED_LOGS
 -D DYNAMIC_MODULE_LIMIT=256
 -D HTTPD_ROOT="/etc/httpd"
 -D SUEXEC_BIN="/usr/sbin/suexec"
 -D DEFAULT_PIDLOG="/run/httpd/httpd.pid"
 -D DEFAULT_SCOREBOARD="logs/apache_runtime_status"
 -D DEFAULT_ERRORLOG="logs/error_log"
 -D AP_TYPES_CONFIG_FILE="conf/mime.types"
 -D SERVER_CONFIG_FILE="conf/httpd.conf"
[root@linux7 ~]# httpd   -l
Compiled in modules:
  core.c
  mod_so.c
  http_core.c
```

```
[root@linux7 ~]# apachectl   status
httpd.service - The Apache HTTP Server
   Loaded: loaded (/usr/lib/systemd/system/httpd.service; disabled)
   Active: inactive (dead)
[root@linux7 ~]# apachectl   start
[root@linux7 ~]# ps -ef |grep httpd
root      6366     1  0 10:26 ?    00:00:01 /usr/sbin/httpd -DFOREGROUND
root      6367  6366  0 10:26 ?    00:00:00 /usr/libexec/nss_pcache 393219 off /etc/httpd/alias
apache    6368  6366  0 10:26 ?    00:00:00 /usr/sbin/httpd -DFOREGROUND
apache    6369  6366  0 10:26 ?    00:00:00 /usr/sbin/httpd -DFOREGROUND
apache    6370  6366  0 10:26 ?    00:00:00 /usr/sbin/httpd -DFOREGROUND
```

```
apache    6371   6366   0  10:26   ?      00:00:00 /usr/sbin/httpd -DFOREGROUND
apache    6372   6366   0  10:26   ?      00:00:00 /usr/sbin/httpd -DFOREGROUND
root      11664  10658  0  11:59   pts/2  00:00:00 grep --color=auto httpd
```

默认的网站数据是存放在/var/www/html 目录中的，首页名称是 index.html，使用 echo 命令将指定的字符写入网站数据目录的 index.html 文件中，替换到默认页面。打开浏览器，输入http://127.0.0.1，可以看到如图 14-1 所示的默认网站修改后的主页面。

```
[root@linux7 ~]# echo "Welcome To CQCET.EDU.CN" > /var/www/html/index.html
```

图 14-1 测试 Apache 成功

14.2.2 子任务 2 详解 Apache 的配置文件

Apache 服务器的主配置文件是/etc/httpd/conf/httpd.conf，8.4.1 节通过源码方式安装的 httpd 服务，其配置文件并没有在/etc 的下面，而是在指定的安装目录/usr/local/httpd/下。默认配置文件的内容和结构如下所示，读者看到的是已经将部分注释行删除的内容。

配置文件中的内容分为注释行和服务器配置命令行。行首有"#"的即为注释行，注释不能出现在指令的后边，除了注释行和空行外，服务器会认为其他的行都是配置命令行。配置文件中的指令不区分大小写，但指令的参数通常是对大小写敏感的。对于较长的配置命令，行末可使用反斜杠"\"换行，但反斜杠与下一行之间不能有任何其他字符（包括空白）。

```
[root@linux7 ~]# more    /etc/httpd/conf/httpd.conf
ServerRoot    "/etc/httpd"
#Listen 12.34.56.78:80
Listen 80
Include    conf.modules.d/*.conf
User    apache
Group    apache

//Apache 主服务器的配置
ServerAdmin    root@localhost
#ServerName    www.example.com:80

//设置 Apache 服务器的根目录访问权限
<Directory />
```

```
    AllowOverride   none
    Require   all   denied
</Directory>

DocumentRoot    "/var/www/html"

//设置 Apache 服务器中/var/www 目录访问权限
<Directory    "/var/www">
    AllowOverride   None
    # Allow   open   access:
    Require   all   granted
</Directory>

//设置 Apache 服务器中存放网页内容的根目录/var/www/html 访问权限
<Directory    "/var/www/html">
    Options   Indexes   FollowSymLinks
    AllowOverride   None
    Require   all   granted
</Directory>

//按照 DirectoryIndex 制定的顺序搜索网站首页文件
<IfModule dir_module>
    DirectoryIndex   index.html
</IfModule>

//拒绝访问以.ht 开头的文件，保证.htaccess 不被访问
<Files ".ht*">
    Require   all   denied
</Files>

//定义错误日志的路径、名字和级别
ErrorLog    "logs/error_log"
LogLevel    warn

//定义记录日志的格式
<IfModule   log_config_module>
    LogFormat "%h %l %u %t \"%r\" %>s %b \"%{Referer}i\" \"%{User-Agent}i\"" combined
    LogFormat "%h %l %u %t \"%r\" %>s %b" common

    <IfModule logio_module>
    LogFormat "%h %l %u %t \"%r\" %>s %b \"%{Referer}i\" \"%{User-Agent}i\" %I %O" combinedio
```

```
    </IfModule>

//设置访问日志的记录格式以及访问日志存放位置
    #CustomLog "logs/access_log" common
    CustomLog "logs/access_log" combined
</IfModule>

//设置 CGI 目录（/var/www/cgi-bin/）的访问别名
<IfModule alias_module>
    # Alias /webpath /full/filesystem/path
    ScriptAlias /cgi-bin/ "/var/www/cgi-bin/"
</IfModule>

//设置 CGI 目录（/var/www/cgi-bin/）的访问权限
<Directory "/var/www/cgi-bin">
    AllowOverride None
    Options None
    Require all granted
</Directory>

<IfModule mime_module>
    TypesConfig /etc/mime.types
//添加新的 MIME 类型
    #AddType application/x-gzip .tgz
    #AddEncoding x-compress .Z
    #AddEncoding x-gzip .gz .tgz
    AddType application/x-compress .Z
    AddType application/x-gzip .gz .tgz
//设置 Apache 对某些扩展名的处理方式
    #AddHandler cgi-script .cgi
    #AddHandler type-map var
    AddType text/html .shtml
//使用过滤器执行 SSI
    AddOutputFilter INCLUDES .shtml
</IfModule>

//设置默认字符集
AddDefaultCharset    UTF-8

//设置存放 Mime 类型的 Magic 文件的路径
<IfModule mime_magic_module>
```

```
        MIMEMagicFile conf/magic
</IfModule>

//设置当用户在浏览 Web 页面发生错误时所显示的错误信息
#ErrorDocument 500 "The server made a boo boo."
#ErrorDocument 404 /missing.html
#ErrorDocument 404 "/cgi-bin/missing_handler.pl"
#ErrorDocument 402 http://www.example.com/subscription_info.html

//MMAP 和 Sendfile 功能启停
#EnableMMAP    off
EnableSendfile    on

//设置补充配置
IncludeOptional    conf.d/*.conf
```

整个配置文件总体上划分为 3 部分（Section）：第 1 部分为全局环境设置；第 2 部分是主服务器的配置；第 3 部分创建虚拟主机。

1．全局环境设置

可以添加或修改的全局环境设置参数。

1）ServerRoot   "/etc/httpd"

所谓 ServerRoot 是指整个 Apache 目录结构的最上层，在此目录下可包含服务器的配置、错误和日志等文件。如果安装时使用 rpm 版本的方式，则默认目录是/etc/httpd，一般不需要修改。注意，这里不能在目录路径的后面加上斜线（/）。如果从源代码安装则为/usr/local/httpd，在配置文件中所指定的资源，有许多是相对于 ServerRoot 的。

2）Listen

Listen 命令告诉服务器接受来自指定端口或者指定地址的某端口的请求。如果 Listen 仅指定了端口，则服务器会监听本机的所有地址；如果指定了地址和端口，则服务器只监听来自该地址和端口的请求。

利用多个 Listen 指令，可以指定要监听的多个地址和端口，比如在使用虚拟主机时，对不同的 IP、主机名和端口需要做出不同的响应，此时就必须明确指出要监听的地址和端口。其命令用法为："Listen   [IP 地址]:端口号"。

3）User 和 Group

User 用于设置服务器以哪种用户身份来响应客户端的请求。Group 用于设置将由哪一个组来响应用户的请求。当用 root 的身份启动 Apache 服务器进程 httpd 后，系统将自动将该进程的用户组和权限改为这两个选项设置的用户和组权限进行运行，这样就降低了服务器的危险性。因此，User 和 Group 是 Apache 安全的保证，千万不要把 User 和 Group 设置为 root。

以前 UNIX/Linux 系统上的守护进程（Daemon）都是以 root 权限启动的，当时这似乎是一件理所当然的事情，因为像 Apache 这样的服务器软件需要绑定到"众所周知"的端口上（小于 1024）来监听客户端的请求，而 root 是唯一有这种权限的用户。随着攻击者活动的日益频繁，尤其是缓冲区溢出漏洞数量的激增，使服务器安全受到了更大的威胁。一旦某个网络服务存在漏洞，攻击者就能够访问并控制整个系统。因此为了减缓这种攻击所带来的负面影响，现在服务器软件通常设计为以 root 权限启动，然后服务器进程自行放弃 root，再以某个低权限的系统账号来运行进程。这种方式的好处在于一旦该服务被攻击者利用漏洞入侵，由于进程权限很低，攻击者得到的访问权限又是基于这个较低权限的，对系统造成的危害比以前减轻了许多。

2．主服务器设置

1）ServerName   www.example.com:80

设置服务器用于辨识自己的主机名和端口号，该设置仅用于重定向和虚拟主机的识别。命令用法为："ServerName   主机名[:端口号]"。如果没有主机名，也可以使用 IP 地址。

2）ServerAdmin   root@localhost

用于设置 Web 站点管理员的 E-mail 地址。当服务器产生错误时（如指定的网页找不到），服务器返回给客户端的错误信息中将包含该邮件地址，以告诉用户该向谁报告错误。其命令用法为："ServerAdmin   E-mail 地址"。

3）DocumentRoot   "/var/www/html"

用于设置 Web 服务器的站点根目录，其命令用法为："DocumentRoot   目录路径名"。注意，目录路径名的最后不能加 "/"，否则将会发生错误。

4）DirectoryIndex   index.html

用于设置站点主页文件的搜索顺序，各文件间用空格分隔。例如，要将主页文件的搜索顺序设置为 index.php、index.htm、default.htm，则配置命令为："DirectoryIndex index.php index.htm default.htm"。

5）Options   Indexes   FollowSymLinks

Indexes 表示在目录中找不到 DirectoryIndex 列表中指定的主页文件就生成当前目录的文件列表；FollowSymLinks 表示允许通过符号连接访问不在本目录内的文件。

6）LogLevel   warn

设置要记录的错误日志的等级。

7）ErrorLog   "logs/error_log"

设置错误日志的存放的路径和名字。

8）CustomLog   "logs/access_log"   combined

设置访问日志的存放的路径和名字。

9）AddDefaultCharset   UTF-8

用于指定默认的字符集为 UTF-8。因为此编码对国际语言的支持更好，所以即使为中文站点，也推荐使用 UTF-8。对含有中文字符的网页，若网页中没有指定字符集则在浏览器中显示时可能会出现乱码。

10）Options   Indexes   FollowSymLinks

Options 命令控制在特定目录中将使用哪些服务器特性，通常用在<Directory>容器中，其命令用法为 "Options 功能选项列表"。可用的选项及功能如表 14-1 所示。对于 Linux 系统的根目录和 Web 站点根目录的访问控制，通常可设置为以下形式。

表 14-1　Options 命令可用的选项

选　　项	功　能　描　述
None	不启用任何额外特性
All	除 Multiviews 之外的所有特性，默认设置
ExecCGI	允许执行 CGI 脚本
FollowSymLinks	服务器允许在此目录中使用符号连接，在<Location>字段中无效
Includes	允许服务器端包含 SSI（Server-side includes）
IncludesNOEXEC	允许服务器端包含，但禁用＃exec 和＃exe CGI 命令，但仍可以从 ScriptAliase 目录使用＃include 虚拟 CGI 脚本
Indexes	如果一个映射到目录的 URL 被请求，而此目录中没有 DirectoryIndex（如 index.html），那么服务器会返回一个格式化后的目录列表
MultiViews	允许内容协商的多重视图
SymLinksIfOwnerMatch	服务器仅在符号连接与其目的目录或文件拥有者具有同样的用户 ID 时才使用它

3．虚拟主机设置

这里所谓虚拟主机，是指在一台物理的服务器上可以同时设置多个 Apache 站点。这样可以节约硬件资源，降低资源成本。Apache 的虚拟主机有 3 种实现方式：基于端口、基于 IP 地址和基于域名。下面是在 httpd.conf 配置文件中可以添加或修改的虚拟主机设置参数。

1）NameVirtualHost　*:80
设置基于域名的虚拟主机。

2）ServerAdmin　webmaster@dummy-host.example.com
设置虚拟主机管理员的电子邮件地址。

3）DocumentRoot　"/www/docs/ dummy-host.example.com"
设置虚拟主机跟文档目录。

4）ServerName　dummy-host.example.com
设置虚拟主机的名字和端口号。

5）ErrorLog　"logs/dummy-host.example.com-error_log"
设置虚拟主机的错误日志。

6）CustomLog　"logs/dummy-host.example.com-access_log"　common
设置虚拟主机的访问日志。

备注：也可以在/etc/httpd/conf.d/目录中创建以.conf 结尾的文件，来使用上述虚拟主机配置指令。

14.2.3　子任务 3　设置服务器日志控制指令

Apache 服务器的日志文件有错误日志和访问日志两种，当服务器在运行过程中，用户在客户端访问 Web 网站时都会记录下来。日志对于 Web 站点必不可少，它记录着服务器处理的所有请求、运行状态和一些错误或警告等信息。要了解服务器上发生了什么，就必须检查日志文件，虽然日志文件只记录已经发生的事件，但它会让管理员知道服务器遭受的攻击，并有助于判断当前系统是否提供了足够的安全保护等级。

当运行 Apache 服务器时生成两个标准的日志文件：access_log 和 error_log。当然，如果使用 SSL 服务的话，还可能存在 ssl_access_log、ssl_error_log 和 ssl_request_log 三种日志文件。另外，值得注意的是，上述几种日志文件如果长度过大，还可能生成注入 access_log.1、error_log.2 等的额外文件，其格式与含义与上述几种文件相同，只不过系统自动为其进行命名而已。

在这几个文件中，除了 error_log 和 ssl_error_log 之外，都由 httpd.conf 文件中 CustomLog 和 LogFormat 指令指定的格式生成。使用 LogFormat 指令可以定义新的日志文件格式。

1）ErrorLog

用于指定服务器存放错误日志文件的位置和文件名，默认设置为："ErrorLog logs/error_log"。此处的相对路径是相对于 ServerRoot 目录的路径。

在 error_log 日志文件中，记录了 Apache 守护进程 httpd 发出的诊断信息和服务器在处理请求时所产生的出错信息。在 Apache 服务器出现故障时，可以查看该文件以了解出错的原因。错误日志中的每一条记录都是这样的格式："日期和时间　错误等级　导致错误的 IP 地址　错误信息"。

2）LogLevel

用于设置记录在错误日志中的信息的数量，其中可能出现的记录等级依照重要性升序排列分别是：debug（由运行于 debug 模式的程序所产生）、info（值得报告的一般信息）、notice（需要引起注意）、warn（警告，第 5 个等级）、error（除 crit、alert 和 emerg 之外的错误）、crit（危险的警告）、alert（需要立即引起注意的情况）和 emerg（紧急情况，如宕机，第 1 个等级）。

当指定了某个特定级别后，所有级别高于它的信息也将被记录在日志文件中。配置文件中的默认配置级别为 warn，该等级将记录 1~5 等级的所有错误信息。级别可根据需要进行调整，设置过低，将会导致日志文件的急剧增大。

3）LogFormat

此选项用来定义"CustomLog"指令中使用的格式名称，以下是系统默认的格式，可以直接使用这些默认值。访问日志的参数及含义如表 14-2 所示。

```
[root@linux7 ~]# grep    LogFormat    /etc/httpd/conf/httpd.conf
    LogFormat "%h %l %u %t \"%r\" %>s %b \"%{Referer}i\" \"%{User-Agent}i\"" combined
    LogFormat "%h %l %u %t \"%r\" %>s %b" common
    LogFormat "%h %l %u %t \"%r\" %>s %b \"%{Referer}i\" \"%{User-Agent}i\" %I %O" combinedio
```

表 14-2　访问日志的参数

参数	作用
%h	访问 Web 网站的客户端 IP 地址
%l	从 identd 服务器中获取的远程登录名称
%u	来自于认证的远程用户
%t	连接的日期和时间
%r	HTTP 请求的首行信息
%>s	服务器返回给客户端的状态代码
%b	传送的字节数

续表

参　数	作　用
%{Referer}i	发给服务器的请求头信息
%{User-Agent}i	客户机使用的浏览器信息
%I	接收的字节数，包括请求头的数据，且不能为零。该指令必须启用 mod_logio 模块
%O	发送的字节数，包括请求头的数据，且不能为零。该指令必须启用 mod_logio 模块

（1）通用日志格式（Common Log Format）。

它定义了一种特定的记录格式字符串，并给它起了个别名叫 common，其中的"%"指示服务器用某种信息替换，其他字符则不进行替换。引号（"）必须加反斜杠转义，以避免被解释为字符串的结束。格式字符串还可以包含特殊的控制符，如换行符"n"、制表符"t"。通用日志格式（CLF）的记录格式，它被许多不同的 Web 服务器所采用，并被许多日志分析程序所识别，它产生的记录形如：

127.0.0.1 - frank [10/Oct/2000:13:55:36 -0700] "GET /apache_pb.gif HTTP/1.0" 200 2326

（2）组合日志格式（Combined Log Format）。

这种格式与通用日志格式类似，但是多了两个%{header}i 项，其中的 header 可以是任何请求头。这种格式的记录形如：

127.0.0.1 - frank [10/Oct/2000:13:55:36 -0700] "GET /apache_pb.gif HTTP/1.0" 200 2326 "http://www.example.com/start.html" "Mozilla/4.08 [en] (Win98; I ;Nav)"

其中，多出来的项是："http://www.example.com/start.html"（"%{Referer}i"）。"Referer"请求头，此项指明了该请求是被从哪个网页提交过来的，这个网页应该包含/apache_pb.gif 或者其连接。"Mozilla/4.08 [en] (Win98; I ;Nav)"（"%{User-agent}i"）。"User-agent"请求头，此项是客户端提供的浏览器识别信息。

4）CustomLog

此选项可以用来设置记录文件的位置和格式，默认值是："CustomLog logs/access_log combined"。

5）PidFile

用于指定存放 httpd 主（父）进程号的文件名，便于停止服务，默认值是："PidFile run/httpd.pid"。

14.2.4　子任务4　设置服务器性能控制指令

一般情况下，每个 HTTP 请求和响应都使用一个单独的 TCP 连接，服务器每次接受一个请求时，都会打开一个 TCP 连接并在请求结束后关闭该连接。若能对多个处理重复使用同一个连接，则可减小打开 TCP 连接和关闭 TCP 连接的负担，从而提高服务器的性能。

1. Timeout

用于设置连接请求超时的时间，单位为秒。默认设置值为 300，超过该时间，连接将断开。若网速较慢，可适当调大该值。

2. KeepAlive

用于启用持续的连接或者禁用持续的连接。其命令用法是:"KeepAlive on|off",配置文件中的默认设置为 KeepAlive on。

3. MaxKeepAliveRequests

用于设置在一个持续连接期间允许的最大 HTTP 请求数目。若设置为 0,则没有限制;默认设置为 100,可以适当加大该值,以提高服务器的性能。

4. KeepAliveTimeout

用于设置在关闭 TCP 连接之前,等待后续请求的秒数。一旦接受请求建立了 TCP 连接,就开始计时,若超出该设定值还没有接收到后续的请求,则该 TCP 连接将被断开。默认设置为 10 秒。

5. 控制 Apache 进程

对于使用 prefork 多道处理模块(MPM)的 Apache 服务器,对进程的控制可在 prefork.c 模块中进行设置或修改。配置文件的默认设置为:

```
<IfModule prefork.c>
StartServers          8
MinSpareServers       5
MaxSpareServers      20
MaxClients          150
MaxRequestsPerChild 1000
</IfModule>
```

在配置文件中,属于特定模块的指令要用<IfModule>指令包含起来,使之有条件地生效。<IfModule prefork.c>表示如果 prefork.c 模块存在,则在<IfModule prefork.c>与</IfModule>之间的配置指令将被执行,否则不会被执行。下面分别介绍各配置项的功能。

1) StartServers

StartServers 用于设置服务器启动时启动的子进程的个数。

2) MinSpareServers

MinSpareServers 用于设置服务器中空闲子进程(没有 HTTP 处理请求的子进程)数目的下限。若空闲子进程数目小于该设置值,父进程就会以极快的速度生成子进程。

3) MaxSPareServers

MaxSPareServers 用于设置服务器中空闲子进程数目的上限。若空闲子进程超过该设置值,则父进程就会停止多余的子进程。一般只有在站点非常繁忙的情况下,才有必要调大该设置值。

4) MaxClient

MaxClient 用于设置服务器允许连接的最大客户数,默认值为 150,该值也限制了 httpd 子进程的最大数目,可根据需要进行更改,比如更改为 500。

5) MaxRequestsPerChild

MaxRequestsPerChild 用于设置子进程所能处理请求的数目上限。当到达上限后,该子进程就会停止。若设置为 0,则不受限制,子进程将一直工作下去。

14.2.5 子任务 5 设置服务器标识控制指令

默认情况下，系统会把 Apache 版本模块都显示出来（http 返回头）。通过分析 Web 服务器的类型，大致可以推测出操作系统的类型，如 Windows 使用 IIS 来提供 HTTP 服务，而 Linux 中最常见的是 Apache。

默认的 Apache 配置里没有任何信息保护机制，并且允许目录浏览。通过目录浏览，通常可以获得类似"Apache/1.3.27 Server at apache.linuxforum.net Port 80"或"Apache/2.0.49 (Unix) PHP/4.3.8"的信息。通常，软件的漏洞信息和特定版本是相关的，因此，版本号对黑客来说是最有价值的。

1. ServerSignature

这个指令用来配置服务器端生成文档的页脚（错误信息、mod_proxy 的 FTP 目录列表、mod_info 的输出）。使用该指令来启用这个页脚主要在于处于一个代理服务器链中的时候，用户基本无法辨识究竟是链中的哪个服务器真正产生了返回的错误信息。

http.conf 中该指令默认是 Off，这样就没有错误行；使用 On 会简单地增加一行关于服务器版本和正在提供服务的 ServerName；使用 E-mail 设置不仅会简单增加的一行关于服务器版本和正在提供服务的 ServerName，还会额外创建一个指向 ServerAdmin 的 mailto:部分。例如，使用 ServerSignature 后，在没有打开 Web 页面时会出现如图 14-2 所示的信息。对于 2.0.44 以后的版本，显示详细的服务器版本号将由 ServerTokens 指令控制。

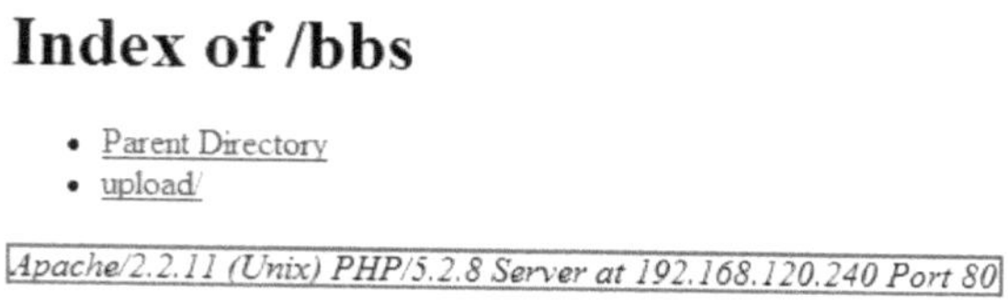

Index of /bbs

- Parent Directory
- upload/

Apache/2.2.11 (Unix) PHP/5.2.8 Server at 192.168.120.240 Port 80

图 14-2 ServerSignature 信息

2. ServerTokens

ServerTokens 指令的语法：ServerTokens Major | Minor | Min[imal] | Prod[uctOnly] | OS | Full。这个指令用来控制服务器回应给客户端的"Server:"应答头是否包含关于服务器操作系统类型和编译进的模块描述信息。此设置将施用于整个服务器，而且不能在虚拟主机的管理层次上予以启用或禁用。注意，在使用 ServerTokens 指令时要先启用 ServerSignature 指令。

Red Hat 系列操作系统在主配置文件中提供全局默认控制值 OS 为 ServerTokens OS，而 Debian 系列操作系统则默认为 Full，即 ServerTokens Full。它们将向客户端公开操作系统信息和相关敏感信息，所以在保证安全的情况下需要在该选项后使用"Product Only"，即 ServerTokens ProductOnly。

设置为 ServerTokens Prod[uctOnly]，服务器会发送：Apache Server at 192.168.120.240 Port 80；设置为 ServerTokens Major，服务器会发送：Apache/2 Server at 192.168.120.240 Port 80；设置为 ServerTokens Minor，服务器会发送：Apache/2.2 Server at 192.168.120.240 Port 80；设置为 ServerTokens Min[imal]，服务器会发送：Apache/2.2.11 Server at 192.168.120.240 Port 80；设置为 ServerTokens OS，服务器会发送 Apache/2.2.11(Unix) Server at 192.168.120.240 Port 80；设置为 ServerTokens Full (or not specified)，服务器会发送：Apache/2.2.11(Unix) PHP/5.2.8 Server at 192.168.120.240 Port 80。

14.3 任务3 Apache访问控制和用户授权

14.3.1 子任务1 设置容器与访问控制指令

1. 容器配置指令

容器配置指令通常用于封装一组指令，使其在容器条件成立时有效，或者用于改变指令的作用域。容器指令通常成对出现，具有以下格式特点：

<容器名 参数>

</容器名>

例如：

<IfModule mod_ssl.c>

Include   conf/ssl.conf

</IfModule>

<ifModule>容器用于判断指定的模块是否存在，若存在（被静态地编译进服务器，或是被动态地装载进服务器），则包含于其中的指令将有效，否则会被忽略。此处的配置指令的含义是：若mod_ssl.c模块存在，则用Include指令，将conf/ssl.conf配置文件包含进当前的配置文件中。

<IfModule>容器可以嵌套使用。若要使模块不存在时所包含的指令有效，只要在模块名前加一个"!"即可。比如配置文件中的以下配置：

<IfModule ! mpm_winnt.c>

<IfModule ! mpm_netware.c>

User   nobody

</IfModule>

</IfModule>

除了<IfModule>容器外，Apache还提供了<nrectory>、<Files>、<Location>、<VirtualHost>等容器指令。其中，<VirtualHost>用于定义虚拟主机；<Directory>、<Files>、<Location>等容器指令主要用来封装一组指令，使指令的作用域限制在容器指定的目录、文件或某个以URL开始的地址。在容器中，通过使用访问控制指令可实现对这些目录、文件或URL地址的访问控制。

2. 访问控制配置指令

在Apache 2.2版本中，访问控制是基于客户端的主机名、IP地址及客户端请求中的其他特征，使用Order（排序），Allow（允许），Deny（拒绝），Satisfy（满足）指令来实现的。在Apache 2.4版本中，使用mod_authz_host这个新的模块，来实现访问控制，其他授权检查也以同样的方式来完成。

旧的访问控制语句应当被新的授权认证机制所取代，即便Apache已经提供了mod_access_compat这一新模块来兼容旧语句。在Apache2.4服务器中可以使用如表14-3所示的指令配置访问控制。

表 14-3 访问控制指令

指令	描述
Require all granted/denied	允许/拒绝所有来源访问
Require ip [IP 地址]	允许特定 IP 地址访问。可以是完整 IP 地址（192.68.0.5）、部分 IP 地址（192.68.0）或网络地址（192.68.0.0/255.255.255.0）
Require not ip [IP 地址]	不允许特定 IP 地址访问
Require local	允许本地访问
Require host [域名]	允许特定域名的主机访问。可以是特定域内所有主机（sh.com），也可以是完全合格域名（www.sh.com）
Require not host [域名]	不允许特定域名的主机访问

3．访问控制配置实例

（1）只是不允许有完全合格的域名为 rhel.sh.com 的客户端访问 Web 网站。

```
<Directory    "/var/www/html">
    Options   Indexes   FollowSymLinks
    AllowOverride   None
<RequireAll>
Require   all   granted
Require   not   host   rhel.sh.com
</ RequireAll >
</Directory>
```

（2）只允许特定的几个 IP 网段和域的客户端能访问 Web 网站。

```
<Directory    "/var/www/html">
    Options   Indexes   FollowSymLinks
    AllowOverride   None
Require   all   denied
Require   ip 10 172.20 192.168.2        #允许特定 IP 段访问，多个段之前用空格隔开
Require   ip 192.168.0.0/24
Require host   splaybow.com   #允许来自域名 splaybow.com 的主机访问
</Directory>
```

14.3.2 子任务 2 用户认证和授权

在 Apache 服务器中有基本认证和摘要认证两种认证类型。一般来说，使用摘要认证要比基本认证更加安全，但是因为有些浏览器不支持使用摘要认证，所以在大多数情况下用户只能使用基本认证。

1．认证配置指令

所有的认证配置指令既可以在主配置文件的 Directory 容器中出现，也可以在 ./htaccess 文

件中出现，表 14-4 列出了所有可以使用的认证配置指令。

表 14-4 访问控制指令

指 令 语 法	描 述
AuthName 领域名称	定义受保护领域的名称
AuthType Basic 或 Digest	定义使用的认证方式
AuthUserFile 文件名	定义认证口令文件位置
AuthGroupFile 文件名	定义认证组文件位置

2．授权

使用认证配置指令配置认证后，需要使用 Require 指令为制定的用户和组进行授权。该指令的使用格式如表 14-5 所示。

表 14-5 Require 指令的使用格式

指 令 语 法	描 述
Require user 用户名[用户名]	给指定的一个或多个用户授权
Require grout 组名[组名]	给指定的一个或多个组授权
Require valid-user	给认证口令文件中的所有用户授权

3．认证域授权实例

按照以下步骤为 Apache 服务器中的/var/www/html/test 目录设置用户认证和授权。

（1）创建访问目录。

```
[root@linux7 ~]# mkdir   /var/www/html/liteng
```

（2）创建口令文件并添加用户。

```
[root@linux7 ~]# mkdir   /var/www/password
[root@linux7 ~]# htpasswd -c /var/www/password/sh   liteng
New password:
Re-type new password:
Adding password for user liteng              //不需要在系统中创建用户 liteng
[root@linux7 ~]# chown   apache:apache   /var/www/password/sh
[root@linux7 ~]# ll   /var/www/password/sh
-rw-r--r--.  1  apache apache 45   11 月  12 15:19   /var/www/password/sh
```

（3）在/etc/httpd/conf/httpd.conf 文件中添加授权。

```
<Directory   "/var/www/html/liteng">
AllowOverride   None
AuthType   basic
AuthName   "sh"
```

```
        AuthUserFile    /var/www/password/sh
            Require valid-user
        </Directory>
```

（4）重新启动 httpd 服务。

```
[root@linux7 ~]# systemctl    restart    httpd.service
```

（5）客户端测试。

在客户端浏览器中输入网址，会出现如图 14-3 所示的认证对话框，需要输入用户名 liteng 和密码 123456，才能成功访问。

图 14-3 用户认证和授权

14.4 任务 4 使用强制访问控制安全子系统

14.4.1 子任务 1 设置新的网站发布目录

要想将网站数据放在/home/wwwroot 目录，该如何操作呢？

1．修改 httpd.conf 配置文件

使用 VIM 编辑器编辑 Apache 服务程序的主配置文件"vim /etc/httpd/conf/httpd.conf"，如图 14-4 所示，将 119 行的 DocumentRoot 参数修改为"/home/wwwroot"，再把在 123 行的"/var/www"修改为"/home/wwwroot"。

```
119 #DocumentRoot "/var/www/html"
120 DocumentRoot "/home/wwwroot"
121 #
122 # Relax access to content within /var/www.
123 #
124 <Directory "/var/www">
125     AllowOverride None
126     # Allow open access:
127     Require all granted
128 </Directory>
129
130 <Directory "/home/wwwroot">
131     AllowOverride None
132     # Allow open access:
133     Require all granted
134 </Directory>
```

图 14-4 修改 http.conf 配置文件

2. 创建网站发布目录和首页

[root@linux7 ~]# mkdir /home/wwwroot

[root@linux7 ~]# echo "The New Web Directory" > /home/wwwroot/index.html

3. 重新启动 Apache 服务并测试新网站

执行命令"systemctl restart httpd",重新启动 Apache 服务。再打开浏览器看下效果,依然是输入 http://127.0.0.1。但为什么会是默认页面?只有首页页面不存在或有问题才会显示 Apache 服务程序的默认页面。那么进一步访问"http://127.0.0.1/index.html",怎么样?访问页面的行为是被禁止的,如图 14-5 所示。我们的操作与刚刚的前面的实验一样,但这次的访问行为为什么会被禁止呢?这就要先了解 SElinux。

图 14-5 新网站被禁止访问

4. 关闭 SELinux 并重新测试新网站

[root@linux7 ~]# getenforce   //查询下当前的 SELinux 服务状态
Enforcing   //SELinux 模式当前设为强制模式
[root@linux7 ~]# setenforce
usage: setenforce [Enforcing | Permissive | 1 | 0]
[root@linux7 ~]# setenforce 0   //临时将 SELinux 模式设为宽容模式

打开浏览器,再输入 http://127.0.0.1,成功了,如图 14-6 所示。

图 14-6 新网站可以访问

14.4.2 子任务 2 开启 SELinux 并设置策略

开启 SELinux 服务后,在访问新目录里的网站时浏览器会报错:"禁止,你没有访问

index.html 文件的权限",那如何开启 SELinux 的允许策略呢？

1. SELinux 简介

SELinux 全称为 Security-Enhanced Linux，是美国国家安全局在 Linux 社区帮助下开发的一个强制访问控制的安全子系统，SELinux 属于强制访问控制（Mandatory Access Control，MAC）——让系统中的各个服务进程都受到约束，仅能访问到所需要的文件。不得不说国内很多运维人员对 SELinux 的理解不深，导致该功能在很多服务器中直接被禁用。在理解了 SELinux 的工作原理后，在配置网络服务器时就不用再关闭 SELinux 了，而是需要探索在实现特定功能的基础上，怎样对 SELinux 做最小限度的修改。使用 SELinux 可以将 Linux 操作系统的安全级别从 C2 提升到 B1。

模式一：enforcing——安全策略强制启用模式，将会拦截服务的不合法请求。
模式二：permissive——遇到服务越权访问只会发出警告而不强制拦截。
模式三：disabled——对于越权的行为不警告，也不拦截。

有时关闭 SELinux 后确实能够减少报错概率，但这极其不推荐。为了确保 SELinux 服务是默认启用的，需要修改其配置文件"/etc/selinux/config"，设置 SELINUX=enforcing。

```
[root@linux7 ~]# more    /etc/selinux/config    |grep -v '#' |grep -v  ^$
SELINUX=enforcing
SELINUXTYPE=targeted
```

在/etc/selinux/config 配置文件里，还有一个值：SELINUXTYPE=targeted。通过改变变量 SELINUXTYPE 的值实现修改策略，targeted 代表仅针对预制的几种网络服务和访问请求使用 SELinux 保护，mls 代表所有网络服务和访问请求都要经过 SELinux。RHEL7 默认设置为 targeted，包含了对几乎所有常见网络服务的 SELinux 策略配置，已经默认安装并且可以无须修改直接使用。

2. 允许 SELinux 策略

SELinux 策略包括域和安全上下文。SELinux 域：对进程资源进行限制（查看方式：ps -Z），SELinux 安全上下文：对系统资源进行限制（查看方式：ls -Z）。使用"ls -Z"命令检查新旧网站数据目录的 SELinux 安全上下文有何不同。

```
[root@linux7 ~]# ls    -Zd   /var/www/html/
drwxr-xr-x.  root   root   system_u:object_r:httpd_sys_content_t:s0   /var/www/html/
[root@linux7 ~]# ls   -Zd   /home/wwwroot/
drwxr-xr-x.  root   root   unconfined_u:object_r:home_root_t:s0   /home/wwwroot/
```

SELinux 安全上下文是由冒号间隔的四个字段组成的，以原始网站数据目录的安全上下文为例分析。用户段：root 表示 root 账户身份，user_u 表示普通用户身份，system_u 表示系统进程身份。角色段：object_r 是文件目录角色，system_r 是一般进程角色。类型段：进程和文件都有一个类型用于限制存取权限。

解决办法就是将当前网站目录"/home/wwwroot"的安全上下文修改成 system_u:object_r: httpd_sys_content_t: s0 即可。

semanage fcontext 命令是用来查询与修改 SELinux 默认目录的安全上下文。该命令的语法："semanage {login|user|port|interface|fcontext|translation} -l"或"semanage fcontext -{a|d|m} [-frst] file_spec"。该命令的常用选项及功能如表 14-6 所示。

表 14-6 semanage 命令常用选项及功能

参数	作用
-l, --list	List the OBJECTS.
-a, --add	Add a OBJECT record NAME.
-m, --modify	Modify a OBJECT record NAME.
-d, --delete	Delete a OBJECT record NAME..
-t, --type	SELinux Type for the object.
-f, --ftype	File Type. This is used with fcontext. Requires a file type as shown in the mode field by ls, e.g. use -d to match only directories or -- to match only regular files.
-s, --seuser	SELinux user name.
-r, --range	MLS/MCS Security Range (MLS/MCS Systems only).

```
[root@linux7 ~]# semanage fcontext -l  |more
(SELinux fcontext              类型              上下文)
/                              directory        system_u:object_r:root_t:s0
/.*                            all files        system_u:object_r:default_t:s0
/[^/]+                         regular file     system_u:object_r:etc_runtime_t:s0
/\.autofsck                    regular file     system_u:object_r:etc_runtime_t:s0
/\.autorelabel                 regular file     system_u:object_r:etc_runtime_t:s0
/\.ismount-test-file           regular file     system_u:object_r:sosreport_tmp_t:s0
/\.journal                     all files        <<None>>
/\.suspended                   regular file     system_u:object_r:etc_runtime_t:s0
/a?quota\.(user|group)         regular file     system_u:object_r:quota_db_t:s0
/afs                           directory        system_u:object_r:mnt_t:s0
/bacula(/.*)?                  all files        system_u:object_r:bacula_store_t:s0
/bin                           all files        system_u:object_r:bin_t:s0
/bin/.*                        all files        system_u:object_r:bin_t:s0
……                             ……
```

restorecon 命令用于恢复 SELinux 文件安全上下文，格式为："restorecon [选项] [文件]"。该命令常用到的选项及功能如表 14-7 所示。

表 14-7 restorecon 命令常用的选项及功能

-i	忽略不存在的文件
-e	排除目录
-R/-r	递归处理，针对目录使用
-v	显示详细的过程
-F	强制恢复

```
//修改网站数据目录的安全上下文
[root@linux7 ~]#semanage   fcontext   -a   -t httpd_sys_content_t   /home/wwwroot
//修改网站数据的安全上下文（*代表所有文件或目录）
[root@linux7 ~]#semanage   fcontext   -a   -t httpd_sys_content_t   /home/wwwroot/*
//查看到 SELinux 安全上下文依然没有改变，再执行 restorecon 命令即可
[root@linux7 ~]# restorecon -rv   /home/wwwroot/
[root@linux7 ~]# ls   -Zd   /home/wwwroot/
drwxr-xr-x.   root   root   unconfined_u:object_r:httpd_sys_content_t:s0   /home/wwwroot/
```

再来刷新浏览器，就可以看到正常页面了。真可谓是一波三折，原本以为将 Apache 服务配置妥当就大功告成，结果却受到了 SELinux 安全上下文的限制，看来真是要细心才行。

14.4.3　子任务 3　开启个人用户主页功能

Apache 服务程序中有个默认未开启的个人用户主页功能，能够为所有系统内的用户生成个人网站，确实很实用。

1．开启个人用户主页功能

```
[root@linux7 ~]# vim /etc/httpd/conf.d/userdir.conf
#UserDir disabled              //前面加一个#，代表该行被注释掉，不再起作用
UserDir public_html            //前面的#号去除，表示该行被启用
[root@linux7 ~]# systemctl restart httpd
```

注意：UserDir 参数表示的是需要在用户家目录中创建的网站数据目录的名称，即 public_html。

2．创建个人用户网站数据

```
[root@linux7 ~]# su   -   lihua
上一次登录：二  8月  15 13:12:09 CST 2017tty6 上
[lihua@linux7 ~]$ mkdir    public_html
[lihua@linux7 ~]$ echo "This is lihehua's website" > public_html/index.html
[lihua@linux7 ~]$ chmod    711   /home/lihua/
[lihua@linux7 ~]$ chmod   -Rf   755   public_html        //给予网站目录 755 的访问权限
```

我们打开浏览器，访问地址为"http://127.0.0.1/~用户名"，不出意外果然是报错页面，如图 14-7 所示，肯定是 SELinux 服务的问题。

3．设置 SELinux 允许策略

这次报错并不是因为用户家的网站数据目录 SELinux 安全上下文没有设置，而是因为 SELinux 默认就不允许 Apache 服务个人用户主页这项功能。

getsebool 命令用于查询所有 SELinux 规则的布尔值，格式为："getsebool -a"。SELinux 策略布尔值：只有 0/1 两种情况，0 或 off 为禁止，1 或 on 为允许。

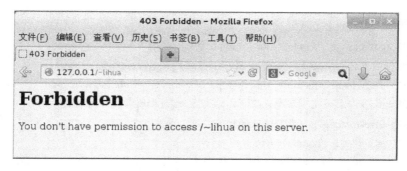

图 14-7 禁止访问个人用户主页

setsebool 命令用于修改 SElinux 策略内各项规则的布尔值，格式为："setsebool [-P] 布尔值=[0|1]"。选项 -P 表示永久生效。

```
[root@linux7 ~]# getsebool -a   |grep home
ftp_home_dir --> off
git_cgi_enable_homedirs --> off
git_system_enable_homedirs --> off
httpd_enable_homedirs --> off
……        ……
xdm_write_home --> off
[root@linux7 ~]# setsebool -P httpd_enable_homedirs=on
[lihua@linux7 ~]$ curl    http://192.168.0.101/~lihua/
This is lihehua's website
```

刷新浏览器，重新访问用户 lihua 的个人网站，成功了。有时并不希望所有人都可以留意访问到自己的个人网站，那就可以使用 Apache 密码口令验证功能增加一道安全防护，详细过程可以参考 14.3.2 节。

14.5 任务 5 配置 Apache 的虚拟主机

Apache 的虚拟主机功能（Virtual Host）是可以让一台服务器基于 IP、主机名或端口号实现提供多个网站服务的技术。

14.5.1 子任务 1 基于 IP 的虚拟主机

基于 IP 的虚拟主机在同一台服务器上使用多个 IP 地址来区分不同的 Web 网站，当用户访问不同 IP 地址时显示不同的网站页面，具体参数如下。

第一个 Web 网站，网站发布目录：/var/webroot/www11；网站首页：index.html；访问日志：www11-access_log；错误日志：www11-error_log；网站 IP：192.168.0.11。

第二个 Web 网站，网站发布目录：/var/webroot/www22，网站首页：index.default，网站IP：192.168.0.22。

1. 设置两个 IP 地址

使用 ifconfig 或 nmtui 命令为网卡添加多个 IP 地址，192.168.0.11/24 和 192.168.0.22/24，重新启动网卡设备后使用 ping 命令检查配置是否正确。

```
[root@linux7 ~]# ifconfig    eno16777736:0    192.168.0.11    netmask 255.255.255.0
[root@linux7 ~]# ifconfig    eno16777736:1    192.168.0.22    netmask 255.255.255.0
[root@linux7 ~]# ping    -c5     192.168.0.11
[root@linux7 ~]# ping    -c3     192.168.0.22
```

2. 创建两个网站数据目录

```
[root@linux7 ~]# mkdir /var/webroot/www11    -vp
mkdir: 已创建目录 "/var/webroot"
mkdir: 已创建目录 "/var/webroot/www11"
[root@linux7 ~]# mkdir /var/webroot/www22    -p
```

3. 创建两个网站首页

```
[root@linux7 ~]# echo "This is www11.li.net" >/var/webroot/www11/index.html
[root@linux7 ~]# echo "This is www22.li.net" >/var/webroot/www22/index.default
```

4. 修改 httpd.conf 配置文件

用 VIM 编辑器打开并修改/etc/httpd/conf/httpd.conf 配置文件，描述基于 IP 地址的虚拟主机。在该配置文件的末尾添加以下内容。

```
[root@linux7 ~]# vim    /etc/httpd/conf/httpd.conf
……                      ……
<VirtualHost    192.168.0.11>
DocumentRoot    /var/webroot/www11
ErrorLog    "logs/www11-error_log"
CustomLog   "logs/www11-access_log" combined
<Directory    /var/webroot/www11>
AllowOverride None
Require all granted
</Directory>
</VirtualHost>

<VirtualHost    192.168.0.22>
DocumentRoot    /var/webroot/www22
DirectoryIndex  default.html   index.html
<Directory    /var/webroot/www22>
AllowOverride None
```

```
    Require all granted
    </Directory>
</VirtualHost>
[root@linux7 ~]# systemctl   restart   httpd.service
```

5. 修改网站 SELinux 安全上下文

```
[root@linux7 ~]#semanage fcontext -a -t httpd_sys_content_t   /var/webroot/www11
[root@linux7 ~]#semanage fcontext -a -t httpd_sys_content_t   /var/webroot/www11/*
[root@linux7 ~]# restorecon -Rv  /var/webroot/www11
restorecon  reset  /var/webroot/www11  context  unconfined_u:object_r:var_t:s0->unconfined_u:object_r:httpd_sys_content_t:s0
restorecon  reset  /var/webroot/www11/index.html  context  unconfined_u:object_r:var_t:s0->unconfined_u:object_r:httpd_sys_content_t:s0
[root@linux7 ~]# semanage fcontext -a -t httpd_sys_content_t   /var/webroot/www22/*
[root@linux7 ~]# restorecon -rv   /var/webroot/www22
restorecon  reset  /var/webroot/www22/index.html  context  unconfined_u:object_r:var_t:s0->unconfined_u:object_r:httpd_sys_content_t:s0
```

6. 本机访问网站测试成功

```
[root@linux7 ~]# curl   192.168.0.11
This is www11.li.net
[root@linux7 ~]# more   /etc/httpd/logs/www11-access_log
192.168.0.101 - - [13/Nov/2017:18:56:42 +0800] "GET / HTTP/1.1" 200 21 "-" "curl/7.29.0"
[root@linux7 ~]# curl   192.168.0.22
This is www22.li.net
[root@linux7 ~]# more   /etc/httpd/logs/access_log
192.168.0.101 - - [13/Nov/2017:18:57:12 +0800] "GET / HTTP/1.1" 200 21 "-" "curl/7.29.0"
```

7. 开启防火墙允许访问 Web 网站

```
[root@linux7 ~]# systemctl   start   firewalld.service
[root@linux7 ~]# firewall-cmd   --permanent   --zone=public   --change-interface=eno16777736
success
[root@linux7 ~]# firewall-cmd   --permanent   --zone=public   --add-port=80/tcp
success
```

14.5.2　子任务 2　配置基于域名的虚拟主机

当服务器无法为每个网站都分配到独立 IP 地址时，可以试试让 Apache 服务程序自动识别来源主机名或域名，然后跳转到指定的网站。

1. 配置网卡 IP 和 hosts 文件

hosts 文件的作用是定义 IP 地址与主机名的映射关系，即强制将某个主机名地址解析到指定的 IP 地址。

```
[root@linux7 ~]# ifconfig   eno16777736   192.168.0.252/24
[root@linux7 ~]# vim   /etc/hosts
192.168.0.252    www.cqcet.net
192.168.0.252    bbs.cqcet.net      //每行只能写一条，格式为 IP 地址+空格+主机名（域名）
```

2. 创建两个网站数据文件

```
[root@linux7 ~]# mkdir   /var/basename/www   -p
[root@linux7 ~]# mkdir   /var/basename/bbs   -p
[root@linux7 ~]# echo   "WWW.cqcet.net" > /var/basename/www/index.html
[root@linux7 ~]# echo   "BBS.cqcet.net" > /var/basename/bbs/index.html
```

3. 创建虚拟主机配置文件

```
[root@linux7 ~]# vim   /etc/httpd/conf.d/www.conf
<VirtualHost   192.168.0.252>
DocumentRoot "/var/basename/www"
ServerName   "www.cqcet.net"
<Directory   "/var/basename/www">
AllowOverride None
Require all granted
</directory>
</VirtualHost>
~
  : wq

[root@linux7 ~]# vim   /etc/httpd/conf.d/bbs.conf
<VirtualHost   192.168.0.252>
DocumentRoot   "/var/basename/bbs"
ServerName   "bbs.cqcet.net"
<Directory   "/var/basename/bbs">
AllowOverride None
Require all granted
</Directory>
</VirtualHost>
~
  : wq

[root@linux7 ~]# systemctl   restart   httpd
```

因为在红帽 RHCSA、RHCE 或 RHCA 考试后都要重启您的实验机再执行判分脚本，所以请读者在日常工作中也要记得将需要的服务加入到开机启动项中："systemctl enable httpd"。

4．修改网站 SELinux 安全上下文

```
[root@linux7 ~]#semanage fcontext -a -t httpd_sys_content_t   /var/basename/www/*
[root@linux7 ~]# restorecon -Rv   /var/basename/www/*
restorecon  reset  /var/basename/www/index.html  context  unconfined_u:object_r:var_t:s0->unconfined_u:object_r:httpd_sys_content_t:s0
[root@linux7 ~]# semanage fcontext -a -t httpd_sys_content_t   /var/basename/bbs/*
[root@linux7 ~]# restorecon   -rv   /var/basename/bbs/*
restorecon  reset  /var/basename/bbs/index.html  context  unconfined_u:object_r:var_t:s0->unconfined_u:object_r:httpd_sys_content_t:s0
```

5．本机访问网站测试成功

```
[root@linux7 ~]# curl   www.cqcet.net
WWW.cqcet.net
[root@linux7 ~]# curl   bbs.cqcet.net
BBS.cqcet.net
```

14.6 思考与练习

一、填空题

1．Web 网站服务是被动程序，即只有接收到互联网中其他计算机发出的请求后才会响应，然后 Web 服务器才会使用_____或_____协议将指定文件传送到客户机的浏览器上。

2．Apache 的虚拟主机功能（Virtual Host）是可以让一台服务器基_____、_____或端口号实现提供多个网站服务的技术。

3．在/etc/selinux/config 配置文件里，通过改变变量 SELINUXTYPE 的值实现修改策略，_____代表仅针对预制的几种网络服务和访问请求使用 SELinux 保护，mls 代表所有网络服务和访问请求都要经过 SELinux。

4．在 Apache 2.2 版本中，访问控制是基于客户端的主机名、IP 地址以及客户端请求中的其他特征，使用_____（排序），_____（允许），Deny（拒绝），Satisfy（满足）指令来实现，在 Apache 2.4 版本中，使用 mod_authz_host 这个新的模块来实现访问控制，其他授权检查也以同样的方式来完成。

5．SELinux 属于强制访问控制（MAC）——让系统中的各个服务进程都受到约束，仅能访问到所需要的文件，使用 SELinux 可以将 Linux 操作系统的安全级别从 C2 提升到_____。

二、判断题

1．Tomcat 属于轻量级的 Web 服务软件，一般用于开发和调试 JSP 代码，通常认为 Tomcat 是 Apache 的扩展程序。（   ）

2．源码方式安装的 httpd 服务，其配置文件并没有在/etc 的下面，而是在指定的安装目录下。（   ）

3．DocumentRoot 用于设置 Web 服务器的站点根目录，目录路径名的最后不能加"/"，否则会发生错误。（   ）

4．RHEL7 默认设置为 targeted，包含了对几乎所有常见网络服务的 SELinux 策略配置，已经默认安装并且可以无须修改直接使用。（   ）

5．在 Apache 服务器中有基本认证和摘要认证两种认证类型。一般来说，使用基本认证要比摘要认证更加安全。（   ）

三、选择题

1．下面的程序中不能提供 Web 网络服务的是（   ）。
    A．Apache   B．IIS   C．Nginx   D．iptables

2．Apache 主配置文件中，Alias 命令用来（   ）。
    A．设置用户别名   B．设置路径别名
    C．设置主机别名   D．设置虚拟主机别名

3．网络管理员对 Apache 服务器进行访问、控制存取和运行等控制，这些控制可在（   ）文件中实现。
    A．httpd.conf   B．inetd.conf   C．resolv.conf   D．lilo.conf

4．httpd.conf 文件中的基本参数 DirectoryIndex 配置 3 个文件 index.html、index.htm、default.htm，其格式为（   ）。
    A．DirectoryIndex＝index.html, index.htm ,default.htm
    B．DirectoryIndex＝index.html, DirectoryIndex＝index.htm，DirectoryIndex＝default.htm
    C．DirectoryIndex index.html, index.htm ,default.htm
    D．DirectoryIndex index.html　index.htm　default.htm

5．Apache 服务器默认的监听连接端口号是（   ）。
    A．1024   B．8080   C．80   D．88

四、综合题

1．Apache 配置文件中有一项配置：Options Indexes FollowSymLinks，请解释 Indexes 和 FollowSymLinks 分别表示什么含义？

2．在 RHEL7 系统中安装了 Apache，网页默认的主目录是/var/www/html，我们经常遇到这样的问题，在其他目录中创建了一个网页文件，然后用 mv 移动该网页文件到默认目录/var/www/html 中，但在浏览器中却打不开这个文件。请问这是什么原因？如何解决？

3．网上查资料，如何在 RHEL7 系统中配置 Apache 服务器，让其可以支持 JSP 和 PHP 运行环境？请上机操作并将实现过程的关键步骤截屏保存到 Word 文档中。

参考文献

[1] 王亚飞,王刚.CentOS7 系统管理与运维实战[M].北京:清华大学出版社,2014.

[2] 温涛.Linux 服务管理与应用.大连:东软电子出版社[M],2014.

[3] 唐华,曾碧卿,魏丹丹.Linux 操作系统高级教程[M].北京:电子工业出版社,2008.

[4] 刘遄.Linux 就该这么学[EB/OL].http://www.linuxprobe.com.

[5] 冯昊,杨海燕子.Linux 服务器配置与管理[M].北京:清华大学出版社,2005.

[6] 红联 Linux 论坛[DB/OL].http://www.linuxdiyf.com.

[7] 阮一峰.System 的入门教程[EB/OL]. http://www.ruanyifeng.com/blog/2016/03/systemd-tutorial-commands.html, 2016-03-07.

[8] 佚名. fedora/centos7 防火墙 FirewallD 详解[EB/OL]. http://www.fedora.hk/linux/yumwei/show_15.html, 2014-09-19.

[9] 张金石.ubuntu Linux 操作系统[M]. 北京:人民邮电出版社,2014.

反侵权盗版声明

  电子工业出版社依法对本作品享有专有出版权。任何未经权利人书面许可，复制、销售或通过信息网络传播本作品的行为，歪曲、篡改、剽窃本作品的行为，均违反《中华人民共和国著作权法》，其行为人应承担相应的民事责任和行政责任，构成犯罪的，将被依法追究刑事责任。

  为了维护市场秩序，保护权利人的合法权益，我社将依法查处和打击侵权盗版的单位和个人。欢迎社会各界人士积极举报侵权盗版行为，本社将奖励举报有功人员，并保证举报人的信息不被泄露。

举报电话：（010）88254396；（010）88258888
传 真：（010）88254397
E-mail：dbqq@phei.com.cn
通信地址：北京市海淀区万寿路173信箱
     电子工业出版社总编办公室
邮 编：100036